智能仪器设计与实践

张家田　著

科 学 出 版 社

北　京

内 容 简 介

本书结合作者长期的教学科研实践工作，论述了智能仪器设计的基础知识，并结合多年来从事的具体科研项目，选择与智能仪器设计相关的实例讲述仪器设计的基本方法。基础知识部分仅撰写了智能仪器设计必不可少的相关内容，实践案例部分选择了由单片机构成的系统、由 DSP 构成的系统和由 PC 构成的系统，方便读者全面学习各种 CPU 构成系统的方法。

本书可以作为仪器科学与技术、信号与信息处理等相关专业的高年级本科生、研究生的参考书，也可供相关领域的科研和工程技术人员参阅。

图书在版编目(CIP)数据

智能仪器设计与实践 / 张家田著. —北京：科学出版社，2018.9

ISBN 978-7-03-058732-9

Ⅰ. ①智⋯ Ⅱ. ①张⋯ Ⅲ. ①智能仪器－设计 Ⅳ. ①TP216

中国版本图书馆 CIP 数据核字（2018）第 205980 号

责任编辑：宋无汗 / 责任校对：郭瑞芝

责任印制：师艳茹 / 封面设计：陈 敬

科学出版社 出版

北京东黄城根北街 16 号

邮政编码：100717

http://www.sciencep.com

文林印务有限公司 印刷

科学出版社发行 各地新华书店经销

*

2018 年 9 月第 一 版 开本：720×1000 B5

2018 年 9 月第一次印刷 印张：14 1/2

字数：293 000

定价：90.00 元

（如有印装质量问题，我社负责调换）

前　　言

随着科学技术的飞速发展，人类社会即将进入人工智能时代，人工智能在社会各领域中无处不在。例如，居民相关的无人驾驶汽车、自动泊车系统、智能家居等；工业领域的智能制造、自动化生产线、全自动化码头等；军事领域的无人机作战、精确制导、预警机指挥等。机器人制造机器人不再是神话，“机智过人”已经显现。智能仪器设计是人工智能的基础，因此学习与研究智能仪器显得尤为重要。

仪器科学与技术是信息获取的重要技术手段，是认知物理世界的技术工具，也是科学研究的技术条件。智能仪器是仪器科学与技术发展的主要标志，它是一个具体的系统或装置。其最基本的作用是延伸、补充或替代人的视觉、听觉、触觉、嗅觉等感觉器官的功能。随着科学技术的进步，人类社会已经步入信息化时代，对智能仪器的依赖越来越高，要求也更高。人们的现代生活已经离不开智能仪器的辅助。仪器科学与技术的研究发展水平已经成为世界各国综合国力评价的重要标志。

智能仪器是外来语 intelligent instrument 的本土化，作者认为把智能仪器称之为现代仪器更为切合。为了不使读者混淆，本书也称之为智能仪器。

智能仪器归属仪器仪表范畴，仪器仪表的发展历史可以简单地划分为三代。第一代为指针式或称模拟式仪器仪表，如指针式万用表、手摇式电话机、机械式手表等，目前仍然有第一代仪器仪表为我们服务，其基本构成是电磁式、机械式，基于电磁测量原理、机械传动原理，采用指针来显示测量结果。第二代为数字式仪器仪表，如数字万用表、数字电压表、数字功率计、数字频率计、电子手表等。数字化仪表是基于数据采集技术对模拟信号进行量化后以数字方式来显示测量结果，其响应速度快，测量准确度较高。第三代为智能式仪器仪表，即现代仪器仪表。

智能仪器系统中含有微处理器，仪器本身与处理器构成一体，使用灵活方便，技术性能可以做到很高。随着计算机技术、通信技术、新器件与现代传感技术等的不断进步，仪器发展日新月异，方便灵活，已经完全融入国防与国民经济中的各行各业。

当前，智能仪器已开始从较为成熟的数据处理向知识处理发展。例如，围棋高手“阿尔法狗”、会作诗的机器人、医疗诊断机器人、情感陪护机器人等都应运而生。模糊判断、故障诊断、容错技术、传感器融合、机件寿命预测等，使智能仪器的功能向更高的层次发展。智能仪器对仪器仪表的发展以及科学实验研究产生了深远的影响，是仪器设计的里程碑。

本书是作者三十多年来教学与科研积累的产物，主讲本科生与研究生智能仪器设计课程也有十余载。结合教学体会和科研成果撰写此书，以犒读者。希望能对现代仪器设计工程技术相关专业的科研人员，以及本科生与研究生有所帮助。

本书讲述了智能仪器设计的基础知识，结合多年来从事的具体科研项目，选择与智能仪器设计相关的实例讲述仪器设计的基本方法。基础知识部分仅撰写了智能仪器设计必不可少的相关内容；实践案例部分选择了由单片机构成的系统、由 DSP 构成的系统和由 PC 构成的系统，方便读者全面学习各种 CPU 构成系统的方法。

全书由张家田统稿，刘昕整理版式。张家田撰写第 1～4 章，第 5 章的 5.1 节和 5.2 节；张家田与刘昕撰写 5.3 节；严正国撰写 5.4 节和 5.5 节；苏娟撰写 5.6 节；吴银川撰写 5.7 节和 5.8 节；马虎山撰写 5.9 节和 5.10 节。所有科研项目是课题组合作完成的，团队有张家田、严正国、苏娟、吴银川、马虎山、胡长岭、张亚明以及历届毕业的研究生等，在此表示感谢。

本书出版获得了西安石油大学优秀学术著作出版基金的资助，同时获得陕西省“测试计量技术及仪器”重点学科建设经费的资助。

由于作者水平所限，书中难免有不足之处，恳请读者不吝指正。

作　者

2018 年 1 月

目　　录

前言

第 1 章　概述 1

1.1　智能仪器发展史 1

1.1.1　智能仪器的分类 1

1.1.2　现代仪器仪表的重要性 2

1.1.3　智能仪器的发展趋势 2

1.2　智能仪器技术要素 3

1.2.1　现代传感器技术 3

1.2.2　数据采集技术 5

1.2.3　微处理器技术 5

1.2.4　嵌入式系统 7

1.2.5　现代数字逻辑设计技术 8

1.2.6　网络与通信技术 9

1.3　智能仪器的设计要点 9

1.3.1　设计和研制智能仪器的一般过程 9

1.3.2　智能仪器主机的选择 11

1.3.3　市场调研 12

第 2 章　智能仪器系统构成 13

2.1　智能仪器的基本构成 13

2.2　前向通道设计 15

2.2.1　传感器 15

2.2.2　模拟信号调理 17

2.3　后向通道设计 18

2.3.1　D/A 转换原理 19

2.3.2　D/A 转换器的主要技术指数 19

2.3.3　D/A 转换电路输入与输出形式 20

2.3.4　D/A 转换器与微型计算机接口 21

2.3.5　D/A 转换器应用举例 22

2.3.6 开关量输出通道……23
2.4 人机接口……28
2.4.1 键盘与接口……28
2.4.2 键盘接口电路及控制程序……31
2.4.3 显示接口电路……36
2.5 数据通信……38
2.5.1 RS-232C 总线标准及应用……38
2.5.2 RS-422A/485 标准总线……39
2.5.3 通用串行总线及应用……40
第 3 章 智能仪器的基本数据处理算法……43
3.1 克服随机误差的数字滤波算法……43
3.1.1 克服大脉冲干扰的数字滤波法……43
3.1.2 抑制小幅度高频噪声的平均滤波法……46
3.1.3 复合滤波法……47
3.2 消除系统误差的算法……48
3.2.1 仪器零位误差和增益误差的校正方法……48
3.2.2 系统非线性校正……49
3.2.3 系统误差的标准数据校正法……52
3.2.4 传感器温度误差的校正方法……53
3.3 工程量的标度变换……53
第 4 章 微弱信号检测技术……55
4.1 微弱信号检测基本方法……55
4.1.1 频域信号的窄带化技术……56
4.1.2 时域信号的积累平均法……56
4.1.3 并行检测的多道分析……57
4.2 低噪声放大器设计……57
4.3 锁相放大器……59
4.3.1 相敏检测器……59
4.3.2 数字相敏检波器……61
4.3.3 锁相放大器主要性能参数说明……63
4.4 锁相放大器微弱信号检测方案的应用……66
4.4.1 在测定化学阻抗中的应用……66
4.4.2 在金属探测器中的应用……68

4.4.3 在涡流探伤仪中的应用 …… 68
4.4.4 在金属材料张力试验中的应用 …… 69

第5章 设计实例 …… 71

5.1 智能仪器设计原则与研发步骤 …… 71
5.1.1 智能仪器设计的基本要求 …… 71
5.1.2 智能仪器的设计原则 …… 72
5.1.3 智能仪器的研发步骤 …… 74
5.2 EIlog-05 地面系统自检装置设计 …… 75
5.2.1 地面系统自检装置总体设计 …… 75
5.2.2 主控电路工作原理 …… 77
5.2.3 电缆驱动电路 …… 94
5.2.4 辅助电路 …… 98
5.2.5 箱体和面板功能设计 …… 103
5.3 过套管电阻率测井超低信道噪声测量系统设计 …… 104
5.3.1 研究内容及技术要求 …… 104
5.3.2 过套管电阻率测量系统模型组成及工作原理 …… 105
5.3.3 测量系统组成及关键技术 …… 106
5.3.4 高分辨同步采样技术 …… 113
5.3.5 系统测试 …… 117
5.4 一种高精度脉冲测量仪的设计 …… 123
5.4.1 系统设计整体方案与测量工作原理 …… 124
5.4.2 系统硬件设计 …… 130
5.4.3 系统软件设计 …… 133
5.4.4 频率和脉宽（占空比）测量软件设计 …… 137
5.4.5 幅度测量 …… 137
5.4.6 人机界面软件设计 …… 140
5.4.7 系统调试结果分析 …… 141
5.5 基于 STM32 超声波测风速风向仪的设计 …… 142
5.5.1 系统概述 …… 143
5.5.2 系统理论分析与计算 …… 146
5.5.3 系统整体方案设计 …… 147
5.5.4 系统硬件电路设计 …… 148
5.5.5 系统软件设计 …… 151
5.5.6 测试条件与测试结果分析 …… 155

5.6 高精度数据采集系统 …… 158
5.6.1 系统概述 …… 158
5.6.2 系统整体方案设计 …… 159
5.6.3 系统硬件电路设计 …… 164
5.6.4 系统软件设计 …… 169
5.6.5 数据采集系统调试结果分析 …… 171
5.7 基于 DDS 技术的超低频信号源系统设计 …… 175
5.7.1 系统概述 …… 175
5.7.2 DDS 基本原理 …… 176
5.7.3 系统整体方案与工作原理 …… 178
5.7.4 系统硬件电路设计 …… 178
5.7.5 系统软件设计 …… 182
5.8 微振动检测系统设计 …… 189
5.8.1 系统概述 …… 189
5.8.2 MEMS 传感器振动检测技术 …… 190
5.8.3 系统整体方案与工作原理 …… 190
5.8.4 系统硬件电路设计 …… 192
5.8.5 系统软件设计 …… 193
5.9 钻井泥浆自动流变仪研制 …… 201
5.9.1 系统概述 …… 201
5.9.2 系统整体方案与工作原理 …… 201
5.9.3 系统硬件电路设计 …… 204
5.9.4 系统的软件设计 …… 207
5.10 油气管线防盗漏失动态检测系统 …… 214
5.10.1 系统概述 …… 214
5.10.2 系统整体方案与工作原理 …… 214
5.10.3 系统硬件电路设计 …… 217

参考文献 …… 221

第1章　概　　述

仪器科学与技术是信息获取的重要技术手段，是认知物理世界的技术工具，也是科学研究的技术条件。智能仪器是仪器科学与技术发展的主要标志，它是一个具体的系统或装置，其最基本的作用是延伸、补充或替代人的视觉、听觉、触觉、嗅觉等感觉器官的功能。随着科学技术的进步，人类社会已经步入信息化时代，对智能仪器的依赖越来越高，要求也更高。人们的现代生活已经离不开智能仪器的辅助，仪器科学与技术的研究发展水平已经成为世界各国综合国力评价的重要标志之一。

1.1　智能仪器发展史

智能仪器是计算机技术与测量仪器相结合的产物，是含有微计算机或微处理器的测量（或检测）仪器，它拥有对数据的存储、运算、逻辑判断及自动化操作等功能，具有一定智能的作用（表现为智能的延伸或加强等）。

当前，智能仪器已开始从较为成熟的数据处理向知识处理发展。模糊判断、故障诊断、容错技术、传感器融合、机件寿命预测等，使智能仪器的功能向更高的层次发展。智能仪器对仪器仪表的发展以及科学实验研究产生了深远影响，是仪器设计的里程碑。

1.1.1　智能仪器的分类

从行业来分，智能仪器可以分为通用测量仪器，分析仪器，生物医疗仪器，地球探测仪器，天文仪器，航空航天航海仪表，汽车仪表，电力、石油、化工仪表等，遍及国民经济各个部门，深入人民生活的各个角落[1]。

从物理意义角度划分可以分为以下八类[1]。

（1）几何量：长度、角度、形貌、相互位置、位移、距离测量仪器等。

（2）机械量：各种测力仪、硬度仪、加速度与速度测量仪、力矩测量仪、振动测量仪等。

（3）热工量：温度、湿度、流量测量仪器等。

（4）光学参数：光度计、光谱仪、色度计、激光参数测量仪、光学传递函数测量仪等。

（5）电离辐射：各种放射性、核素计量，X射线、γ射线及中子计量仪器等。

（6）时间频率：各种计时仪器与钟表、铯原子钟、时间频率测量仪等。

（7）电磁量：交、直流电流表，电压表，功率表，RLC测量仪，静电仪，磁参数测量仪等。

（8）电子参数：无线电参数测量仪器，如示波器、信号发生器、相位测量仪、频谱分析仪、动态信号分析仪等。

1.1.2 现代仪器仪表的重要性

国家教育部仪器科学与技术教学指导委员会总结的四句形象比喻的结论，明显体现了智能仪器的重要性，即仪器仪表是国民经济的“倍增器”、科学研究的“先行官”、现代战争的“战斗力”、法庭审判的“物化法官”。

俄罗斯科学家门捷列夫有一句名言：“没有测量就没有科学。”我国著名科学家钱学森指出：“新技术革命的关键技术是信息技术。信息技术由测量技术、计算机技术、通讯技术三部分组成。测量技术则是关键和基础。”王大珩院士说：“能不能创造高水平的科学仪器和设备体现了一个民族、一个国家的创新能力。发展科学仪器设备应当视为国家战略。”英国著名科学家Pavy曾经明确指出：“Nothing begets good science like development of a good instrument（发展一种好的仪器对于一门科学的贡献超过了任何其他事情）”。美国能源部杰出科学家Hirsch博士在一篇获奖演说中指出：“由新工具开创的科学新方向远比由新概念开创的科学新方向要多。由概念驱动的革命影响是用新概念去阐明旧事物。而由工具驱动的革命影响是去发现需要阐明的新事物。”

1.1.3 智能仪器的发展趋势

随着微电子技术和网络技术的发展，智能仪器将向着微型化、多功能化、人工智能化和网络化等方向发展。

1）微型化

随着微电子技术、微机械技术、信息技术等的不断发展，将其运用于智能仪器，使之成为体积小，具有传统智能仪器功能的微型智能仪器。随着微电子机械技术的不断发展和成熟，价格不断降低，应用领域不断扩大，微型智能仪器不但应用于传统智能仪器领域，而且在自动化技术、航天、军事、生物技术、医疗等领域起到独特的作用。例如，在医疗领域，要同时测量一个病人的几个不同的参量，并进行某些参量的控制，传统观测时，通常病人的体内要插几个管子，增加了病人感染的机会，利用可植入人体的微型智能仪器，由于体积小，可同时测量多个参数，大大减轻了病人的痛苦。

2）多功能化

多功能是智能仪器的一个重要特点。例如，为了设计速度较快和结构较复杂的数字系统，仪器生产厂家制造了具有脉冲发生器、频率合成器和任意波形发生器等功能的函数发生器。这种多功能的综合型产品不但在性能上比专用脉冲发生器高，而且在各种测试功能上也提供了较好的解决方案。

3）人工智能化

人工智能化是利用计算机对人的意识和思维的信息过程进行模拟，使智能仪器在视觉（图形及色彩）、听觉（语音识别及语言）、思维（推理、判断、学习与联想）等方面代替人的一部分脑力劳动，具有一定的人工智能作用，无需人的干预就可自主地完成检测或控制任务，解决了用传统方法很难解决或根本无法解决的问题。

4）网络化

计算机网络化的日益成熟提供了将测控、计算机和通信技术相结合的可能。利用网络技术将各个分散的测量仪器设备连在一起，使测量不再是单个仪器设备相互独立操作的简单组合，而是一个统一的、高效的整体，各仪器设备之间通过网络交换数据和信息，实现各种数据和信息跨地域、跨时间的传输与交换，以及各仪器资源的共享和测量功能的优化，这是国防、通信、铁路、航空、航天、气象和制造等领域的发展趋势。

1.2 智能仪器技术要素

智能仪器的发展与相关新技术的进步发展有关，具体有现代传感技术、数据采集技术、微处理器技术、嵌入式系统、现代数字逻辑设计技术和网络与通信技术等。

1.2.1 现代传感器技术

从理论上讲，自然界中存在的各种物质运动变化的因果关系，都可以作为设计传感器的依据。然而，作为实用的器件，传感器应该满足一些必需的条件：输出信号与被测对象之间具有唯一确定的因果关系，输出信号是被测对象参数的单值函数；输出信号具有尽可能宽的动态范围和良好的响应特性；输出信号具有足够高的分辨率，可以获得被测对象微小变化的信息；输出信号具有比较高的信号噪声比；对被测对象的扰动尽可能小，尽可能不消耗被测系统的能量，不改变被测系统原有的状态；输出信号能够与电子学系统或光学系统匹配，适于传输和处理；性能稳定，不受非测量参数因素的影响；便于加工制造；在许多情况下要求同一种传感器具有相同的特性，即具有可互换性。在现代社会，获取自然信息几乎已经成为所有自然科学与工程技术领域共同的需求。随着人类活动领域的扩大和探索过程的深化，传感器已经成为基础科学研究与现代技术相互融合的新领域，它汇集和包容多种学科的成果，成为人类探索活动最活跃的部分之一。现代传感器的发展趋势充分体现出这些特点。自然科学基础研究的新成果不断丰富传感器的设计思想，使传感器的探测对象范围扩大，不断超越经典传感器的技术局限，获取更多的信息；不同学科领域的交叉融合，加深了人们对更加复杂的自然现象因果关系的理解，通过多重参数转换获取信息，导致新的传感器出现；传感器探测的空间尺度同时向微观和宏观延伸；传感器的探测阈值降低，动态范围扩大，信噪比提高；仿生传感器引起人们更多的关注；微电子技术和微处理器融入传感器设计，使传感器微型化、智能化；新的材料和工艺使经典传感器出现新的技术特征等。

在现代信息科学技术中，传感器属于信息获得范畴，它与现代通信系统和信息处理系统共同构成现代信息科学技术的三大基石。在信息时代早期，人们主要关注人类社会自身活动信息（文字、图像、声音和数据）的传输和处理，传感器的发展居于次要地位。在相当长的一段时期，它们仅仅被当作一类为专用设备配套的器件。随着工业、军事、医学和自然科学研究的进展，在越来越多的重要领域，传感器成为制约其发展的关键因素，在世纪之交引起了世界范围的广泛关注。

获取新的科学信息、发现自然规律，是科学研究永恒的主题，获取信息的手段就是现代传感技术。

现代传感技术包括应变传感器技术、电感式传感器技术、电容式传感器技术、光纤传感器技术、图像传感器技术、激光传感器技术、波传感器技术、半导体传感器技术、智能材料传感器技术等。

现代传感技术的发展趋势是向着智能化与网络化发展。智能传感器和网络化传感器的飞速发展可大大提高信号检测能力，进而推动智能仪器总体性能的提高。

随着微电子技术、光电子技术的迅猛发展，加工工艺逐步成熟，新型敏感材料不断被开发出来。在高新技术的渗透下，尤其是计算机硬件和软件技术的渗入，使微处理器和传感器得以结合，产生了具有一定数据处理能力，并能自检、自校、自补偿的新一代传感器——智能传感器。智能传感器的出现是传感技术的一次革命，对传感器的发展产生了深远的影响。

网络通信技术逐步走向成熟并渗透到各行各业，各种高可靠、低功耗、低成本、微体积的网络接口芯片被开发出来，微电子机械加工技术将网络接口芯片与智能传感器集成起来，并使通信协议固化到智能传感器的 ROM 中，就产生了子网络传感器。为解决现场总线的多样性问题，IEEEl451.2 工作组建立了智能传感器接口模块（STIM）标准，该标准描述了传感器网络适配器或微处理器之间的硬件和软件接口，是 IEEEl451.2 网络传感器标准的重要组成部分，为传感器与各种网络连接提供了条件和方便。

1.2.2　数据采集技术

1. 数据采集的定义

数据采集（data acquisition，DAQ）是指从传感器和其他待测设备等模拟和数字被测单元中自动采集非电量或者电量信号，送到上位机中进行分析、处理。数据采集系统是结合基于计算机或者其他专用测试平台的测量软硬件产品来实现灵活的、用户自定义的测量系统。数据采集，又称数据获取，是利用一种装置，从系统外部采集数据并输入系统内部的一个接口。数据采集技术广泛应用在各个领域，如摄像头、麦克风都是数据采集工具。

2. 数据采集的必要性

被采集的数据是已被转换为电信号的各种物理量，如温度、水位、风速、压力等，通常是模拟量（也可以是数字量）。而智能仪器中的微处理器进行分析判断物理信息，它只能辨识数字量，这就要求必须把模拟量转换为数字量，也就是人们通常说的模数转换器 A/D，又称为量化过程。数据采集必须按香农定理（采样定理）进行，采样频率 f_s 一般要大于 2 倍的被采样信号的最高频率。采集的数据大多是瞬时值，也可能是某段时间内的一个特征值。准确的数据量测是数据采集的基础。数据量测方法有接触式和非接触式，检测元件多种多样。不论哪种方法和元件，均以不影响被测对象状态和测量环境为前提，以保证数据的正确性。

数据采集一般是通过模数转换器（A/D）完成，A/D 芯片是现代科学仪器不可缺少的核心部件之一，它的速度的提高是实现高速数据采集的关键，正在向高速、低功耗、高分辨率、高性能的方向发展。

A/D 等电路与微处理器集成在一块（称为混合电路），传感器与控制电路也都集成在一块芯片上，这将缩小体积、增强可靠性，从而实现智能仪器的多功能化。

1.2.3　微处理器技术

微处理器是由一片或少数几片大规模集成电路组成的中央处理器（central processing unit，CPU），这些电路执行控制部件和算术逻辑部件的功能。微处理器与传统的中央处理器相比，具有体积小、质量轻和容易模块化等优点。微处理器的基本组成部分有寄存器堆、运算器、时序控制电路，以及数据和地址总线。微处理器能完成取指令、执行指令，以及与外界存储器和逻辑部件交换信息等操作，是微型计算机的运算控制部分。它可与存储器和外围电路芯片组成微型计算机。

CPU 发展至今已经有四十多年的历史了，这期间，按照其处理信息的字长，CPU 可以分为 4 位微处理器、8 位微处理器、16 位微处理器、32 位微处理器以及最新的 64 位微处理器，可以说电脑的发展是随着 CPU 的发展而前进的。微机是指以大规模、超大规模集成电路为主要部件，以集成计算机主要部件——控制器和运算器的微处理器（microprocessor，MP）为核心，所构造出的计算系统，经过 40 多年的发展，微处理器的发展大致可分为以下六个阶段。

第一阶段（1971～1973 年）通常是字长为 4 位或 8 位的微处理器，典型的是美国 Intel 4004 和 Intel 8008 微处理器。Intel 4004 是一种 4 位微处理器，可进行 4 位二进制的并行运算，它有 45 条指令，速度 0.05MIPS（million instructions per second，每秒百万条指令）。Intel 4004 的功能有限，主要用于计算器、电动打字机、照相机、台秤、电视机等家用电器，使这些电器设备具有智能化，从而提高它们的性能。Intel 8008 是世界上第一种 8 位微处理器，存储器采用 PMOS 工艺。该阶段的计算机工作速度较慢，微处理器的指令系统不完整，存储器容量很小，只有几百字节，没有操作系统，只有汇编语言，主要用于工业仪表和过程控制。

第二阶段（1974～1977 年）典型的微处理器有 Intel 8080/8085、Zilog 公司的 Z80 和 Motorola 公司的 M6800。与第一代微处理器相比，集成度提高了 1～4 倍，运算速度提高了 10～15 倍，指令系统相对比较完善，已具备典型的计算机体系结构及中断、直接存储器存取等功能。由于微处理器可用来完成很多以前需要用较大设备完成的计算任务，而且价格便宜，于是各半导体公司开始竞相生产微处理器芯片。Zilog 公司生产了 8080 的增强型 Z80，Motorola 公司生产了 6800，Intel 公司于 1976 年又生产了增强型 8085，但这些芯片几乎没有改变 8080 的基本特点，都属于第二代微处理器。它们均采用 NMOS 工艺，集成度约为 9000 只晶体管，平均指令执行时间为 1～2μs，采用汇编语言、BASIC 和 Fortran 编程，使用单用户操作系统。

第三阶段（1978～1984 年）即 16 位微处理器。1978 年，Intel 公司率先推出 16 位微处理器 8086，同时，为了方便原来的 8 位机用户，Intel 公司又提出了一种准 16 位微处理器 8088。8086 微处理器的最高主频速度为 8MHz，具有 16 位数据通道，内存寻址能力为 1MB。同时 Intel 公司还生产出与之相配合的数学协处理器 i8087，这两种芯片使用相互兼容的指令集，但 i8087 指令集中增加了一些专门用于对数、指数和三角函数等数学计算的指令，人们将这些指令集统一称为 x86 指令集。虽然以后 Intel 公司又陆续生产出第二代、第三代等更先进和更快的新型 CPU，但都仍然兼容原来的 x86 指令集，而且 Intel 公司在后续 CPU 的命名上沿用了原先的 x86 序列，直到后来因商标注册问题，才放弃了继续用阿拉伯数字命名。

第四阶段（1985～1992 年）即 32 位微处理器。1985 年 10 月 17 日，Intel 公司划时代的产品——80386DX 正式发布了，其内部包含 27.5 万个晶体管，时钟频率为 12.5MHz，后来逐步提高到 20MHz、25MHz、33MHz，最后还有少量的 40MHz 产品。80386DX 的内部和外部数据总线是 32 位，地址总线也是 32 位，可以寻址到4GB内存，并可以管理64TB的虚拟存储空间。它的运算模式除了具有实模式和保护模式以外，还增加了一种“虚拟86”的工作方式，可以通过同时模拟多个8086微处理器来提供多任务能力。80386DX有比80286更多的指令，频率为12.5MHz的80386每秒可执行6百万条指令,比频率为16MHz的80286快2.2倍。80386最经典的产品为80386DX-33MHz，一般说的80386就是指它。由于32位微处理器的强大运算能力，PC的应用扩展到很多的领域，如商业办公和计算、工程设计和计算、数据中心、个人娱乐。80386使32位CPU成为PC工业的标准。

第五阶段（1993～2005年）是奔腾（pentium）系列微处理器时代，通常称为第5代。典型产品是Intel公司的奔腾系列芯片及与之兼容的AMD的K6系列微处理器芯片。内部采用超标量指令流水线结构，并具有相互独立的指令和数据高速缓存。随着MMX（multi mediae xtended）微处理器的出现，微机的发展在网络化、多媒体化和智能化等方面都跨上了更高的台阶。

第六阶段（2006年至今）是酷睿（core）系列微处理器时代，通常称为第6代。“酷睿”是一款领先节能的新型微架构，设计的出发点是提供卓然出众的性能和能效，提高每瓦特性能，也就是所谓的能效比，早期的酷睿基于笔记本处理器。酷睿2（core 2 duo）是Intel公司在2006年推出的新一代基于酷睿微架构的产品体系统称，于2006年7月27日发布。酷睿2是一个跨平台的构架体系，包括服务器版、桌面版和移动版三大领域。其中，服务器版的开发代号为woodcrest，桌面版的开发代号为conroe，移动版的开发代号为merom。

1.2.4 嵌入式系统

嵌入式系统是把计算机直接嵌入到应用系统中，它融合了计算机软/硬件技术、通信技术和微电子技术。随着微电子技术和半导体技术的高速发展，超大规模集成电路技术和深亚微米制造工艺已十分成熟，从而使高性能系统芯片的集成成为可能，并推动着嵌入式系统向最高级构建形式，即片上系统SOC（system on a chip）的水平发展，进而促使嵌入式系统得到更深入、更广阔的应用。嵌入式技术的快速发展不仅使其成为当今计算机技术和电子技术的一个重要分支，同时也使计算机的分类从以前的巨型机/大型机/小型机/微型机变为通用计算机/嵌入式计算机（即嵌入式系统）。

嵌入式系统是以应用为中心，以计算机技术为基础，并且软硬件可裁剪，适用于应用系统对功能、可靠性、成本、体积、功耗有严格要求的专用计算机系统。它一般由嵌入式微处理器、外围硬件设备、嵌入式操作系统，以及用户的应用程序四个部分组成，用于实现对其他设备的控制、监视或管理等功能。

从硬件方面来讲，各式各样的嵌入式处理器是嵌入式系统硬件中最核心的部分，而目前世界上具有嵌入式功能特点的处理器已经超过1000种，流行体系结构包括 MCUMPU 等 30 多个系列。鉴于嵌入式系统广阔的发展前景，很多半导体制造商都大规模生产嵌入式处理器，并且自主设计处理器也已经成为未来嵌入式领域的一大趋势，其中从单片机、DSP 到 FPGA、ARM 有着各式各样的品种，速度越来越快，性能越来越强，价格也越来越低。目前嵌入式处理器的寻址空间可以从 64KB 到 16MB，处理速度最快可以达到 2000 MIPS，封装从 8 个引脚到 144 个引脚不等。

1.2.5　现代数字逻辑设计技术

现代数字逻辑设计技术，也称为专用集成电路（application specific integrated circuit，ASIC）、FPGA/CPLD 技术。现场可编程门阵列（field programmable gate array，FPGA），复杂可编程逻辑器件（complex programmable logic device，CPLD）。

ASIC 无论在价格、集成度，还是在产量、产值方面均取得了飞速发展。因此，对仪器设计者来说，很有意义的一项工作是把一些性能要求很高的线路单元设计成专用集成电路而使智能仪器的结构更紧凑，性能更优良，保密性更强。

FPGA/CPLD 的规模比较大，适合于时序、组合等逻辑电路应用场合，它可以替代几十甚至上百块通用 IC 芯片。这种芯片具有可编程性和实现方案容易改动的特点。在电路保持不动的情况下，改变内部硬件连接关系的描述，就能实现一种新的功能。比较典型的有 Xilinx 公司的 FPGA 器件系列和 Altera 公司的 CPLD 器件系列。

应用 FPGA/CPLD 具有以下几点优点。

（1）FPGA/CPLD 芯片的规模越来越大，其单片逻辑门数已达到数十万门，它所能实现的功能也越来越强，同时也可以实现系统集成。

（2）FPGA/CPLD 芯片在出厂之前都做过百分之百的测试，不需要设计人员承担投片风险和费用，设计人员只需在自己的实验室里就可以通过相关的软硬件环境来完成芯片的最终功能指定，并且研制开发费用相对较低。

（3）FPGA/CPLD 芯片和可擦除可编程只读存储器（erasable programmable read only memory，EPROM）配合使用时，用户可以反复地编程、擦除、使用，或者在外围电路不动的情况下用不同的 EPROM 就可实现不同的功能。

（4）FPGA/CPLD 芯片的电路设计周期很短。软件包中不但有各种输入工具和仿真工具，而且还有版图设计工具和编程器等全线产品，电路设计人员在很短的时间内就可完成电路的输入、编译、优化、仿真，直至最后芯片的制作（物理版图映射）。当电路有少量改动时，更能显示出 FPGA/CPLD 的优势。它大大加快了新产品的试制速度，减少了库存风险与设计错误所带来的危险，从而提高了企业在市场上的竞争能力和应变能力。

（5）电路设计人员使用 FPGA/CPLD 进行电路设计时，不需要具备专门的 IC

（集成电路）深层次的知识，FPGA/CPLD 软件易学易用，可以使设计人员更能集中精力进行电路设计。FPGA/CPLD 适合于正向设计（从电路原理图到芯片级的设计），对知识产权的保护也非常有利。

1.2.6 网络与通信技术

随着网络技术、通信技术的高速发展与广泛应用，网络化测试技术受到广泛的关注，这必将对网络时代的测试仪器和测试技术产生革命性变化。其表现在两个方面：智能仪器要上网，完成数据传输、远程控制与故障诊断等任务；构建网络化测试系统，将分散的各种不同测试设备挂接在网络上，通过网络实现资源、信息共享，协调工作，共同完成大型复杂系统的测试任务。

网络化测试系统主要由两大部分组成：组成系统的基本功能单元（PC 仪器、网络化测量仪器、网络化传感器、网络化测量模块）；连接各基本功能单元的通信网络。用于测试和控制的网络与以信息共享为目的的信息网不同，前者采用工业 Ethernet，后者采用快速 Ethernet。

构建网络化测试系统需考虑的问题主要有系统要具有开放性和互操作性；系统的实时性和时间的确定性；系统的成本尽可能低，通用性好；基本功能单元必须是智能化的，带有本地微处理器和存储器，具有网络化接口。

1.3 智能仪器的设计要点

1.3.1 设计和研制智能仪器的一般过程

1. 确定设计任务

根据仪器设计目标，编写设计任务说明书，明确仪器应具备的功能和应达到的技术指标。设计任务说明书是设计人员设计的基础，应力求准确简洁。

2. 拟制总体设计方案

首先依据设计要求提出几种可能的方案，每个方案应包括仪器的工作原理、采用的技术、重要元器件的性能等。然后对各方案进行可行性论证，包括重要部分的理论分析与计算以及必要的模拟实验，以验证方案是否能达到设计的要求。最后再兼顾各方面因素选择其中之一作为仪器的设计方案。

3. 确定仪器工作总框图

采用自上而下的方法，把仪器划分成若干个便于实现的功能模块，并绘制出相应的硬件和软件工作框图。设计者应该根据仪器性价比、研制周期等因素对硬件、软件的选择做出合理安排。软件和硬件的划分往往需要经过多次折中才能取得满意的结果，设计者应在设计过程中进行认真权衡。

4. 硬件电路和软件的设计与调试

一旦仪器工作总框图确定之后，硬件电路和软件的设计工作就可以齐头并进。

（1）硬件设计：首先根据仪器硬件框图，按模块分别对各单元电路进行电路设计；然后将各单元电路按硬件框图将各部分电路组合在一起，构成完整的整机硬件电路图。在完成电路设计之后，即可绘制印刷电路板，然后进行装配与调试。部分硬件电路调试可以先采用某种信号作为激励，通过检查电路能否得到预期的响应来验证电路。但智能仪器大部分电路功能调试需要编制一些小调试程序分别对各硬件单元电路的功能进行检查，而整机功能须在硬件和软件设计完成之后才能进行。

（2）软件设计：首先进行软件总体结构设计并将程序划分为若干个相对独立的模块；然后画出每个程序模块的流程图并编写程序；最后按照软件总体结构框图，将其连接成完整的程序。

（3）软件调试：首先按模块分别调试，然后再连接起来进行总调。智能仪器的软件和硬件是一个密切相关的整体，因此只有在相应的硬件系统中调试，才能最后证明其正确性。

5. 整机联调

硬件、软件分别装配调试合格后，就要对硬件、软件进行联合调试。调试中可能会遇到各种问题，若属于硬件故障，则应修改硬件电路的设计；若属于软件问题，则应修改相应程序；若属于系统问题，则应对软件和硬件同时给以修改，如此往返，直至合格。

联调中必须对设计所要求的全部功能进行测试和评价，以确定仪器是否符合预定的性能指标，若发现某一功能或指标达不到要求，则应变动硬件或修改软件，重新调试直至满意。

经验表明：智能仪器的性能及研制周期同总体设计是否合理、硬件芯片选择是否得当、程序结构的好坏以及开发工具是否完善等因素密切相关。其中，软件编制及调试往往占系统开发周期的50%以上，因此程序应该采用结构化和模块化，这对查错、调试极为有利。

设计和研制一台智能仪器大致需要上述几个阶段，实际设计时，阶段不一定要划分得非常清楚，视设计内容的特点，有些阶段的工作可以结合在一起。

智能仪器设计的一般流程如图 1-1 所示。

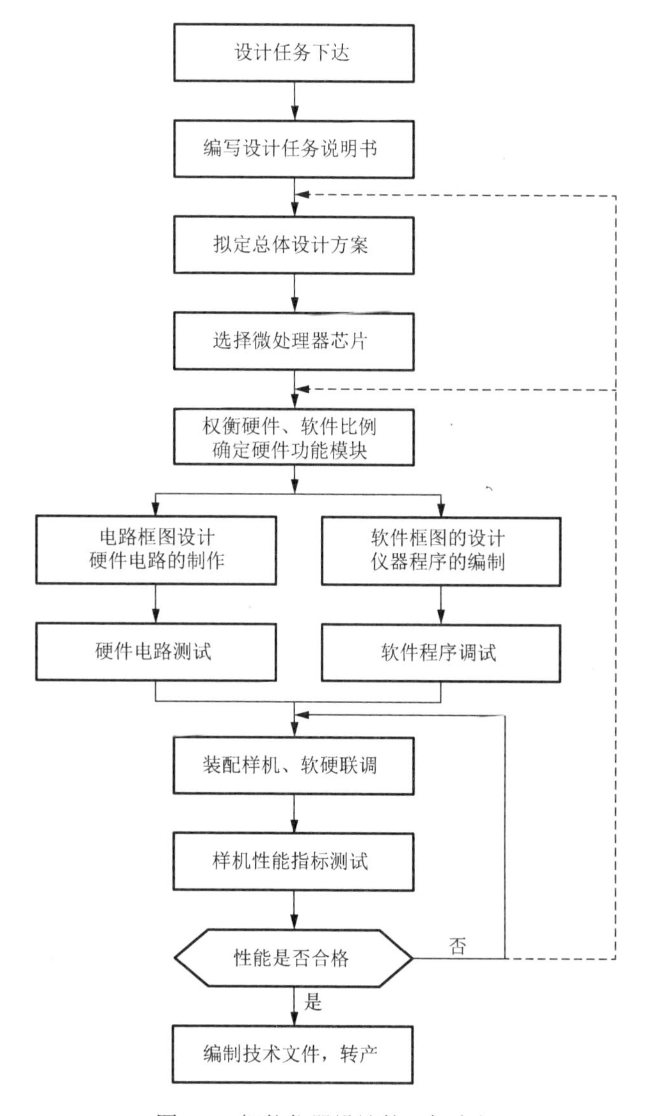

图1-1 智能仪器设计的一般流程

1.3.2 智能仪器主机的选择

智能仪器主机选择的原则是在保证性价比的前提下，尽量选择设计者熟悉的处理器。在实际微处理器选择中，往往会有许多型号的微处理器都能满足设计要求，这时主要取决于设计人员对某种微处理器的熟悉程度。由于51系列单片机是单片机的主流机型，技术性能及开发手段都较成熟，并在我国应用较普遍，因而51系列单片机在智能仪器设计中得到了广泛应用。

目前在选择智能仪器主机电路时，应尽量先选用性价比高的8位/16位单片机，同时也要关注最新技术的进展，不失时机地把最先进的含有微处理器的电路芯片或单板机平台引入智能仪器的设计中来。

1.3.3　市场调研

在智能仪器设计时会有很多选择方案，根据仪器的基本性能特点，选用最先进的技术。方案的可实现性、可靠性与可测性设计也是方案选择的重要考量因素。最终确定的方案应与市场有关，要广泛调研市场上能够购置到的设备与元器件，而后确定方案。方案再好，市场上买不到对应的器件，也难以完成开发任务。性价比的指标要求设计者仔细调研市场供给侧的现状以及智能仪器使用人群的习惯，使得操作简单便捷、可靠。

第 2 章　智能仪器系统构成

智能仪器最基本的作用是延伸、补充或替代人的视觉、听觉、触觉、嗅觉等感觉器官的功能，那么其系统构成中应该包含感觉器官功能——前向通道（或输入通道）；响应动作功能——后向通道（或输出通道）；大脑分析判断功能——微处理器系统（CPU 中央处理单元）；对外交流功能——数据通信。无论任何智能仪器，都需要人去指挥操作，因此也应该含有人机接口或人机界面（human machine interface，HMI）。

2.1　智能仪器的基本构成

智能仪器结构有两种基本类型：微机内嵌式与微机扩展式[1]。

微机内嵌式智能仪器，是将单片或多片的微机芯片与仪器有机地结合在一起形成的单机，如图 2-1 所示。

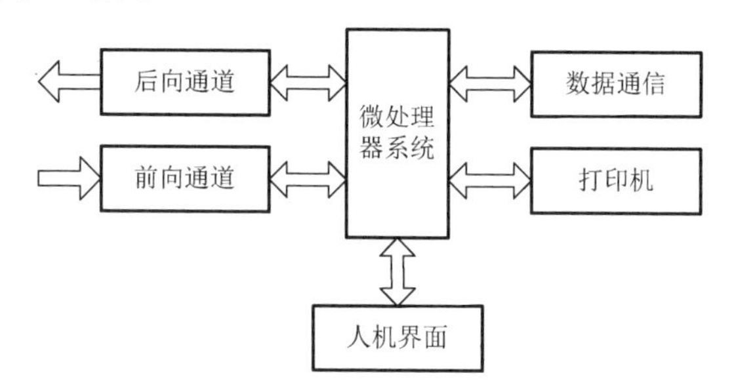

图 2-1　微机内嵌式智能仪器的基本结构

微机扩展式智能仪器是以个人计算机（PC）为核心的应用扩展型测量仪器，个人计算机仪器（PCI）或称微机卡式仪器，如图 2-2 所示。

智能仪器中通用测试类现代仪器向着自动测试系统方向发展，典型的自动测试系统构成框图如图 2-3 所示。

自动测试系统具有极强的通用性与多功能性，对于不同的测试任务，只需要添加或更换挂接在系统上的设备，编制相应的测试软件即可。自动测试系统特别适用于要求测量时间极短而数据处理量极大的测试任务，以及测试现场对操作人员有害或操作人员参与操作会产生人为误差的测试场合。

为减少通用测试设备，简化自动测试系统，当前智能仪器发展趋势走向虚拟仪器系统发展之路。典型的虚拟仪器体系结构如图 2-4 所示。

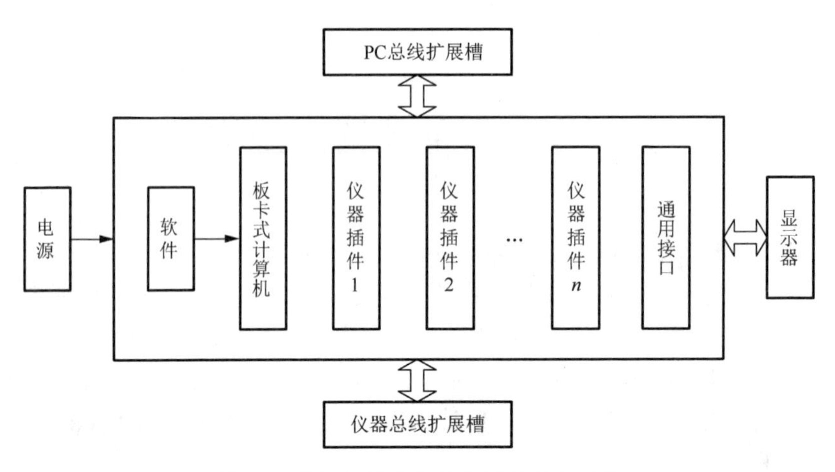

图 2-2　微机扩展式智能仪器的基本结构

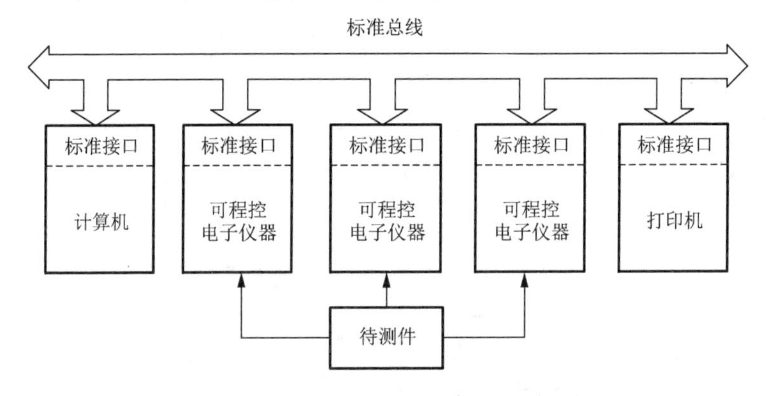

图 2-3　典型的自动测试系统构成框图

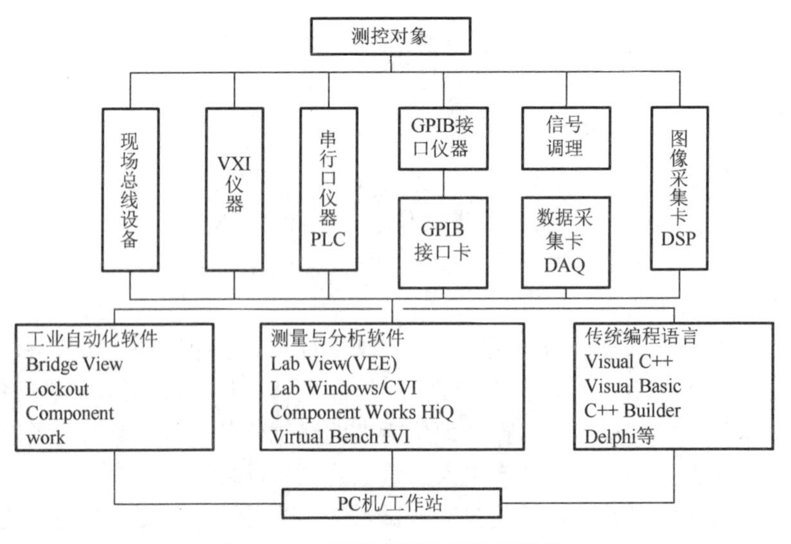

图 2-4　典型的虚拟仪器体系结构

虚拟仪器的优势丰富和增强了传统仪器的功能。虚拟仪器将信号分析、显示、存储、打印和其他管理集中交由计算机来处理，仪器由用户自己定义。虚拟仪器的硬件和软件都制定了开放的工业标准，使资源的可重复利用率提高，功能易于扩展，管理规范，生产、维护和开发费用降低，便于构成复杂的测试系统。可通过网络构成复杂的分布式测试系统，进行远程测试、监控和诊断，可节约仪器购买和维护费用。

2.2　前向通道设计

智能仪器前向通道是决定仪器性能的最重要部分，如仪器的灵敏度、精度、分辨率等。客观世界的物理参量都是经过传感器（或换能器）转换为电信号，而后才通过电路系统进行测量分析与处理的。传感器输出的往往是小信号模拟量，需要经过信号调理后，才进行数据采集。智能仪器前向通道的一般构成如图 2-5 所示。本节主要叙述传感器与信号调理部分，其余部分在其他章节介绍。

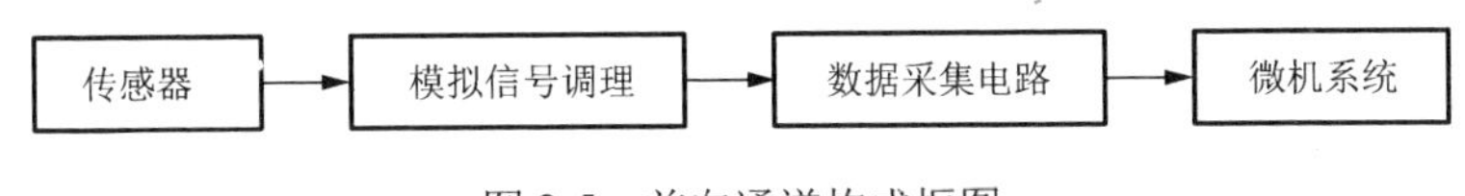

图 2-5　前向通道构成框图

2.2.1　传感器

传感器是信号输入通道的第一道环节，也是决定整个测试系统性能的关键环节之一。要正确选用传感器，首先要明确所设计的测试系统需要什么样的传感器，即系统对传感器的技术要求；其次要了解现有传感器厂家有哪些可供选择的传感器，把同类产品的指标和价格进行对比，从中挑选合乎要求的性价比最高的传感器。

1. 对传感器的主要技术要求

（1）具有将被测量转换为后续电路可用电量的功能，转换范围与被测量实际变化范围一致。

（2）转换精度符合整个测试系统根据总精度要求而分配给传感器的精度指标，转换速度应符合整机要求。

（3）能满足被测介质和使用环境的特殊要求，如耐高温、耐高压、防腐、抗振、防爆、抗电磁干扰、体积小、质量轻和不耗电或耗电少等。

（4）能满足用户对可靠性和可维护性的要求。

2. 可供选用的传感器类型

对于一种被测量，常常有多种传感器可以对其测量。例如，测量温度的传感器有热电偶、热电阻、热敏电阻、半导体 PN 结、IC 温度传感器、光纤温度传感器等。在都能满足测量范围、精度、速度、使用条件等情况下，应侧重考虑成本低、相配电路是否简单等因素进行取舍，尽可能选择性价比高的传感器。

（1）大信号输出传感器：为了与 A/D 输入要求相适应，传感器厂家开始设计、制造一些专门与 A/D 相配套的大信号输出传感器。根据传感器输出信号的大小，在设计时可以依据图 2-6 的方式决定电路方案。

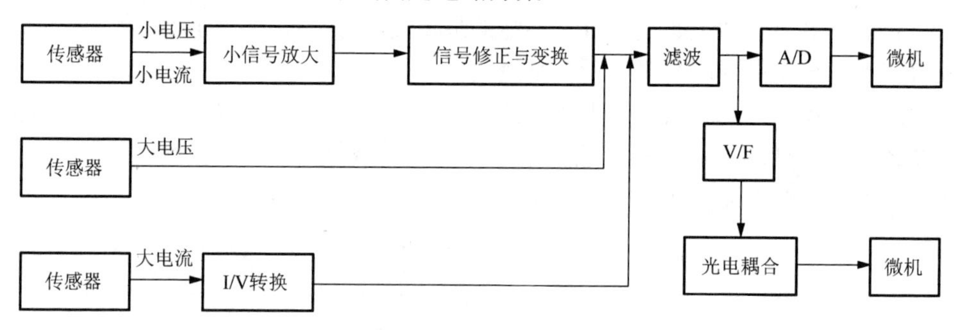

图 2-6　大信号输出传感器的使用

（2）数字式传感器：数字式传感器一般是采用频率敏感效应器件构成，也可以是由敏感参数 R、L、C 构成的振荡器，或模拟电压输入经 V/F 转换等。因此，数字式传感器一般都是输出频率参量，具有测量精度高、抗干扰能力强、便于远距离传送等优点。选用数字式传感器的前向通道设计可以依据图 2-7 的方案进行。

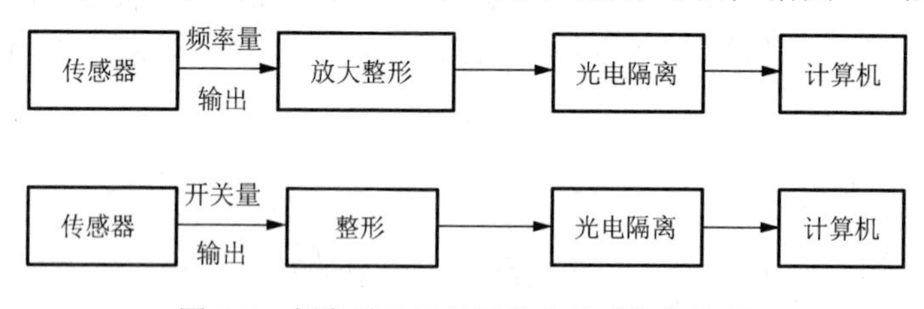

图 2-7　频率量及开关量输出传感器的使用

（3）集成传感器：集成传感器是将传感器与信号调理电路做成一体。例如，将应变片、应变电桥、线性化处理、电桥放大等做成一体，构成集成压力传感器。采用集成传感器可以减轻输入通道的信号调理任务，简化通道结构。

（4）光纤传感器：这种传感器的信号拾取、变换、传输都是通过光导纤维实现的，避免了电路系统的电磁干扰。在信号输入通道中采用光纤传感器可以从根本上解决由现场通过传感器引入的干扰。

2.2.2　模拟信号调理

在一般测量系统中，信号调理的任务较复杂，除了实现物理信号向电信号的转换、信号匹配、小信号放大、抑制噪声、选取有用信号频段外，还有诸如零点校正、线性化处理、温度补偿、误差修正和量程切换等，这些操作统称为信号调理（signal conditioning），相应的执行电路统称为信号调理电路，其构成框图如图 2-8 所示。

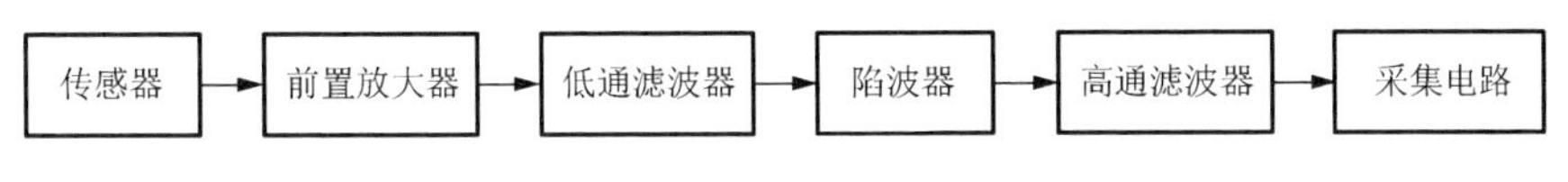

图 2-8　典型信号调理电路的组成框图

前置放大器的任务主要是解决传感器输出与信号调理电路的信号匹配问题，同时对信号进行放大。对信号放大的任务也可以分解到滤波器节或专用放大节。

1）选用前置放大器的依据

（1）多数传感器输出信号都比较小，必须选用前置放大器进行放大，以利于 A/D 转换，提高信号分辨率。

（2）调理电路中，放大器设置在滤波器前面有利于减少电路的等效输入噪声[1]。

（3）前置放大器的放大倍数应该多大？作者认为不宜太大，根据系统需求选取合适量，一般在 1～100 倍比较合适。

2）前置放大器的选取

前置放大器一般会选取集成仪表放大器，仪表放大器的差动输入端可以直接与传感器输出端连接。需要重视的是其输入回路能否对偏置电流提供直接回路，如没有通路偏流，就会对杂散电容充电，使输出漂移得不到控制。因此，当放大器前端的传感器，如信号变压器、热电偶及交流耦合的信号源等为“浮空”时，必须提供输入端到地的直流通路，如图 2-9 所示。如果直流通路不能实现，必须采用隔离型放大器[1]。

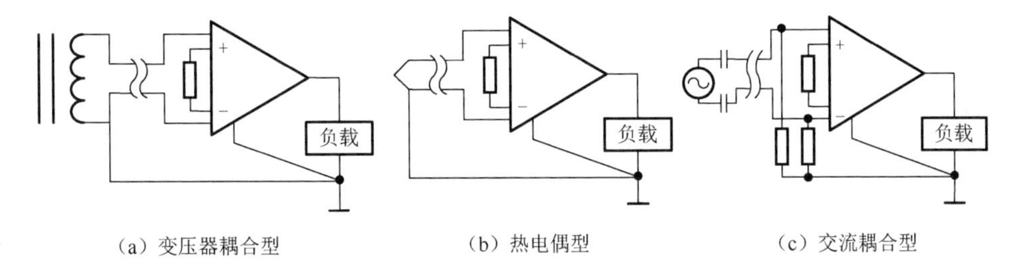

（a）变压器耦合型　　（b）热电偶型　　（c）交流耦合型

图 2-9　直流偏置通路

选取前置放大器时一定要比较其技术指标的差异，如非线性度、温度漂移、建立时间、回复时间、电源失调及共模抑制比等参数。总之，设计一个智能仪器系统时可供选择的前置放大器很多，设计者要综合系统需求，全面比较最后定型。无论选取何种前置放大器，在电路设计时都可以参考器件说明书中推荐的典型应用电路方案。

3）滤波器设计

滤波器的设计必须首先考虑任务所需滤波器的类型，并确定滤波器的基本功能，如低通滤波器、高通滤波器、带通滤波器、带阻滤波器、全通滤波器或者是更为复杂的功能。低通滤波器用于阻止不需要的高频信号；高通滤波器允许高频信号通过，阻止不需要的低频信号成分通过；带通滤波器只允许有限频率范围的信号通过；带阻滤波器允许低于和高于特定频率范围的信号通过，对于这个范围内的频率阻止通过，这种滤波器较少见。

滤波器的一个重要参数是所要求的频率响应，尤其是频率响应曲线的陡峭性和复杂性是滤波器阶数和可行性的一个决定性因素。

一阶滤波器只有一个依赖于频率的成分，这就意味着频率响应斜率就局限在每倍频 6 dB。对于许多应用来说，这是不够的，为了实现更陡的斜率，必须使用更高阶的滤波器。

滤波方式的选择是电路中非常重要的因素之一。根据各种滤波器的特性，巴特沃思滤波器的特点是通带内比较平坦；切比雪夫滤波器的特点是通带内有等波纹起伏；逆切比雪夫滤波器的特点是阻带内有等波纹起伏；而椭圆函数滤波器的特点是通带内和阻带内都有等波纹起伏。如果滤波器特性中有起伏，滤波器的衰减特性截止区就比较陡峭，相位失真就越严重。贝塞尔滤波器的衰减特性很差，它的阻带衰减非常缓慢。但是，这种滤波器的相位特性好，因而对于要求输出信号波形不能失真的场合非常有用。综合考虑截止特性和相位失真的要求，截止特性好的，相位失真就严重，两者不可兼得。

设计滤波器时，要根据系统要求选用何种类型，如有源滤波器与无源滤波器。有源滤波器除了滤波特性外，还有放大功能，但会产生失真，增加噪声；无源滤波器对信号保真度高，但会产生衰减。

2.3　后向通道设计

后向通道也被称为模拟输出通道。CPU 一般输出的是数字量，要控制相对大功率系统的控制信号常常是模拟信号，这就要求把数字量转变为模拟量，一般通过 D/A 数模转换器实现。

2.3.1　D/A 转换原理

D/A 转换器由电阻网络、开关及基准电源等部分组成，为了便于接口，有些 D/A 芯片内还含有锁存器。D/A 转换器的组成原理有多种，采用最多的是 R–$2R$ 梯形网络 D/A 转换器，如图 2-10 所示。

简单起见，图 2-10 只给出了四位数字量控制的 D/A 转换原理。实际上就是通过数字量控制的模拟电子开关来控制由运算放大器构成的求和电路，也称加法器。按照数字量的权值变换不同的放大倍数，最后求和，达成数模转换的目的。

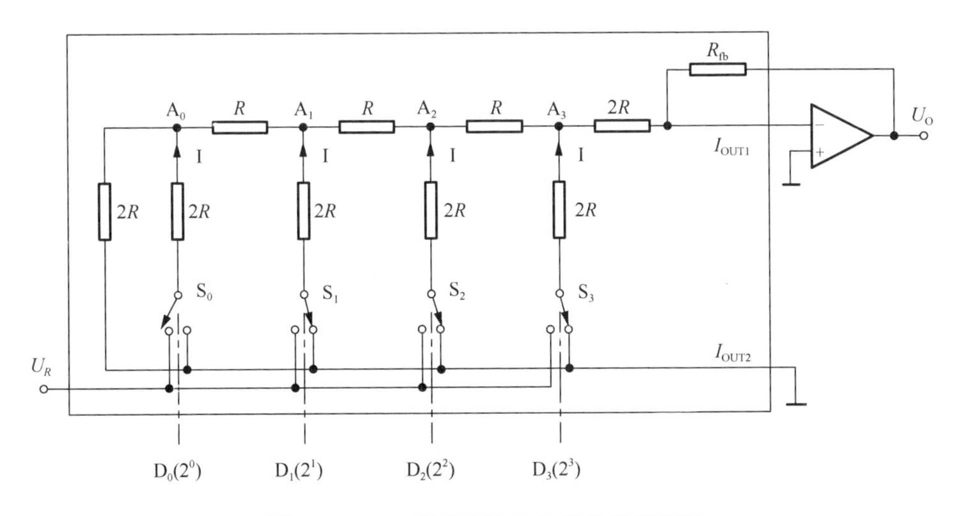

图 2-10　R-$2R$ 梯形网络 D/A 转换器原理图

2.3.2　D/A 转换器的主要技术指数

1）分辨率

分辨率为输入数字发生单位数码变化时所对应模拟量输出的变化量，具体表达方式与 A/D 转换器分辨率基本一致。例如，8 位 DAC 的分辨率为

$$1/(2^8-1)=1/(255)=0.0039=0.39\%$$

对于 n 位 DAC，其分辨率为$1/(2^n-1)$。分辨率是 DAC 在理论上能达到的精度。不考虑转换误差时，转换精度即为分辨率的大小。

2）转换精度

转换精度是在整个工作区间，实际的输出电压与理想输出电压之间的偏差，具体含义与 A/D 转换器的定义基本一致。

3）转换时间

转换时间一般由建立时间决定，指当输入的二进制代码从最小值突跳到最大值时，其模拟量电压达到与其稳定值之差小于±0.5LSB 所需的时间。转换时间又称稳定时间，其值通常比 A/D 转换器的转换时间要短得多。输入数字量变化越大，建立时间越长，因此输入从全 0 跳变为全 1（或从全 1 跳变为全 0）时，建立时间最长，该时间称为满量程建立时间。一般手册上给出的建立时间指满量程建立时间。

4）尖峰误差

尖峰误差是指输入代码发生变化时，使输出模拟量产生的尖峰所造成的误差。

2.3.3 D/A 转换电路输入与输出形式

D/A 转换器的输出电路有单极性和双极性之分，图 2-11 为单极性输出电路。图 2-12 为双极性输出电路。

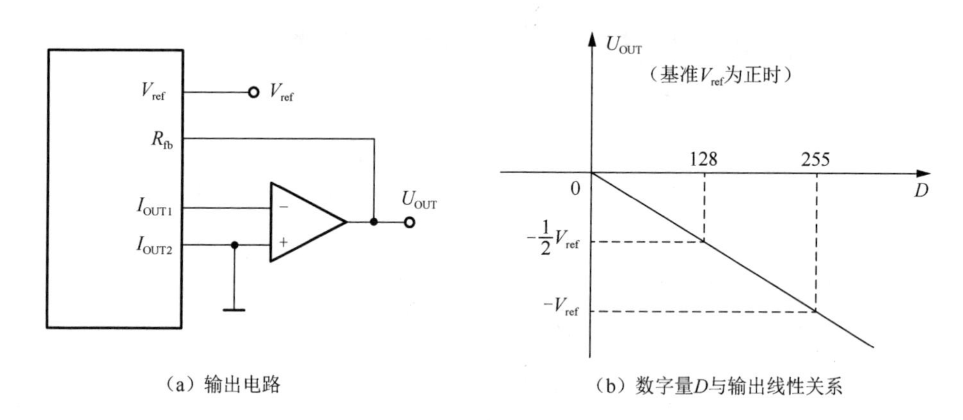

（a）输出电路　　（b）数字量D与输出线性关系

图 2-11　单极性输出电路

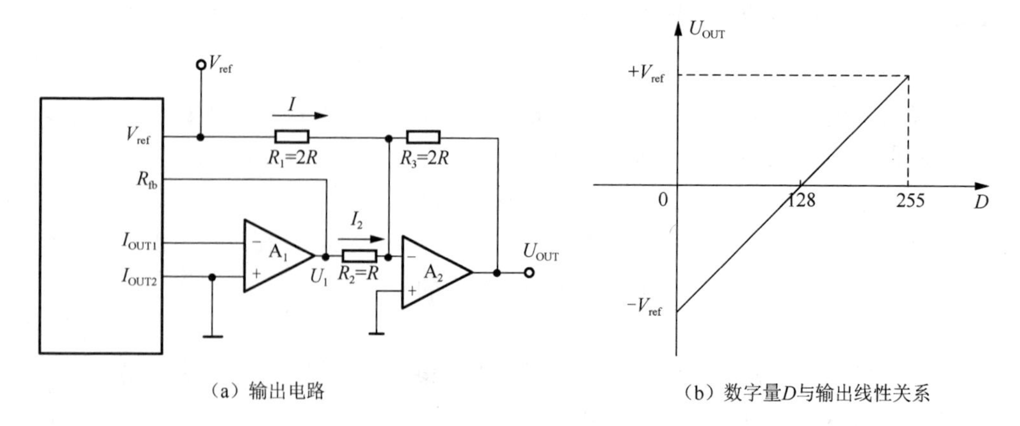

（a）输出电路　　（b）数字量D与输出线性关系

图 2-12　双极性输出电路

2.3.4　D/A 转换器与微型计算机接口

1. 8 位 D/A 转换器 DAC0832 与微型计算机接口

8031 单片机与 DAC0832 的接口设计如图 2-13 所示。根据接口电路可以分析出，选通 DAC0832 的片选信号为 $P_{2.0}$，低电平有效，因此口地址为 FEFFH。8031 对它进行一次写操作，输入数据便在控制信号的作用下，直接打入内部 DAC 寄存器中锁存，并由 D/A 转换成输出电压[2]。

控制程序如下。

```
MOV     DPTR，#0FEFFH          ；给出 0832 的地址
MOV     A，#DATA               ；欲输出的数据装入 A
MOVX    @DPTR，A               ；数据装入 0832 并启动 D/A 转换
```

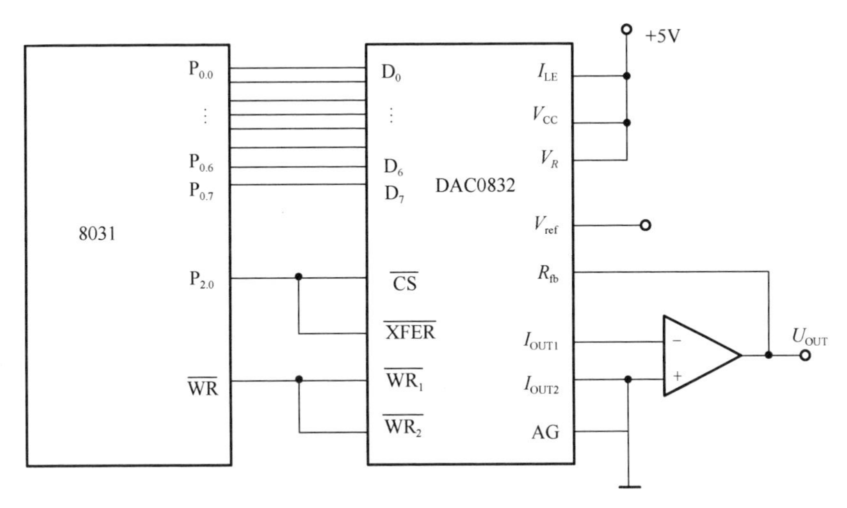

图 2-13　8031 单片机与 DAC0832 的接口设计

2. 12 位 D/A 转换器 DAC1208 与微型计算机接口

设有一个 12 位的待转换的数据存放在内容 DATA 及 DATA＋1 单元中，其存放顺序为（DATA）存高 8 位数据，（DATA＋1）存低 4 位数据（存放在该单元的低半字节上）。12 位 D/A 转换器 DAC1208 与微型计算机接口如图 2-14 所示。

控制程序如下。

```
MOV     DPTR, #0FDFFH          ；送端口地址 BYTE1
MOV     A, DATA                ；转换数据送累加器 A
MOVX    @DPTR, A               ；送高 8 位转换
DEC     DPH                    ；变数据指针
MOV     A, DATA＋1             ；低 4 位送累加器
```

```
MOV     DPTR, #7FFFH     ; 送端口地址 BYTE2（低电平有效）
MOVX    @DPTR, A         ; 启动低 4 位转换
```

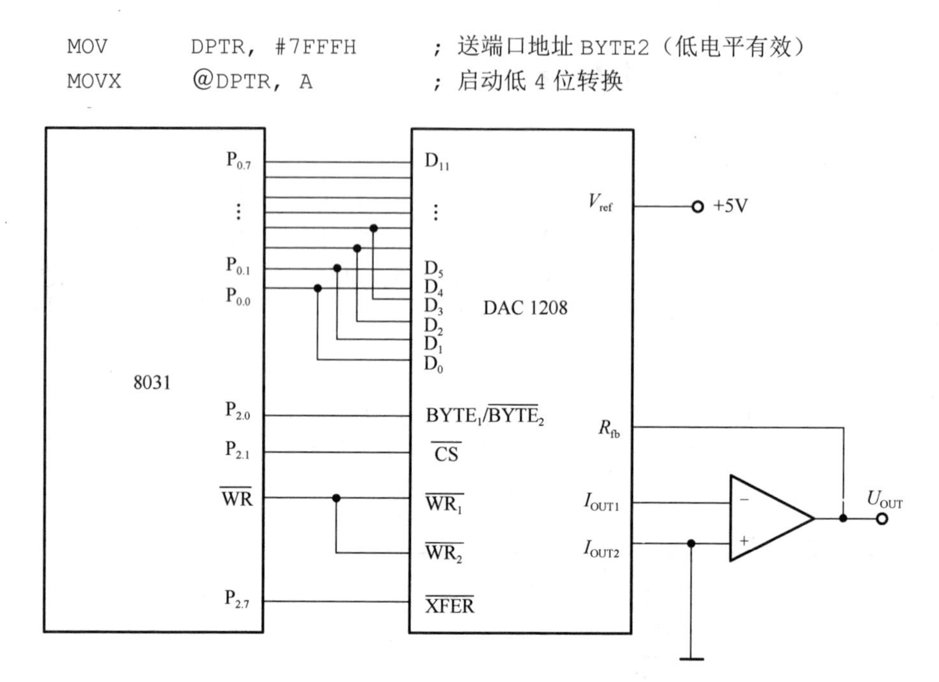

图 2-14　12 位 D/A 转换器 DAC1208 与微型计算机接口

2.3.5　D/A 转换器应用举例

1. 锯齿波发生器

锯齿波发生器设计的单片机与 8032DAC 的接口电路如图 2-15 所示。

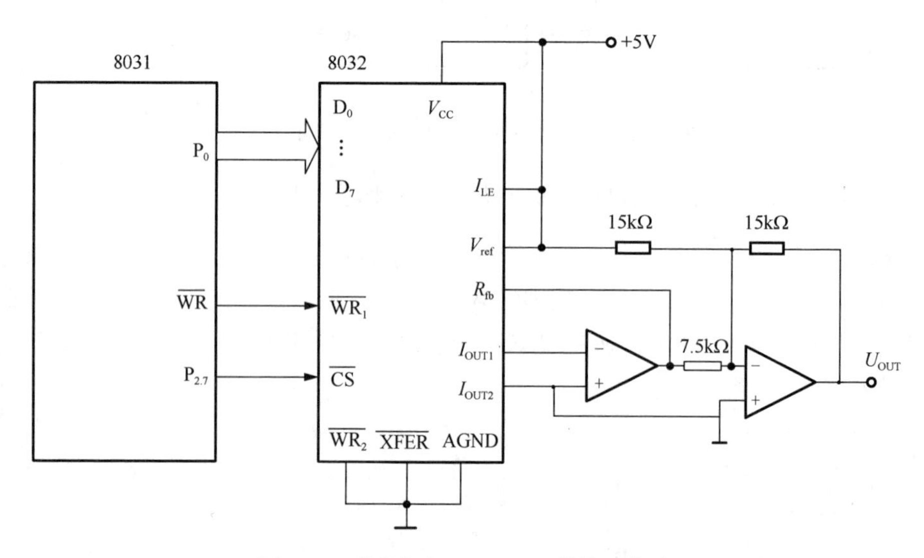

图 2-15　单片机与 8032DAC 的接口电路

控制程序如下。

```
      MOV     DPTR, #0FEFFH     ; 给出 DAC0832 口地址
        MOV    A, #00H
LOOP: MOVX     @DPTR, A
        INC    A
        MOV    R0, #DATA        ; 改变#DATA, 以延时
        DJNZ    R0, $
        SJMP    LOOP
```

2. 任意波形的产生（以正弦波为例）

如图 2-15 的接口设计，产生正弦波的控制程序如下。

```
     MOV      R5,    #00H      ; 计数器赋初值
SIN: MOV       A,  R5
   MOV     DPTR, #TABH
   MOVC  A, @A+DPTR            ; 查表得输出值
   MOV     DPTR,  #7FFFH       ; 指向 0832
   MOVX  @DPTR,  A             ; 转换
       INC      R5             ; 计数器加 1
       AJMP    SIN
```

预先设置的数据表格如下。

```
TAB: DB   80H, 83H, 86H, 89H, 8DH, 90H, 93H, 96H
     DB   99H, 9CH, 9FH, A2H, A5H, A8H, ABH, AEH
     DB   B1H, B4H, B7H, BAH, BCH, BFH, C2H, C5H
     DB   C7H, CAH, CCH, CFH, D1H, D4H, D6H, D8H
     DB   DAH, DDH, DFH, E1H, E3H, E5H, E7H, E9H
```

2.3.6　开关量输出通道

开关量输出通道，可用来控制只有两种工作状态的执行机构或器件。例如，控制电机的开或关，控制液体压力的电磁阀门的开和闭，控制指示灯的亮和灭等。这些执行机构或器件相当于人的手脚，直接推动被控对象。鉴于被控对象千差万别，所要求的控制电压或电流不同，而且有时需要直流驱动，有时需要交流驱动，因此应根据具体对象选择控制机构或器件。

执行机构往往需要大功率驱动（大电压或电流），而微处理器输出的开关量没有驱动能力，那么电路接口就需要增加缓冲驱动器件，或者通过隔离缓冲器提高驱动能力。开关量输出通道中常用的隔离器件有光电耦合器件和继电器，常用的驱动电路有功率开关驱动电路，集成驱动器芯片和固态继电器等。

1. 小功率驱动接口电路

小功率驱动接口电路常用于小功率负载，如发光二极管、LED 显示器、小功率继电器等元件或装置，一般要求系统具有 10～40mA 的驱动能力，通常采用小功率三极管（如 9012、9013、8050、8550 等）和集成电路（如 75451、74LS245 等）作为驱动电路。图 2-16 所示为采用 SN75451 作为驱动器驱动指示灯的电路，当 8031 的 $P_{1.6}$ 和 $P_{1.7}$ 输出低电平时，指示灯 L_1 和 L_2 发光。图 2-17 所示为采用 SN75451 驱动直流线圈的电路，二极管 VD（1N4001）为钳位二极管，可防止线圈两端的反电势损坏驱动器。图 2-18 所示为驱动交流线圈的电路，交流接触器 C 由双向晶闸管 KS 驱动，MOC3041 是光电耦合器，起触发 KS 和隔离的作用。控制信号由 8031 的 $P_{1.0}$ 输出。双向晶闸管 KS 要满足额定工作电流为交流接触器线圈工作电流的 2～3 倍，额定工作电压为交流接触器线圈工作电压的 2～3 倍的要求。

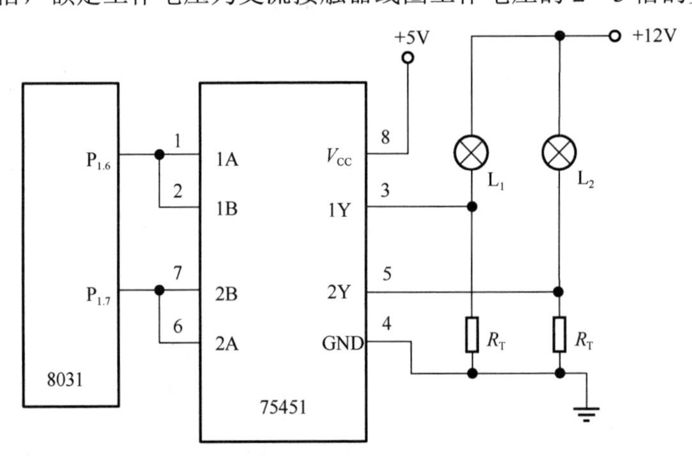

图 2-16　采用 SN75451 驱动指示灯的电路

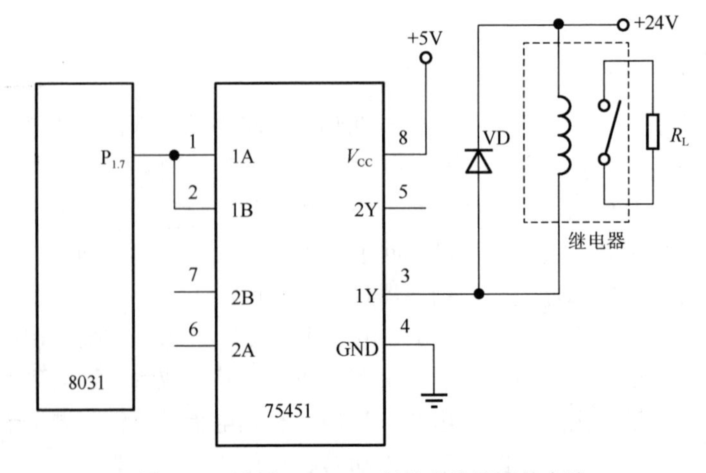

图 2-17　采用 SN75451 驱动直流线圈的电路

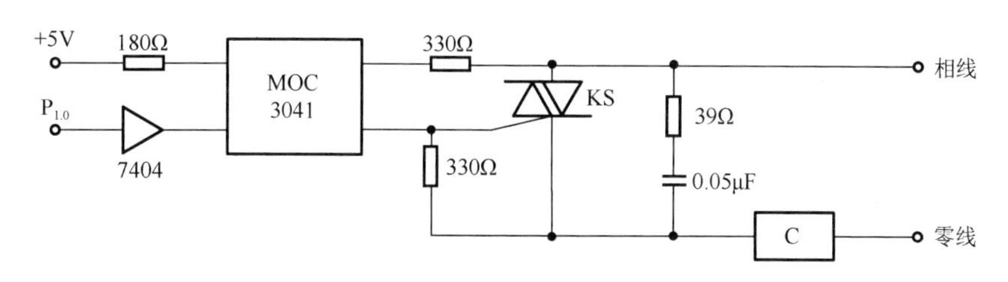

图 2-18　驱动交流线圈的电路

2. 中功率驱动接口电路

中功率驱动接口电路常用于驱动功率较大的继电器和电磁开关等控制对象，一般要求具有 50～500mA 的驱动能力，可采用达林顿功率管（如 MC1412、MC1413、MC1416 等）或中功率三极管来驱动。图 2-19 所示为功率晶体管驱动电路，图 2-20 所示为达林顿功率管驱动电路。

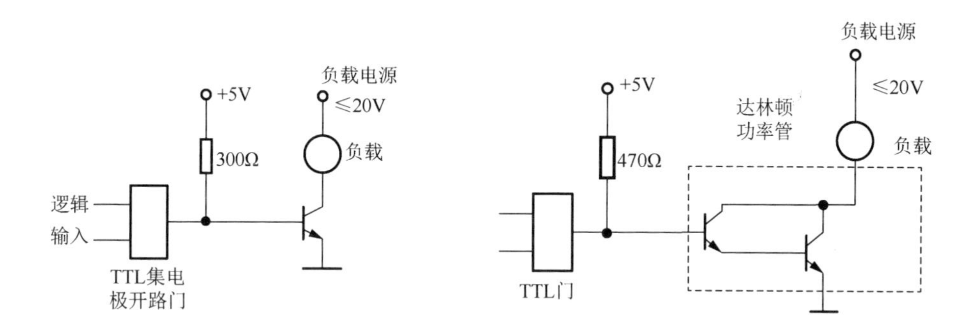

图 2-19　功率晶体管驱动电路　　图 2-20　达林顿功率管驱动电路

3. 固态继电器输出接口电路

固态继电器（solid state relay，SSR）是一种全部由固态电子元件组成的新型无触点功率型电子开关。SSR 问世于 20 世纪 70 年代，用开关三极管、晶闸管等半导体器件的开关特性制作，利用光电隔离技术实现了控制端（输入端）与负载回路（输出端）之间的电气隔离，同时又能控制电子开关的动作。它可无触点、无火花地接通和断开电路，因此又被称为“无触点开关”。SSR 具有开关速度快、体积小、质量轻、寿命长、工作可靠等优点，特别适合控制大功率设备的场合。在许多自动化装置中，代替了常规的电磁式继电器，在动作频繁的防爆、防潮和防腐蚀等场合应用广泛。

固态继电器按负载电源的类型分为直流型固态继电器（DC-SSR）和交流型固态继电器（AC-SSR）。直流型固态继电器主要用于直流大功率控制场合；交流型固态继电器主要用于交流大功率控制场合，又分为过零型和非过零型。过零型交流型固态继电器对交流负载的通/断控制与负载电源电压的相位有关，在输入信号有效后，必须在负载电源电压过零时才能接通输出端的负载电源，当输入端的控制信号撤销后，必须等到交流负载电源电压的过零时刻才能断开输出端的负载电源。非过零型交流型固态继电器对交流负载的通/断控制与负载电源电压的相位无关，在输入信号有效时，负载端电源立即接通。

1）固态继电器的原理及结构

AC-SSR 的工作原理如图 2-21 所示。它是一种四端器件，A 和 B 是输入端，C 和 D 是输出端。工作时，只要在 A、B 端加上一定的控制信号，就可以控制 C、D 两端之间的“通”和“断”，实现“开关”的功能。图 2-21 中的部件①～④构成 AC-SSR 的主体，光电耦合电路的功能是为 A、B 端输入的控制信号提供一个输入/输出端之间的通道，而在电气上断开 SSR 中输入端和输出端之间的联系，以防止输出端对输入端的影响。触发电路的功能是产生合乎要求的触发信号，驱动开关电路④工作，开关电路一般用双向晶闸管来实现。为了防止开关管产生射频干扰，以高次谐波或尖峰电压等污染电网，并且使开关电路导通的瞬间电流不至于太大而损坏开关管，特设置过零控制电路。当输入控制信号，交流电压过零（实际中是过一个很低的电平）时，SSR 为导通状态；当断开控制信号时，要等待达到交流电的正半周与负半周的交界点（零电位）时，SSR 才为断开状态。吸收电路可防止从电源中传来的尖峰、浪涌电压对开关器件的冲击和干扰。

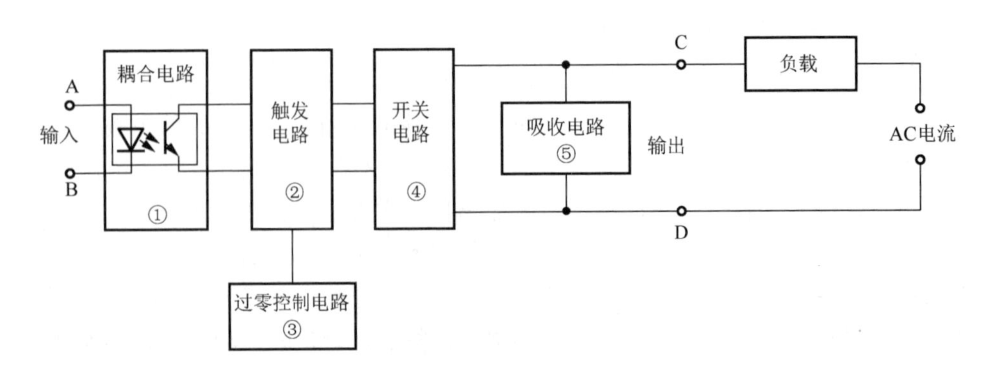

图 2-21　AC-SSR 的工作原理图

DC-SSR 的工作原理如图 2-22 所示，无过零控制电路，开关器件一般采用大功率开关三极管，工作原理与 AC-SSR 大致相同，此处不再赘述。

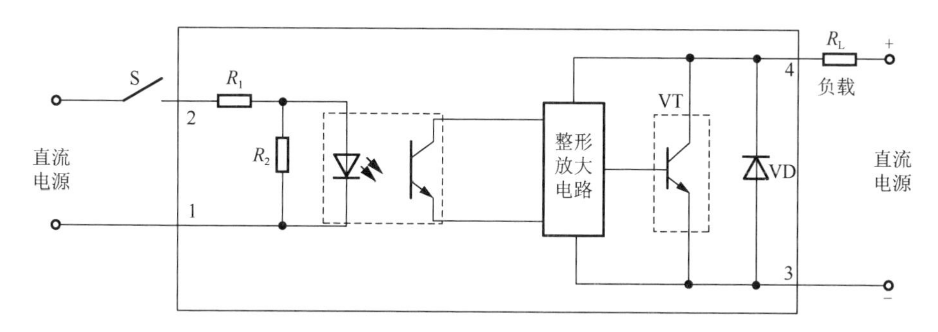

图 2-22　DC-SSR 的工作原理图

2）SSR 应用中需要注意的问题

（1）DC-SSR 和 AC-SSR 用途不同，不能互换。

（2）AC-SSR 有过零型和非过零型两种，要求射频干扰小的场合应使用过零型。

（3）SSR 的输入端均为发光二极管，可直接由 TTL 驱动，也可以用 CMOS 电路再加一级跟随器驱动。驱动电流为 5～10mA 时输出端导通，1mA 以下输出端断开。

（4）切忌负载短路。

3）固态继电器组成的开关量输出电路

图 2-23 为由基本的 SSR 组成的开关量输出电路。为了防止 SSR 的 A 端输入电压超过额定值，需设置一个限流电阻 R。当负载为非稳定性负载或感性负载时，在输出回路中还应附加一个瞬态抑制电路。常用的方法是在 SSR 输出端加装 RC 吸收回路，或在 SSR 输出端接入具有特定钳位电压的电压控制器件，如双向稳定二极管或压敏电阻等。当 $P_{1.0}$ 输出低电平时，SSR 输入端有电压，输出端接通；当 $P_{1.0}$ 输出高电平时，SSR 输入端无电压，输出端断开。

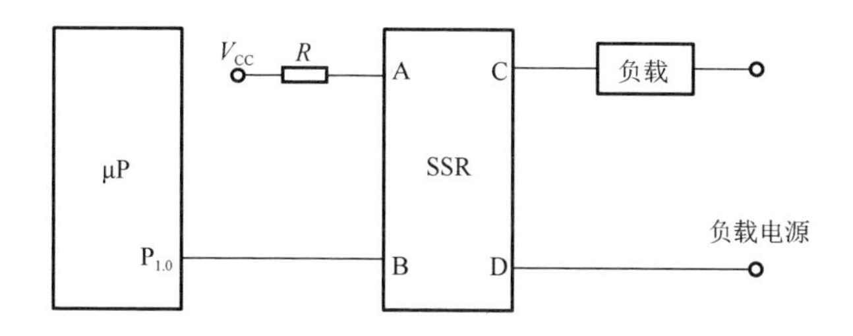

图 2-23　由基本的 SSR 组成的开关量输出电路

SSR 实现了弱信号对强电（输出负载电压）的控制。光电耦合器的应用，使控制信号所需功率极低，并且固态继电器所需的工作电平与 TTL、HTL、CMOS 等常用集成电路兼容。而且因为其抗振、耐机械冲击，容易用绝缘防水材料灌封做成全密封形式，所以具有良好的防潮、防霉和防腐性能，在智能仪器中应用广泛。

2.4 人 机 接 口

人机交互功能即用户与仪器交换信息的功能。这个功能有两方面的含义：一是用户对智能仪器进行状态干预和数据输入；二是智能仪器向用户报告运行状态与处理结果。实现智能仪器人机交互功能的部件有键盘、显示器和打印机等，这些部件同智能仪器主体电路的连接是由人机接口电路来完成的。

人机接口技术是智能仪器设计的关键技术之一。当前人机交互的方式有键盘输入、触屏输入、语音输入和无线指令输入等。设计开发人员可以根据实际仪器的功能特性选择交互方式。

2.4.1 键盘与接口

键盘含硬件与软件两部分。硬件指键盘的组织，即键盘结构及其与主机的连接方式；软件是指对按键操作的识别与分析，称为键盘管理程序。键盘与接口的任务大体可分为下列几项。

（1）识键：判断是否有键按下，若有，则进行译码；若无，则等待或转做其他工作。

（2）译键：识别出哪一个键被按下，并求出被按下键的键值。

（3）键值分析：根据键值，找出对应处理程序的入口并执行。

1. 键盘的组织

键盘按其工作原理可分为编码式键盘和非编码式键盘。编码式键盘由按键键盘和专用键盘编码器两部分构成。当键盘中的某一按键被按下时，键盘编码器会自动产生对应的按键代码，并输出选通脉冲信号与 CPU 进行信息联络。

非编码式键盘不含编码器，当某键按下时，键盘只送出一个简单的闭合信号，对应按键代码的确定必须借助软件来完成。

显然，非编码式键盘的软件是比较复杂的，并且要占用较多的 CPU 时间。但非编码式键盘可以任意组合、成本低、使用灵活，因而智能仪器大多采用非编码式键盘。

非编码式键盘有独立式键盘、矩阵式键盘 $m \times n$ 矩阵键盘和交互式键盘之分。独立式键盘的结构特点是一键一线，即每一个按键单独占用一根检测线与主机相连。矩阵式键盘结构的特点是把检测线分成两组，一组为行线，另一组为列线，按键放在行线和列线的交叉点上。$m \times n$ 矩阵键盘与主机连接只需要 $m+n$ 条线，显然，当需要的按键数目大于 8 时，一般都采用矩阵式键盘。交互式键盘结构的特点是任意两检测线之间均可以放置一个按键。很显然，交互式键盘结构所占用的检测线比矩阵式还要少，但是这种键盘所使用的检测线必须是具有位控功能的双向 I/O 端口线。键盘与 CPU 接入方式如图 2-24 所示。

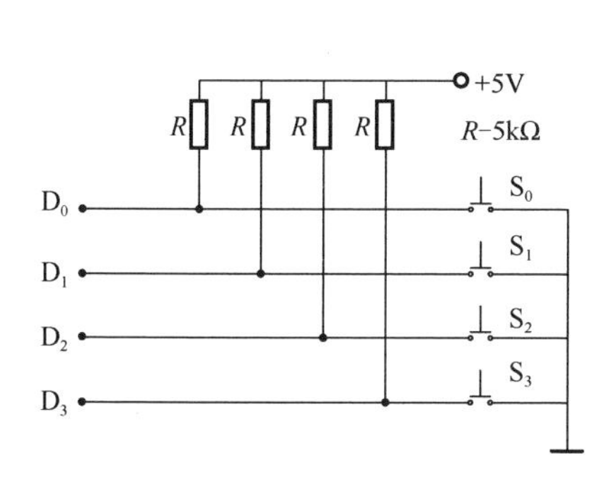

（a）独立式

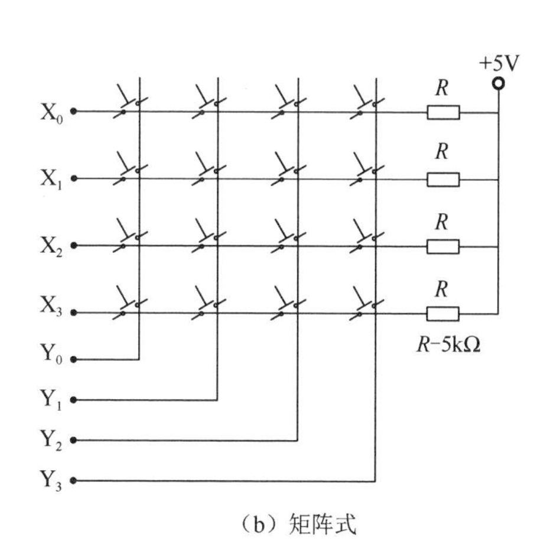

（b）矩阵式

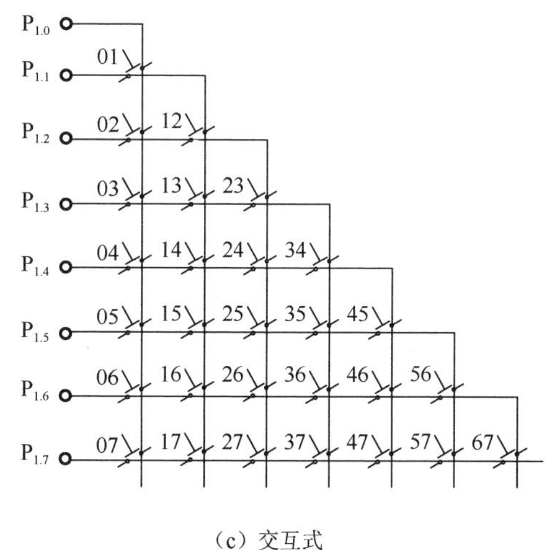

（c）交互式

图 2-24　键盘与 CPU 接入方式

2. 键盘的工作方式

键盘的工作方式主要有三种：编程扫描工作方式、中断工作方式和定时扫描工作方式。

编程扫描工作方式：该方式也称查询方式，它利用 CPU 在完成其他工作的空余调用键盘扫描程序，以响应键输入的要求。当 CPU 在运行其他程序时，它就不会再响应键输入的要求，因此采用该方式编程时，应考虑程序是否能对用户的每次按键都会做出及时的响应。

中断工作方式：当键盘中有按键按下时，硬件会产生中断申请信号，CPU 响应中断申请后对键盘进行扫描，并转入与按下键相应的键功能处理程序。优点：由于在无键按下时不进行键扫描，CPU 工作效率高，并能确保对用户的每次按键操作做出迅速的响应。

定时扫描工作方式：利用专门定时器产生定时中断申请信号。由于每次按键的持续时间一般不小于 100ms，为了不漏检，定时中断的周期一般应小于 100ms。

3. 键抖动及消除

当按键被按下或释放时，按键触点的弹性会产生一种抖动现象，如图 2-25 所示。当按键按下时，触点不会迅速可靠地接通；当按键释放时，触点也不会立即断开，而是要经过一段时间的抖动才能稳定下来。抖动时间视按键材料不同，一般为 5～10ms。

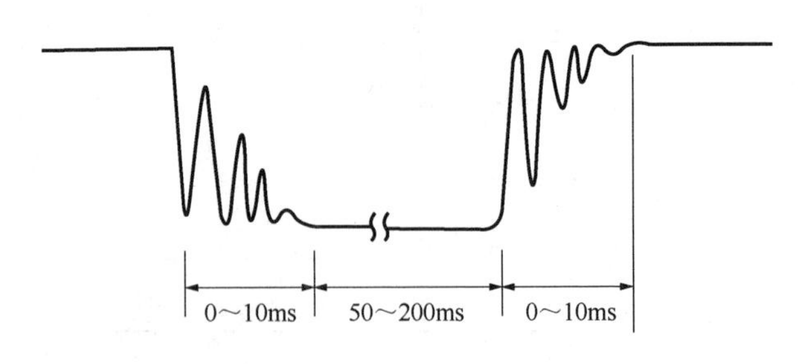

图 2-25　键盘抖动示意图

键抖动可能导致计算机将一次按键操作识别为多次操作，为克服这种由键抖动所致的误判，常采用如下措施。

（1）硬件电路消除法。利用 RS 触发器来吸收按键抖动的键盘，防止弹跳电路如图 2-26 所示。一旦有按键按下时，触发器就立即翻转，触点的抖动便不会再对输出产生影响，按键释放时也是如此。

（2）软件延时法。当判定按键按下时，用软件延时 10～20ms，等待按键稳定后重新再判一次，以躲过触点抖动期。

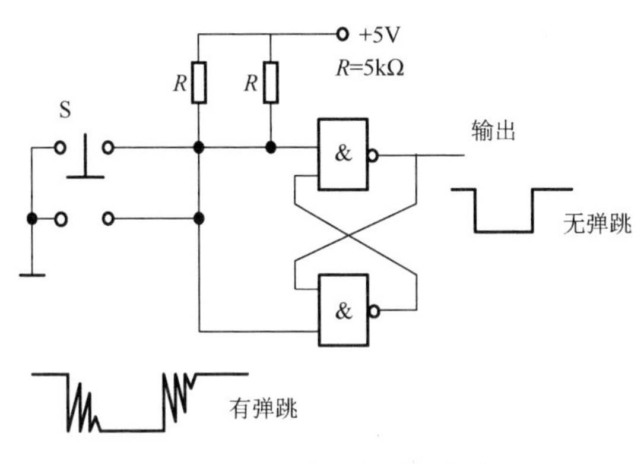

图 2-26　键盘防止弹跳电路

2.4.2　键盘接口电路及控制程序

非编码式键盘按照与主机连接方式的不同，有独立式、矩阵式和交互式之分。

1. 独立式键盘接口电路及程序设计

独立式键盘的每个按键占用一根测试线，它们可以直接与单片机 I/O 线相接或通过输入口与数据线相接，结构很简单。这些测试线相互独立无编码关系，因而键盘软件不存在译码问题，一旦检测到某测试线上有键闭合，便可直接转入相应的键功能处理程序进行处理。一个实际三个按键的独立式键盘接口电路如图 2-27 所示。

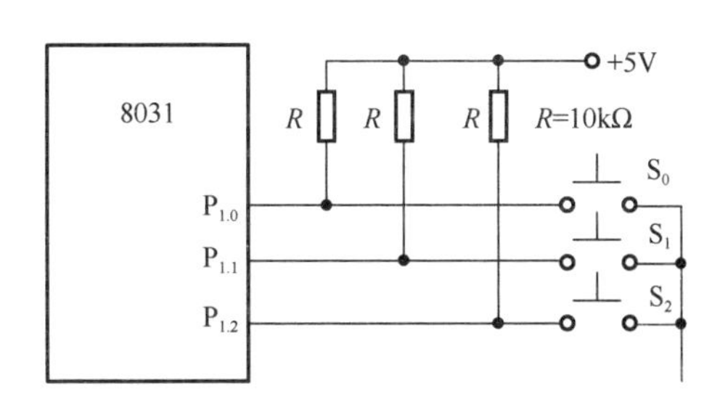

图 2-27　独立式键盘接口电路

首先判断有无键按下，若检测到有键按下，则延时 10ms 避开抖动的影响，查询是哪一个键被按下并执行相关的操作。然后再用软件查询等待按键的释放，当判明键释放后，用软件延时 10ms 后再返回，独立式键盘接口软件流程如图 2-28 所示。

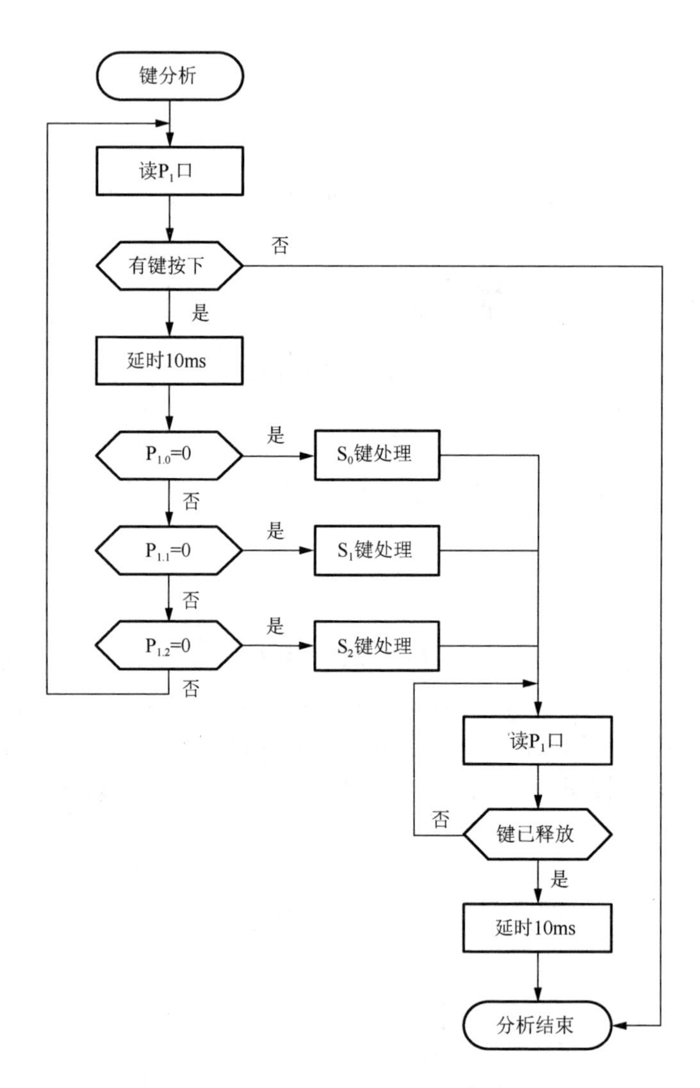

图 2-28　独立式键盘接口软件流程图

上例 CPU 经常处于空扫描状态，为进一步提高 CPU 的效率，可采用中断工作方式，即只有当键盘中有键被按下时，才执行扫描工作。图 2-29 为采用中断方式处理 8 只按键的接口电路图。

如图 2-29 所示，当无键按下时，8 条测试线均为高电平，经 8 与非门及反相器后仍为高电平，不会产生中断。当其中任一键按下时，$\overline{INT_0}$ 变为低电平，向 8031 申请中断。8031 响应后便进入中断服务程序，然后用扫描方法找到申请中断的功能键并执行相应功能处理程序。

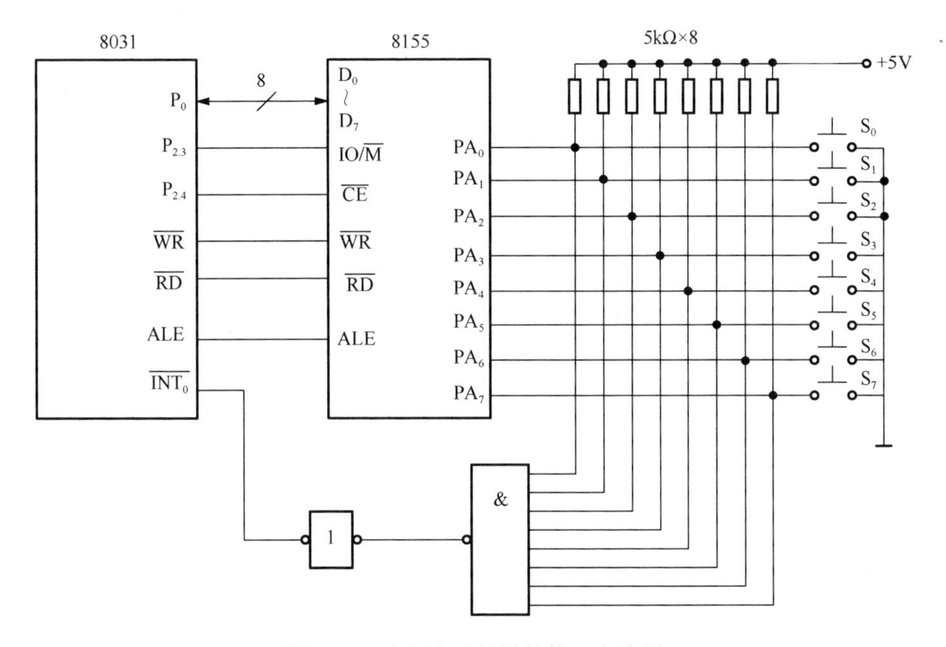

图 2-29　中断方式按键的接口电路图

当其中任意一键按下时，$\overline{INT_0}$ 变为低电平，向 8031 申请中断。8031 响应后便进入中断服务程序，用扫描的方法找到申请中断的功能键并执行相应键功能处理程序。能完成上述工作的程序很简单，可以参考其他著作，此处不过多赘述。

2. 矩阵式键盘接口电路及程序

当采用矩阵式键盘时，为了编程方便，应将矩阵键盘中的每一个按键按一定的顺序编号，这种按顺序排列的编号称为顺序码，也称键值。为了求得矩阵式键盘中被按下键的键值，常用的方法有行扫描法和线路反转法。线路反转法识别键值的速度较快，但必须借助于可编程的通用接口芯片，如图 2-30 所示。一般有两种键盘接口电路及控制软件，一种是采用编程扫描工作方式的行扫描法来识别键值；另一种是采用中断工作方式的线路反转法来识别键值[2]。

1）行扫描法

图 2-30 为 4×8 矩阵键盘与单片机接口电路。8155 的端口 C 工作于输出方式，

用于行扫描。端口 A 工作于输入方式，用来读入列值。由图 2-30 可知，8155 的命令/状态寄存器、端口 A 和端口 C 的地址分别为 0100H、0101H 和 0103H。

采用编程扫描工作方式的行扫描法步骤如下。

（1）判断是否有键按下，使端口 C 所有的行输出均为低电平，然后从端口 A 读入列值。如果没有键按下，读入值应为 FFH；如果有键按下，则不为 FFH。

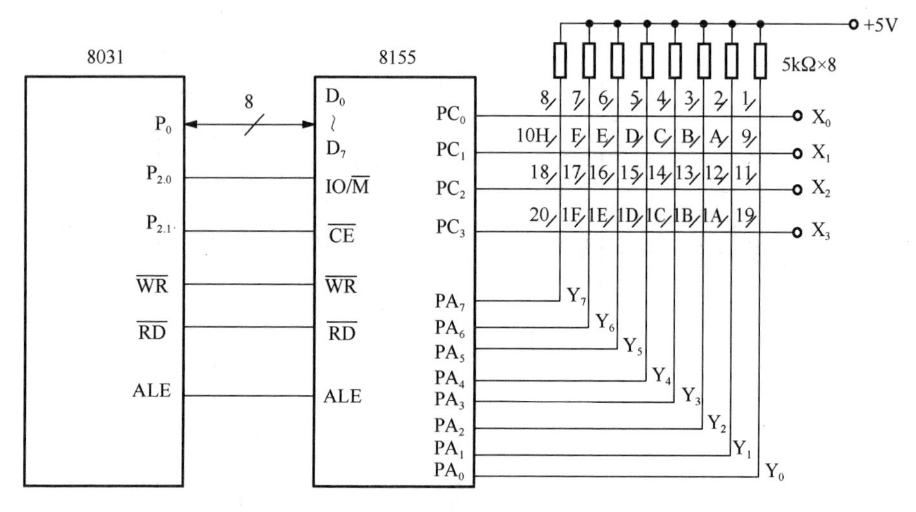

图 2-30　矩阵式键盘接口

（2）若有键按下，则延时 10ms，再判断是否确实有键按下。

（3）若确实有键按下，则求出按下键的键值。其实现方法是对键盘进行逐行扫描，即先令 PC_0 为 0，读入列值，若列值等于 FFH，说明该行无键按下，再令 PC_1 为 0，对下一行进行扫描；若列值不等于 FFH，说明该行有键按下，求出其键值。

求键值时要设置行值寄存器和列值寄存器。每扫完一行，若无键按下，则行值寄存器加上 08H；若有键按下，行值寄存器保持原值，转而求相应的列值。求列值的方法是将列值右移，每移位一次列值寄存器加 1，直至移出位为低电平，最后将行值和列值相加即得键值。若需要十进制键值，可进行 DAA 修正。

（4）为保证按键每闭合一次，CPU 只做一次处理，程序需等闭合的键释放后再对其做处理。

```
        ORG       0200H
KEYPR: MOV       DPTR, #0100H        ;  8155 初始化
       MOV       A,#0CH
```

```
         MOVX  @DPTR,  A            ;  控制字写入
         MOV    R3, #00H            ;  列寄存器清零
         MOV   R4, #00H             ;  行寄存器清零
         ACALL   KEXAM              ;  检查有无键按下
         JZ    KEND                 ;  无键按下返回
         ACALL   D10ms
         ACALL  KEXAM               ;  再次检查有无键按下
         JZ   KEND
         MOV   R2 #0FEH             ;  输出使 X   0 为 0
KEY1:  MOV   DPTR, #0103H   ;  送 C 口地址
         MOV   A, R2
         MOVX   @DPTR,  A           ;  扫描某一行
         MOV   DPTR,  #0101H        ;  送 A 口地址
         MOVX   A, @DPTR            ;  读列值模型
         CPL   A
         ANL   A, #0FFH
         JNZ   KEY2                 ;  有键按下,求列值
         MOV   A, R4                ;  无键按下,行+8
         ADD    A, #08H
         MOV   R4,A
         MOV    A, R2               ;  求下列为低电平模型
         RL   A
         MOV   R2,A
         JB   ACC.4, KEY1           ;  判断是否已全扫描
         AJMP  KEND
KEY2: CPL    A                      ;  恢复列模型
KEY3: INC  R3
         RRC   A
         JC    KEY3
KEY4: ACALL   D10ms
         ACALL  KEXAM
         JNZ   KEY4                 ;  等待键释放
         MOV   A, R4                ;  计算键值
         ADD   A, R3
         MOV   BUFF,  A             ;  键值存入 BUFF
KEDN: RET
BUFF: EQU   30H
```

```
D10ms: MOV  R5,#14H             ;  延时子程序
DL:     MOV   R6,#0FFH
DL0:   DJNZ   R6,DL0
        DJNZ      R5,DL
        RET
KEXAM: MOV   DPTR,#0103H        ;  检查是否有键按下子程序
       MOV   A, #00H
       MOVX  @DPTR, A
       MOV    DPTR,#0101H
       MOVX  A, @DPTR
       CPL   A
       ANL   A,#0FFH
       RET
```

2）线路反转法

这种方法需要采用可编程的输入/输出接口 8255 和 8155 等，若采用单片机，也可直接与单片机的 I/O 口相接。

2.4.3　显示接口电路

显示接口是人机交互的重要组成部分，主要是反馈仪器操作执行的结果，即使操作人员知道仪器的工作状态。根据显示部件的不同，其接口电路各异。一般显示方式有 LED、LCD、CRT 与触屏等，最流行的是触屏方式。本小节只介绍最基础的 LED 显示接口电路，关于 LCD 与触屏显示接口，可参考相关书籍。

LED 即发光二极管，它是一种由某些特殊的半导体材料制作成的 PN 结，由于掺杂浓度很高，当正向偏置时，会产生大量的电子空穴复合，把多余的能释放变为光能。LED 显示器具有工作电压低、体积小、寿命长（约十万小时）、响应速度快（小于 1μs）、颜色丰富（红、黄、绿等）等特点，是智能仪器最常使用的显示器。

七段 LED 显示及接口电路。七段 LED 显示器是由多个 LED 组成的一个阵列，并封装于一个标准的外壳中。为适用于不同的驱动电路，有共阳极和共阴极两种结构。七段 LED 显示器可组成 0～9 数字和多种字母，这种显示中还提供一个小数点，因此实际共有八段，如图 2-31 所示。

为了显示某个数或字符，就要点亮对应的段，这就需要译码。译码有硬件译码和软件译码之分。硬件译码显示电路如图 2-32 所示。BCD 码转换为对应的七段字形码（简称段码），这项工作由七段译码/驱动器 74LS47 完成。硬件译码电路的计算机用时较少，但硬件成本大。

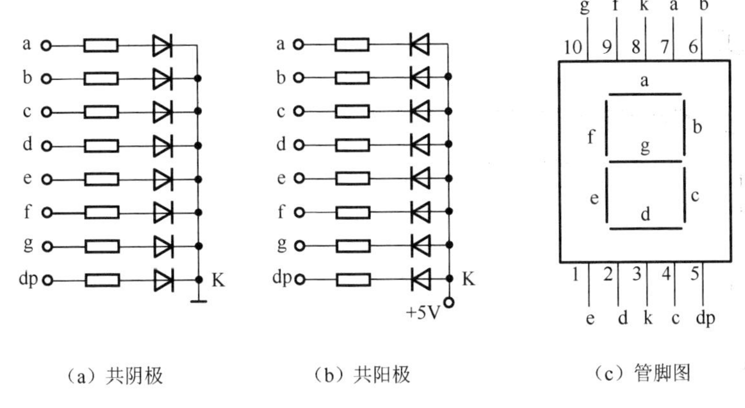

图 2-31　LED 显示原理

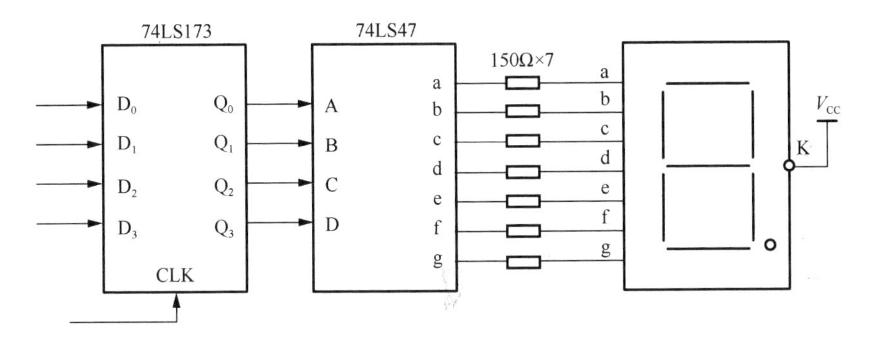

图 2-32　硬件译码显示电路（共阳极接法）

软件译码显示电路如图 2-33 所示。与硬件电路相比，软件译码显示电路省去硬件译码器，其译码工作由软件来完成。

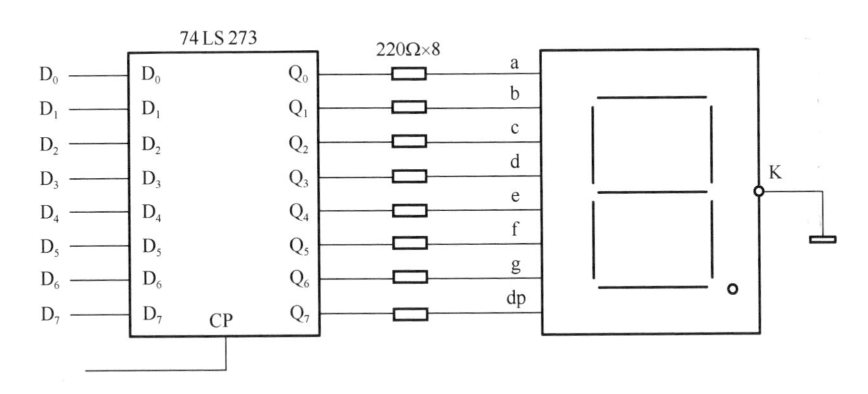

图 2-33　软件译码显示电路（共阴极接法）

微处理器有较强的逻辑控制能力，采用软件译码并不复杂。采用软件译码不仅可使硬件电路简化，而且其译码逻辑可随编程设定，不受硬件译码逻辑的限制，因此智能仪器使用较多的是软件译码方式。

LED 显示器字段码表主要取决于 74LS47 的译码特性。0～9 的七段显示代码为 C0H、F9H、A4H、B0H……。

点阵式 LED 接口，可以参考相关资料。

2.5 数 据 通 信

智能仪器一般都设置通信接口，以便能够实现程控，方便用户构成自动测试系统。为了使不同厂家生产的任何型号的仪器都可以直接用一条无源电缆连接起来，世界各国都在按同一标准设计智能仪器的通信接口电路。目前国际上采用的仪器标准接口有 GP-IB、CAMAC、RS232 和 USB 等，

本节将对智能仪器最基本的串行总线 RS-232C 标准和普遍使用的 USB 标准予以简单介绍。

2.5.1 RS-232C 总线标准及应用

RS-232C 总线引线功能如表 2-1 所示。

表 2-1 计算机 9 芯串口引线功能

引脚号	信号名称	方向	信号功能
1	DCD	PC←仪器	PC 收到远程信号（载波检测）
2	RXD	PC←仪器	PC 接收数据
3	TXD	PC→仪器	PC 发送数据
4	DTR	PC→仪器	PC 准备就绪
5	GND	—	信号地
6	DSR	PC←仪器	仪器准备就绪
7	RTS	PC→仪器	PC 请求发送数据
8	CTS	PC←仪器	仪器已切换到接收状态（清除发送）
9	RI	PC←仪器	通知 PC，线路正常（振铃指示）

RS-232C 通用接口如图 2-34 所示。RS-232C 使用的是负逻辑，驱动器的输出电平为逻辑 0：+5～+15V；逻辑 1：−15～−5V。接收器的输入检测电平为逻辑 0：＞+3V；逻辑 1：＜−3V。

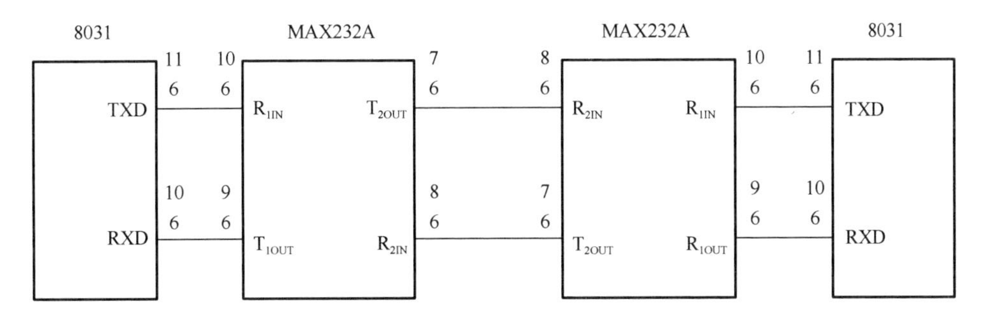

图 2-34　RS-232C 通用接口

2.5.2　RS-422A/485 标准总线

RS-449 与 RS-232C 的主要差别是信号的传输方式不同。RS-449 接口是利用信号导线之间的电位差,可在 1200m 的双绞线上进行数字通信,速率可达 90KB/s。因为 RS-449 系统用平衡信号差电路传输高速信号，所以噪声低，又可以多点或者使用公用线通信。

RS-422A 是 RS-449 标准的子集，规定了电气方面的要求。

RS-422A 的传输率最大为 10MB/s，在此速率下，电缆允许长度为 120m。如果采用较低传输速率，如 90KB/s，最大距离可达 1200m。

RS-485 是 RS-422A 的变形。RS-422A 为全双工，可同时发送和接收；RS-485 则为半双工，在某一时刻，一个发送另一个接收。

RS-232C、RS-422A、RS-485 性能比较如表 2-2 所示。

表 2-2　RS-232C、RS-422A、RS-485 性能比较

性能＼接口	RS-232C	RS-422A	RS-485
操作方式	单端	差动方式	差动方式
最大距离/m	15(24KB/s)	1200(100KB/s)	1200(100KB/s)
最大速率	200KB/s	10MB/s	10MB/s
最大驱动器数目	1	1	32
最大接收器数目	1	10	32
接收灵敏度	±3V	±200mV	±200mV
驱动器输出阻抗	300Ω	60kΩ	120kΩ
接收器负载阻抗	3～7kΩ	>4kΩ	>12kΩ
负载阻抗	3～7kΩ	100Ω	60Ω
对共用点电压范围/V	±25	-0.25～+6	-7～12

2.5.3 通用串行总线及应用

通用串行总线（universal serial bus，USB）是 1995 年 Compaq、Microsoft、IBM、DEC 等公司联合推出的一种新型通信标准。USB 在 PC 内部通过 PIC 总线与 PC 系统相连，外围设备通过 USB 连接。同时 USB 又是一种通信协议，支持主系统与其外设之间的数据传送。该总线具有安装方便、高宽带、易于扩展等优点，已经逐渐成为现代微机数据传输的重要方式。现代仪器应具有 USB 接口。

1. USB 的特点与基本结构

1）USB 特点

（1）USB 接口统一了各种设备的连接头，如通信接口、打印接口、显示器输出、存储设备等，都采用相同的 USB 接口规范。

（2）即插即用（plug-and-play），并能自动检测与配置系统的资源。

（3）具有“热插拔”（hot attach & detach）的特性。

（4）USB 最多可以连接 127 个接口设备。

（5）USB1.1 的接口设备采用两种不同的速度：12Mbit/s（全速）和 1.5Mbit/s（慢速）。USB2.0 的传输速度最高可达 480Mbit/s。

简而言之，USB 整体功能就是简化外部接口设备与主机之间的连线，并利用一条传输缆线来串接各类型的接口设备。

2）USB 基本结构

USB 采用四线电缆，其中两根用来传输数据，另两根为下游设备供电，如图 2-35 所示。

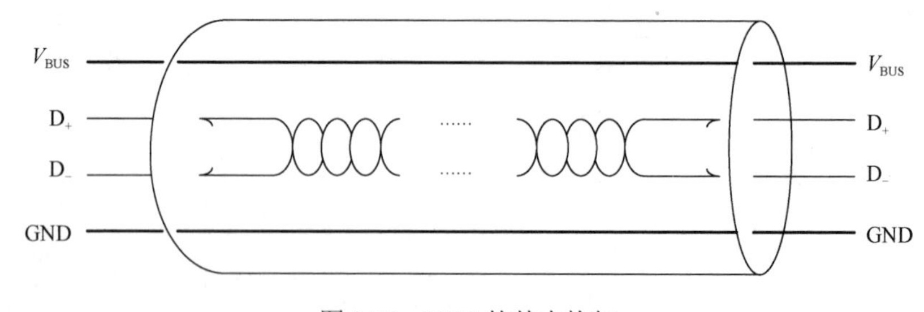

图 2-35　USB 的基本构架

2. USB 接口

在智能仪器设计中，常用的 USB 接口方法有两种：一种是采用专用的 USB

接口器件；另一种是选用内部集成 USB 接口的单片机。下面就以 PHILIPS 公司的专用接口芯片 PDIUSBD12 为例做一个简要介绍。

1）USB 专用接口芯片 PDIUSBD12 的特点

专用接口芯片 PDIUSBD12 是一款性价比很高的 USB 器件，它完全符合 USB1.1 的规范，通常可用作微控制系统中实现与微控制器进行通信的高速通用接口，它还支持本地 DMA 传输。这种实现 USB 接口的标准组件，使得设计人员可以在各种不同类型微控制器中选择出最合适的微控制器。

PDIUSBD12 具有以下主要特性。

（1）高性能 USB 接口器件集成了 SIE FIFO 存储器、收发器以及电压调整器。

（2）可与任何外部微控制器/微处理器实现高速并行接口，速度为 2Mbit/s。

（3）完全自治的直接内存存取 DMA 操作。

（4）集成 320KB 多结构 FIFO 存储器。

（5）主端点的双缓冲器配置增加了数据吞吐量并轻松实现实时数据传输。

（6）在批量模式和同步模式下均可实现 1Mbit/s 的数据传输速率。

（7）具有良好的 EMI 特性的总线供电能力。

（8）在挂起时可控制 LazyClock 输出。

（9）可通过软件控制与 USB 的连接。

（10）采用 GoodLink 技术的连接指示器，在通信时使 LED 闪烁。

（11）可编程的时钟频率输出。

（12）符合 ACPI OnNOW 和 USB 电源管理的要求。

（13）高于 8kV 的在片静电防护电路减少了额外元器件的费用。

（14）双电源操作 3.3V 或扩展的 5V 电源，范围为 3.6～5.5V。

（15）多中断模式实现批量和同步传输。

2）PDIUSBD12 与微控制器的接口

PDIUSBD12 作为 USB 接口的专业芯片，可以广泛用于测控技术、数据采集、信号处理等。以 8051 为核的微控制器 P89C51RD2HBA 与 PDIUSBD12 的接口电路如图 2-36 所示。

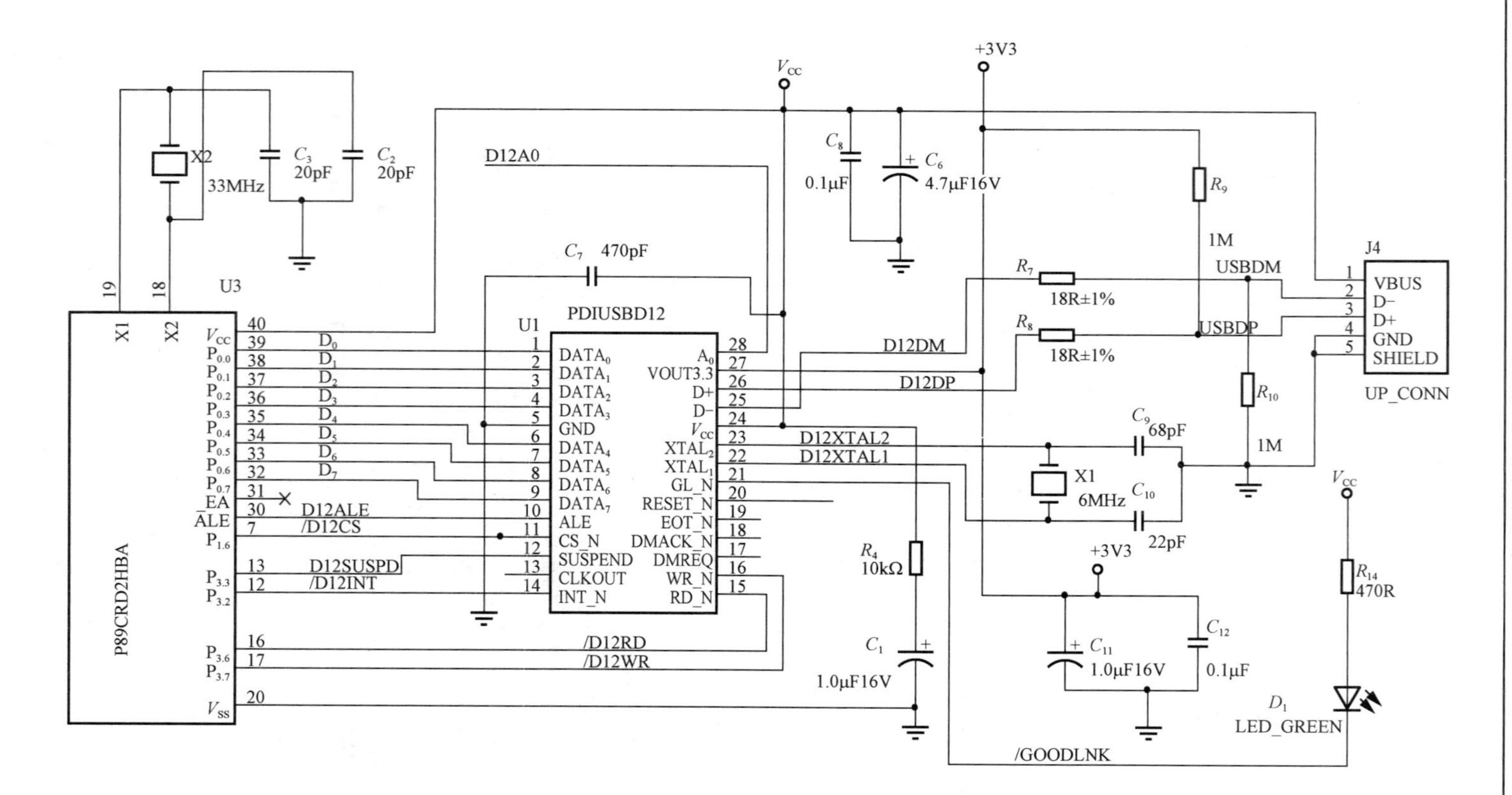

图 2-36　微控制器 P89C51RD2HBA 与 PDIUSBD12 的接口电路

第 3 章　智能仪器的基本数据处理算法

测量精度和可靠性是仪器的重要指标，引入数据处理算法后，使许多原来靠硬件电路难以实现的信号处理问题得以解决，从而克服和弥补了包括传感器在内的各个测量环节中硬件本身的缺陷或弱点，提高了仪器的综合性能[1]。

数据处理能力是智能仪器水平的标志，不能充分发挥软件作用，等同硬件化的数字式仪器。

基本数据处理算法包括克服随机误差的数字滤波算法；消除系统误差的算法、非线性校正；工程量的标度变换；诸如频谱估计、相关分析、复杂滤波等算法。

3.1　克服随机误差的数字滤波算法

随机误差是由串入仪表的随机干扰、仪器内部器件噪声和 A/D 量化噪声等引起的，在相同条件下测量同一量时，其大小和符号进行无规则变化而无法预测，但在多次测量中符合统计规律的误差。采用模拟滤波器是主要硬件方法[1]。

数字滤波算法的优点如下。①数字滤波只是一个计算过程，无需硬件，因此可靠性高，并且不存在阻抗匹配、特性波动、非一致性等问题。模拟滤波器在频率很低时较难实现的问题，不会出现在数字滤波器的实现过程中。②只要适当改变数字滤波程序的有关参数，就能方便地改变滤波特性，因此数字滤波使用时方便灵活。

根据随机噪声特点，常用的数字滤波算法如下。①克服大脉冲干扰的数字滤波法，包括限幅滤波法、中值滤波法、基于拉依达准则的奇异数据滤波法（剔除粗大误差)、基于中值数绝对偏差的决策滤波器。②抑制小幅度高频噪声的平均滤波法，包括算数平均滤波法、滑动平均滤波法、加权滑动平均滤波法。③复合滤波法。

3.1.1　克服大脉冲干扰的数字滤波法

克服由仪器外部环境偶然因素引起的突变性扰动或仪器内部不稳定引起误码等造成的尖脉冲干扰，是仪器数据处理的第一步，通常采用简单的非线性滤波法。

1. 限幅滤波法

限幅滤波法（又称程序判别法）通过程序判断被测信号的变化幅度，从而消除缓变信号中的尖脉冲干扰。具体方法是依赖已有的时域采样结果，将本次采样值与上次采样值进行比较，若它们的差值超出允许范围，则认为本次采样值受到了干扰，应予以剔除。

已滤波的采样结果：$\overline{y}_{n-1},\cdots,\overline{y}_{n-2},\overline{y}_n$。

若本次采样值为 y_n，则本次滤波的结果由式（3-1）确定：

$$\Delta y_n = |y_n - \overline{y}_{n-1}| \begin{cases} \leqslant a, & \overline{y}_n = y_n \\ > a, & \overline{y}_n = \overline{y}_{n-1} \text{或} \overline{y}_n = 2\overline{y}_{n-1} - \overline{y}_{n-2} \end{cases} \tag{3-1}$$

式中，a 是相邻两个采样值的最大允许增量，其数值可根据 y 的最大变化速率 $K_{\max}$ 及采样周期 T 确定，即 $a = K_{\max}T$。实现本算法的关键是设定被测参量相邻两个采样值的最大允许增量 a，要求准确估计 $K_{\max}$ 和采样周期 T。

2. 中值滤波法

中值滤波是一种典型的非线性滤波器，它运算简单，在滤除脉冲噪声的同时可以很好地保护信号的细节信息。

对某一被测参数连续采样 n 次（一般 n 应为奇数），然后将这些采样值进行排序，选取中间值为本次采样值。

对温度、液位等缓慢变化的被测参数，采用中值滤波法一般能得到良好的滤波效果。

设滤波器窗口的宽度为 $n = 2k+1$，离散时间信号 $x(i)$ 的长度为 N，(i=1，2，…，N; $N \gg n$)，则当窗口在信号序列上滑动时，一维中值滤波器输出：$\text{med}\left[x(i)\right] = x(k)$ 表示窗口 $2k+1$ 内排序的第 k 个值，即排序后的中间值。

不同宽度脉冲中值滤波效果如图 3-1 所示。

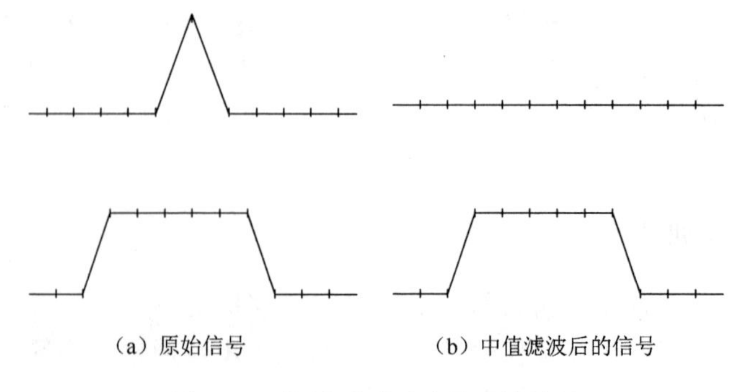

（a）原始信号　　（b）中值滤波后的信号

图 3-1　不同宽度脉冲中值滤波效果

3. 基于拉依达准则的奇异数据滤波法

拉依达准则法（剔除粗大误差）的应用场合与程序判别法类似，并可更准确地剔除严重失真的奇异数据。

拉依达准则：当测量次数 N 足够多且测量服从正态分布时，在各次测量值中，若某次测量值 X_i 所对应的剩余误差 $V_i > 3\sigma$，则认为该 X_i 为坏值，予以剔除。

拉依达准则法实施步骤如下。

（1）求 N 次测量值 $X_1 \sim X_N$ 的算术平均值的公式为

$$\bar{X} = \frac{1}{N}\sum_{i=1}^{N} X_i \tag{3-2}$$

（2）求各项的剩余误差 V_i 的公式为

$$V_i = X_i - \bar{X} \tag{3-3}$$

（3）计算标准偏差σ的公式为

$$\sigma = \sqrt{(\sum_{i=1}^{N} V_i^2)/(N-1)} \tag{3-4}$$

（4）判断并剔除奇异项 $V_i > 3\sigma$，则认为该 X_i 为坏值，予以剔除。

依据拉依达准则净化数据时一般会有其局限性。

采用 3σ准则净化奇异数据，有的仪器通过选择 $L\sigma$中的 L 值（L＝2，3，4，5）调整净化门限，L＞3，门限放宽；L＜3，门限紧缩。采用 3σ准则净化采样数据有其局限性，有时甚至失效，局限如下。

（1）该准则在样本值少于 10 个时不能判别任何奇异数据。

（2）3σ准则是建立在正态分布的等精度重复测量基础上，而造成奇异数据的干扰或噪声难以满足正态分布。

4. 基于中值数绝对偏差的决策滤波器

中值数绝对偏差的决策滤波器能够判别出奇异数据，并以有效性的数值来取代。采用一个移动窗口，利用 m 个数据来确定有效性。如果滤波器判定该数据有效，则输出；如果判定该数据为奇异数据，则用中值来取代。

1）确定当前数据有效性的判别准则

一个序列的中值对奇异数据的灵敏度小于序列的平均值，用中值构造一个尺度序列 $d(k)$，设$\{x_i(k)\}$的中值为 Z，则

$$\{d(k)\} = \{|x_0(x) - z|, |x_1(k) - z|, \cdots, |x_{m-1}(k) - z|\} \tag{3-5}$$

式（3-5）给出了每个数据点偏离参照值的尺度函数。

令$\{d(k)\}$的中值为D，著名的统计学家Hampel提出并证明了中值数绝对偏差$\mathrm{MAD}=1.4826\times D$，MAD可以代替标准偏差$\sigma$。对$3\sigma$法则的这一修正有时称为“Hampel标识符”。

2）实现基于$L*\mathrm{MAD}$准则的滤波算法

步骤如下：

（1）建立移动数据窗口（宽度m）

$\{w_0(k), w_1(k), w_2(k), \cdots, w_{m-1}(k)\} = \{x_0(k), x_1(k), x_2(k), \cdots, x_{m-1}(k)\}$；

（2）计算窗口序列$\{x_i(k)\}$的中值Z（排序法）；

（3）计算尺度序列$d_i(k)=|w_i(k)-z|$的中值D（排序法）；

（4）令$Q=1.4826\times D=\mathrm{MAD}$；

（5）计算$q=|x_m(k)-z|$；

（6）如果$q<L\cdot Q$，则$y_m(k)=x_m(k)$，否则$y_m(k)=Z$。

可以用窗口宽度m和门限L调整滤波器的特性。m影响滤波器的总一致性，m值至少为7。门限参数L直接决定滤波器的主动进取程度，本非线性滤波器具有比例不变性、因果性和算法快捷等特点，可实时地完成数据净化。

3.1.2　抑制小幅度高频噪声的平均滤波法

小幅度高频噪声包括电子器件热噪声和A/D量化噪声等。

通常采用具有低通特性的线性滤波器：算数平均滤波法、滑动平均滤波法和加权滑动平均滤波法等[1]。

1. 算数平均滤波法

N个连续采样值（分别为X_1至X_N）相加，然后取其算术平均值作为本次测量的滤波值，即

$$\bar{X}=\frac{1}{N}\sum_{i=1}^{N}X_i \tag{3-6}$$

设$X_i=S_i+n_i$。其中，S_i为采样值中的有用部分，n_i为随机误差。把X_i代入式（3-6）可得

$$\bar{X}=\frac{1}{N}\sum_{i=1}^{N}(S_i+n_i)=\frac{1}{N}\sum_{i=1}^{N}S_i+\frac{1}{N}\sum_{i=1}^{N}n_i \tag{3-7}$$

式中，随机误差n_i部分是有正负符号的，当N足够大时，随机误差求和项为无穷小量，可以忽略。

那么平均值即为

$$\bar{X}=\frac{1}{N}\sum_{i=1}^{N}S_i \tag{3-8}$$

显然，滤波效果主要取决于采样次数 N，N 越大，滤波效果越好，但系统的灵敏度则要下降，因此这种方法只适用于慢变信号。

2. 滑动平均滤波法

对于采样速度较慢或要求数据更新率较高的实时系统，算术平均滤波法无法使用，因此可以选择滑动平均滤波法。

滑动平均滤波法把 N 个测量数据看成一个队列，队列的长度固定为 N，每进行一次新的采样，把测量结果放入队尾，而去掉原来队首的一个数据，这样在队列中始终有 N 个“最新”的数据，即

$$\bar{X}_n = \frac{1}{N}\sum_{i=0}^{N-1} X_{n-i} \tag{3-9}$$

式中，$\bar{X}_n$ 为第 n 次采样经滤波后的输出；X_{n-i} 为未经滤波的第 $n-i$ 次采样值；N 为滑动平均项数。

该方法平滑度高，灵敏度低，对偶然出现的脉冲性干扰的抑制作用差。实际应用时，通过观察不同 N 值下滑动平均的输出响应来选取 N 值，以便少占用计算机时间，又能达到最好的滤波效果。

3. 加权滑动平均滤波法

增加新的采样数据在滑动平均中的比重，以提高系统对当前采样值的灵敏度，即对不同时刻的数据加以不同的权。通常越接近现时刻的数据，权值取得越大，即

$$\bar{X}_n = \frac{1}{N}\sum_{i=0}^{N-1} C_i X_{n-i} \tag{3-10}$$

式中，$C_0 + C_1 + \cdots + C_{N-1} = 1$，$C_0 > C_1 > \cdots > C_{N-1} > 0$。按 FIR 滤波设计确定系数。

3.1.3　复合滤波法

在实际应用中，有时既要消除大幅度的脉冲干扰，又要消除小幅度的高频噪声干扰，因此常把前面介绍的两种以上的方法结合起来使用，形成复合滤波。

去极值平均滤波算法：先用中值滤波算法滤除采样值中的脉冲性干扰，然后把剩余的各采样值进行平均滤波。连续采样 N 次，剔除其最大值和最小值，再求余下 $N-2$ 个采样的平均值。显然，这种方法既能抑制随机干扰，又能滤除明显的脉冲干扰。

3.2　消除系统误差的算法

系统误差是指在相同条件下，多次测量同一量时，其大小和符号保持不变或按一定规律变化的误差。系统误差分类如下。

（1）恒定系统误差是指校验仪表时标准表存在的固有误差、仪表的基准误差等。

（2）变化系统误差是指仪表的零点和放大倍数的漂移、温度变化而引入的误差等。

（3）非线性系统误差是指传感器及检测电路（如电桥）被测量与输出量之间的非线性关系。

常用有效的测量校准方法可消除或削弱系统误差对测量结果的影响。

3.2.1　仪器零位误差和增益误差的校正方法

因为传感器、测量电路、放大器等不可避免地存在温度漂移和时间漂移，所以会给仪器引入零位误差和增益误差[1]。

如图 3-2 所示为消除仪器零位误差与放大器增益误差的自校正电路，需要输入增加一个多路开关电路，开关的状态由计算机控制。

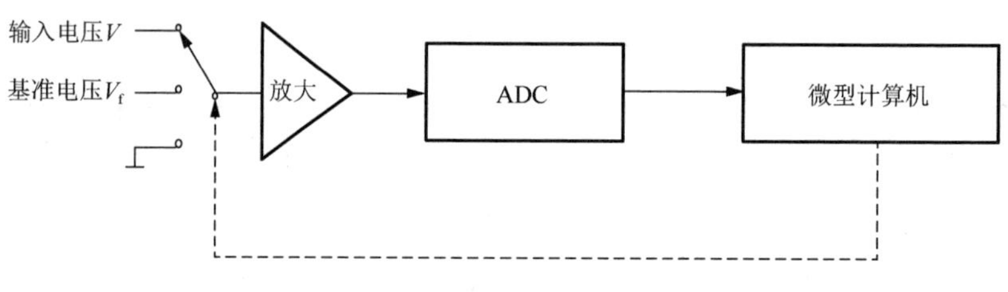

图 3-2　自校正电路

1. 零位误差的校正方法

在每一个测量周期或中断正常的测量过程中，首先把输入接地（即使输入为零），此时整个测量输入通道的输出即为零位输出（一般其值不为零）N_0；其次把输入接基准电压 V_r 测得数据 N_r，并将 N_0 和 N_r 存于内存；最后输入接 V_x，测得 N_x，则测量结果的计算公式为

$$V_x = \frac{V_r}{N_r - N_0}(N_x - N_0) \tag{3-11}$$

2. 增益误差的自动校正方法

增益误差的自动校正方法的基本思想是测量基准参数，建立误差校正模型，

确定并存储校正模型参数。在正式测量时，根据测量结果和校正模型求取校正值，从而消除误差。

需要校正时，先将开关接地，所测数据为 X_0，然后把开关接到 V_r，所测数据为 X_1，存储 X_0 和 X_1，得到校正方程为

$$Y = A_1 X + A_0$$
$$A_1 = V_r / (X_1 X_0)$$
$$A_0 = V_r X_0 / (X_0 X_1)$$

这种校正方法测得的信号与放大器的漂移和增益变化无关，降低了对电路器件的要求，达到与 V_r 等同的测量精度，但增加了测量时间。

3.2.2　系统非线性校正

如果传感器的输出电信号与被测量之间的关系呈非线性关系，或者仪器采用的测量电路是非线性的，那么必须采用系统非线性校正方法对系统校正。如图 3-3 所示，传感器与输出是非线性关系。

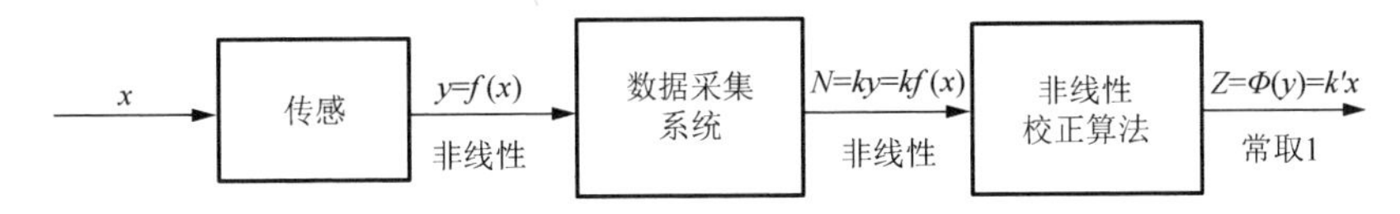

图 3-3　非线性传感器校正示意图

一般来说，通过采取模型方法来校正系统误差的最典型应用是非线性校正。

1. 校正函数法

如果确切知道传感器或检测电路的非线性特性的解析式 $y = f(x)$，则有可能利用基于此解析式的校正函数（反函数）来进行非线性校正。

例如，某测温热敏电阻的阻值与温度之间的关系为

$$R_T = \alpha \cdot R_{25°C} e^{\beta / T} = f(T) \tag{3-12}$$

式中，R_T 为热敏电阻在温度为 T 的阻值；α 和 β 为常数，当温度为 0～50℃时分别约为 1.44×10^{-6} 和 4016K。

对式（3-12）两边求自然对数得

$$\ln R_T = \ln(\alpha \cdot R_{25°C}) + \beta / T \tag{3-13}$$

整理得到反函数为

$$T = \beta / \ln[R_T / (\alpha \cdot R_{25°C})] = F(R_T) \tag{3-14}$$

假如 R_T 对应的 A/D 转换器输出为 N，二者之间的关系为 $N=KR_T$，把 R_T 代入式（3-14）得校正函数为

$$z = T = F(N / k) = \beta / \ln[N / (k \cdot \alpha \cdot R_{25°C})] \tag{3-15}$$

2. 建模方法之一——代数插值法

代数插值法：设有 $n+1$ 组离散点 $(x_0, y_0), (x_1, y_1), \cdots, (x_n, y_n), x \in [a, b]$ 和未知函数 $f(x)$，用 n 次多项式：

$$P_n(x) = a_n x^n + a_{n-1} x^{n-1} + \cdots + a_1 x + a_0 \tag{3-16}$$

去逼近 $f(x)$，使 $P_n(x)$ 在节点 x_i 处满足：

$$P_n(x_i) = f(x_i) = y_i \qquad i = 0, 1, \cdots, n \tag{3-17}$$

式中，系数 a_n，…，a_1，a_0 应满足方程组：

$$\begin{cases} a_n x_0^n + a_{n-1} x_0^{n-1} + \cdots + a_1 x_0^1 + a_0 = y_0 \\ a_n x_1^n + a_{n-1} x_1^{n-1} + \cdots + a_1 x_1^1 + a_0 = y_1 \\ \vdots \\ a_n x_n^n + a_{n-1} x_n^{n-1} + \cdots + a_1 x_n^1 + a_0 = y_n \end{cases} \tag{3-18}$$

要用已知的 (x_i, y_i)　$(i = 0, 1, \cdots, n)$ 求解方程组，即可求得 $a_i (i = 0, 1, \cdots, n)$，从而得到 $P_n(x)$，此即为求出插值多项式的最基本的方法。对于每一个信号的测量数值 x_i 可近似地实时计算出被测量 $y_i = f(x_i) \approx P_n(x_i)$。

最常用的多项式插值法有线性插值法、抛物线插值（二次插值）法和分段插值法[1]。

1）线性插值法

如果某一个传感器的输出与变量是非线性关系，其函数关系如图 3-4 所示，为 $y = f(x)$，那么线性插值方法就是建立一个新的函数 $P(x)$ 取代 $f(x)$，使 $y = P(x)$，成为线性关系。处理过程是从一组数据（x_i，y_i）中选取两个有代表性的点（x_0，y_0）和（x_1，y_1），然后根据插值原理，求出插值方程式：

$$P_1(x) = \frac{x - x_1}{x_0 - x_1} y_0 + \frac{x - x_0}{x_1 - x_0} y_1 = a_1 x + a_0 \tag{3-19}$$

式中，$a_1 = \dfrac{y_1 - y_0}{x_1 - x_0}; a_0 = y_0 - a_1 x_0$。

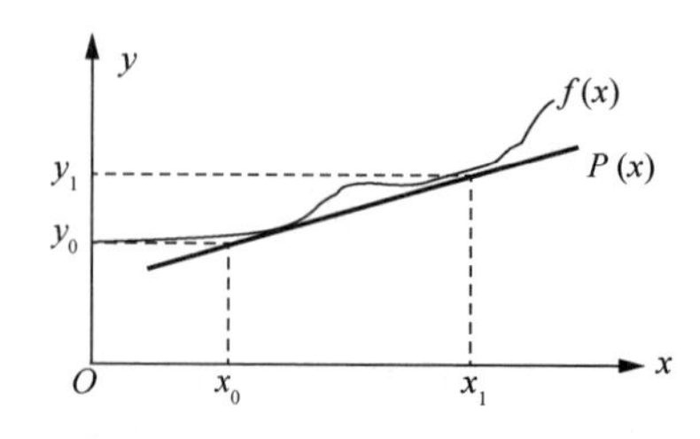

图 3-4　线性插值法示意图

线性插值法的原则是误差项 $V_i = \left| P_1(X_i) - f(X_i) \right|, i = 1, 2, \cdots, n-1$ 若在 x 的全部

取值区间$[a, b]$上始终有$V_i < \varepsilon$（ε为允许的校正误差），则直线方程$P_1(x) = a_1 x + a_0$就是理想的校正方程。

2）抛物线插值法

如果传感器输出与变量的关系很明显是非线性（图 3-5），用线性插值法不能满足误差要求时，就要考虑用抛物线插值法，也就是二阶插值方法。处理过程是在一组数据中选取（x_0，y_0）、（x_1，y_1）、（x_2，y_2）三点，相应的插值方程为

$$P_2(x) = \frac{(x-x_1)(x-x_2)}{(x_0-x_1)(x_0-x_2)}y_0 + \frac{(x-x_0)(x-x_2)}{(x_1-x_0)(x_1-x_2)}y_1 + \frac{(x-x_0)(x-x_1)}{(x_2-x_0)(x_2-x_1)}y_2 \quad (3\text{-}20)$$

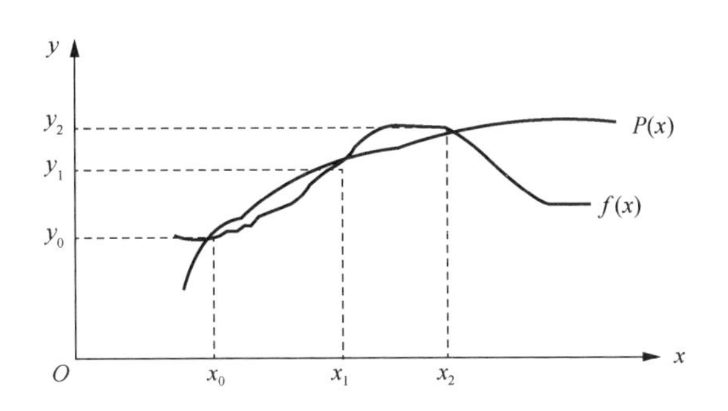

图 3-5　传感器非线性曲线示意图

提高插值多项式的次数可以提高校正准确度。考虑到实时计算这一情况，多项式的次数一般不宜取得过高，当多项式的次数在允许的范围内仍不能满足校正精度要求时，可采用提高校正精度的另一种方法——分段插值法[1]。

3）分段插值法

分段插值法是将曲线$y = f(x)$按自身特性分成N段，每段用一个插值多项式$P_{ni}(x)$来进行非线性校正（i=1，2，…，N）。可以根据传感器的自身特性，选择等距节点分段插值和不等距节点分段插值两类。例如，根据图 3-5 中$f(x)$的特性，可以分为三段不等距插值：（0，x_1）、（x_1，x_2）和（x_2，x_{max}）。建立三个抛物线校正函数，那么数据处理精度就会大大提高。

等距节点分段插值适用于非线性特性曲率变化不大的场合。分段数N及插值多项式的次数n均取决于非线性程度和仪器的精度要求。非线性越严重或精度越高，N取大些或n取大些，然后存入仪器的程序存储器中。实时测量时只要先用程序判断输入x（即传感器输出数据）位于折线的哪一段，然后取出与该段对应的多项式系数，并按此段的插值多项式计算$P_{ni}(x)$，就可求得到被测物理量的近似值。

不等距节点分段插值适用于曲率变化大的非线性特性，若采用等距节点的方法进行插值，要使最大误差满足精度要求，分段数N就会变得很大（一般取$n \leqslant$

2），这将使多项式的系数组数相应增加。此时更宜采用非等距节点分段插值法，即在线性好的部分，节点间距离取大些，反之则取小些，从而使误差达到均匀分布。

3. 建模方法之二——曲线拟合法

曲线拟合法就是通过实验获得有限对测试数据（x_i，y_i），利用这些数据来求取近似函数 $y=f(x)$，式中 x 为输出量，y 为被测物理量。与插值不同的是，曲线拟合法并不要求 $y=f(x)$ 的曲线通过所有离散点（x_i，y_i），只要求 $y=f(x)$ 反映这些离散点的一般趋势，不出现局部波动。曲线拟合法中，一般采用最小二乘法连续函数拟合。

自变量 x 与因变量 y 之间的单值非线性关系可以以自变量 x 的高次多项式来逼近式（3-21）：

$$y = a_0 + a_1 x + \cdots + a_m x^m \tag{3-21}$$

对于 n 个实验数据对 $(x_i, y_i)(i=1,2,\cdots,n)$，则可得如下 n 个方程：

$$\begin{gathered} y_1 - (a_0 + a_1 x_1 + \cdots + a_m x_1{}^m) = V_1 \\ y_2 - (a_0 + a_1 x_2 + \cdots + a_m x_2{}^m) = V_2 \\ \vdots \\ y_n - (a_0 + a_1 x_n + \cdots + a_m x_n{}^m) = V_n \end{gathered}$$

曲线拟合法的任务就是求解系数 $(a_0, a_1, \cdots, a_m)$，使误差项平方求和总值最小，即

$$\varphi(a_0, a_1, \cdots, a_m) = \sum_{i=1}^{n} V_i^2 = \sum_{i=1}^{n} [y_i - \sum_{j=0}^{m} a_j x_i^j]^2 \to \min$$

求解过程为

$$\frac{\partial \varphi}{\partial a_k} = -2\sum_{i=1}^{n}\left[\left(y_i - \sum_{j=1}^{n} a_j x_i^j\right) x_i^k\right]^2 = 0 \tag{3-22}$$

$$\begin{bmatrix} n & \sum x_i & \cdots & \sum x_i^m \\ \sum x_i & \sum x_i^2 & \cdots & \sum x_i^{m+1} \\ \vdots & \vdots & & \vdots \\ \sum x_i^m & \sum x_i^{m+1} & \cdots & \sum x_i^{2m} \end{bmatrix} \begin{bmatrix} a_0 \\ a_1 \\ \vdots \\ a_m \end{bmatrix} = \begin{bmatrix} \sum y_i \\ \sum x_i y_i \\ \vdots \\ \sum x_i^m y_i \end{bmatrix} \tag{3-23}$$

求解式（3-23），即得 a_j（$j=0$，$\cdots$，m）的最佳估计值。

3.2.3 系统误差的标准数据校正法

当难以进行恰当的理论分析时，未必能建立合适的误差校正数学模型。但此

时可以通过实验，即用实际的校正手段来求得校正数据，然后把校正数据以表格的形式存入内存。实时测量中，通过查表来求得修正的测量结果（查表法）。

实测值介于两个校正点之间时，若仅是直接查表，则只能按其最接近查找，这显然会引入一定的误差。

可进行如下误差估计，设两校正点间的校正曲线为一条直线段，其斜率 $k = \Delta X / \Delta Y$（注意，校正时 Y 是自变量，X 是函数值），并设最大斜率为 k_m，可能的最大误差为 $\Delta X_m = k_m \Delta Y$，设 Y 的量程为 Y_m，校正时取等间隔的 N 个校正点，则 $\Delta X_m = k_m Y / N$。

查表法的特点是点数越多，字节越长，则精度越高，但是点数增多和字节变长都将大幅增加存储器容量。

3.2.4　传感器温度误差的校正方法

在高精度仪器仪表中，传感器的温度误差已成为提高仪器性能的严重障碍，对于环境温度变化较大的应用场合更是如此。仅依靠传感器本身附加的一些简单的电路或其他装置来实现完善的传感器温度误差校正是困难且不便的，但只要能建立起较精确的温度误差模型，就可能实现完善的校正。

温度本身就是一个需要检测的量，或在传感器内靠近敏感元件处附加一个测温元件（PN 二极管、热敏电阻）等。它们的某些特性随温度而变化，经测温电路、ADC 后可转换为与温度有关的数字量，设为θ。温度误差数学模型的建立，可采用前面已介绍的代数插值法或曲线拟合法等。

可采用如下较简单的温度误差校正模型，即

$$y_c = y(1 + a_0 \Delta\theta) + a_1 \Delta\theta \tag{3-24}$$

式中，y 为未经温度校正的测量值；y_c 为经温度校正的测量值；$\Delta\theta$ 为实际工作环境与标准温度之差；a_0 和 a_1 为温度变化系数（a_1 用于校正温度变化引起的传感器零位漂移，a_0 用于校正温度变化引起的传感器标度的变化）。

3.3　工程量的标度变换

仪器采集的数据（数字量化数据）并不等于原来带有量纲的参数值，它仅仅对应于参数的大小，必须把它转换成带有量纲的数值后才能显示、打印输出和应用，这种转换就是工程量变换，又称标度变换。

例如，测量机械压力时，当压力变化为 0～100N 时，压力传感器输出的电压为 0～10mV，放大为 0～5V 后进行 A/D 转换，得到 00H～FFH 的数字量（假设采用 8 位 ADC）。量化数据并不能等于原来带有量纲的参数值，它仅仅对应于参数的大小，必须把它转换成带有量纲的数值后才能显示或打印，这种转换就是工程量变换，也称标度变换。

标度变换一般分线性标度变换与非线性参数标度变换两种。

1. 线性标度变换

若被测量的变换范围（动态范围）为 A_0～A_m。A_0 对应的 A/D 转换数字量为 N_0，A_m 对应的 A/D 转换数字量为 N_m，A_x 对应的 A/D 转换数字量为 N_x，根据 N_x 值求实际测量值为 A_x。

假设包括传感器在内的整个数据采集系统是线性的，则标度变换公式为

$$A_x = A_0 + (A_m - A_0)(N_x - N_0)/(N_m - N_0) \tag{3-25}$$

整理式（3-25），也可得

$$A_x = (N_x / N_m)(A_m - A_0) + A_0 \tag{3-26}$$

实例　某智能温度测量仪采用 8 位 ADC，测量范围为 10～100℃，仪器采样并经滤波和非线性校正后（即温度与数字量之间的关系已为线性）的数字量为 28H。此时，式（3-26）中的 A_0=10℃，A_m=100℃，$N_m = \text{FFH} = 255$，$N_x = \text{28H} = 40$。则 $A_x = (N_x / N_m)(A_m - A_0) + A_0 = (40/255)(100-10)+10 \approx 24.1^\circ\text{C}$。

2. 非线性参数标度变换

许多智能仪器所使用的传感器是非线性的。此时，一般先进行非线性校正，然后再进行标度变换。

实例　利用节流装置测量流量时，流量与节流装置两边的差压之间有以下关系：$G = K\sqrt{\Delta P}$。

非线性参数的标度变换为 $G_x = [(\sqrt{N_x} - \sqrt{N_0})/(\sqrt{N_m} - \sqrt{N_0})](G_m - G_0) + G_0$。

许多非线性传感器并不像流量传感器那样可以写出简单的数学函数，或者虽然能够用数学函数描述，但计算非常困难，这时可以用多项式插值法、线性插值法或查表法进行标度变换。

第 4 章　微弱信号检测技术

在智能仪器设计中，不可避免地会遇到微弱信号检测问题，甚至是极微弱信号检测，因此本章将对微弱信号检测技术的关键问题进行简单叙述。

在智能仪器设计工程实践中，经常会遇到需要检测微弱或极微弱信号的问题，如深部地震勘探、过套管电阻率测井、卫星信号的接收、红外探测以及电信号测量等，这些问题都归结为噪声中微弱信号的检测。微弱信号检测技术是采用电子学、信息论、计算机和物理学的方法，分析噪声产生的原因和规律，研究被测信号的特点和相关性，检测被噪声淹没的微弱有用信号。微弱信号检测的宗旨是研究如何从强噪声中提取有用信号，任务是研究微弱信号检测的理论、探索新方法和新技术，从而将其应用于各个学科领域中。

微弱信号检测相关的技术基础要求很高，以下知识不可或缺。

（1）技术基础有信号分析：电信号，电路分析、模电、数电、信号与系统分析等。

（2）检测原理：传感器（信号变送器），特种检测电路（如测井仪器的电极系），测试计量技术，数据采集技术等。

（3）控制与数据处理有 CPU、DSP、FPGA/CPLD、AM、FFT、LABVIEW、信号检测与估值、误差理论分析等。

（4）电路设计：EDA、MATLABL、各种仿真分析工具等。

（5）微弱信号检测的理论基础：微弱信号检测与随机噪声、放大器的噪声源与噪声特征、干扰噪声与抑制、锁定放大、取样积分与数字平均、相关检测、自适应噪声抵消（200℃环境下高精度压力传感器设计）。

4.1　微弱信号检测基本方法

噪声背景下微弱特征信号检测，一直是工程应用领域的难题。系统地研究基于线性理论的时域、频域、时频域和基于非线性理论的微弱信号检测方法，分析各检测方法的基本原理和特点。时域检测法中主要分析相关检测、取样积分与数字式平均、时域平均检测法；频域检测法中分析最为常用的频谱分析法；时频域分析法中主要分析应用范围最广的短时傅里叶变换和小波变换；基于非线性理论的检测法中重点分析随机共振。分析认为基于非线性理论的微弱信号检测法、多种检测方法的结合是未来微弱信号检测的研究方向。微弱信号检测特点如下。

（1）在较低的信噪比中检测微弱信号。造成信噪比低的原因，一方面是特征信号本身十分微弱；另一方面是强噪声干扰使得信噪比降低。例如，机械设备处在故障早期阶段时，故障对应的各类特征信号往往以某种方式与其他信源信号混合，使得特征信号相当微弱，同时设备在工作时，又有强噪声干扰。因此，特征信号多为低信噪比的微弱信号。

（2）要求检测具有一定的快速性和实时性。工程实际中所采集的数据长度或持续时间往往会受到限制，这种在较短数据长度下的微弱信号检测在诸如通信、雷达、声呐、地震、工业测量、机械系统实时监控等领域有着广泛的需求。

总之，微弱特征信号的检测方法日新月异，传统的频谱分析、相关检测、取样积分和时域平均方法到新近发展起来的小波分析理论、神经网络、混沌振子、高阶统计量、随机共振等方法，在微弱特征信号检测中均有广泛的应用。

4.1.1 频域信号的窄带化技术

频域信号的窄带化技术是一种积分过程的自相关测量。利用加权函数锁定信号的频率与相位特性并加以平滑，使信号与随机噪声相区别。采用这种原理设计的仪器称为锁定放大器，其核心是相敏检波器（见模拟相乘器）。伴有噪声的信号与参考信号通过相敏检波器相乘以后，输入信号的频谱成为直流项和倍频项的频谱迁移，通过后续低通滤波器保留与信号成正比的直流项。低通滤波器可增大积分时间常数，即压缩等效噪声带宽，因而 Q 值可达 10^2～10^8，噪声几乎抑制殆尽。微弱信号检测是以时间为代价来获得良好的信噪比。自 1962 年锁定放大器问世以来，主要从三个方面提高其性能。一是提高检测灵敏度和改善过载能力，充分扩展测量的线性范围。最高灵敏度已达 0.1nV（满度），总增益为 200dB。有效的方法是用交流相敏检波（如旋转电容滤波器）对信号进入直流相敏检波器前的交流放大和噪声的预处理，或利用同步外差技术（检测原频或中频），即利用交叉变换来滤除噪声。二是克服相敏检波器的谐波响应，降低高频干扰和频漂的影响。三是扩展被测信号的频率范围，扩展低频以适应缓变信号的处理，要求良好的高频响应以满足通信和某些特殊测量的要求。

4.1.2 时域信号的积累平均法

若信号波形受噪声干扰，则必须采用平均检测法，即将波形按时间分割成若干点，对所有固定点都积累 N 次，根据统计原理信噪比将被改善。采用快速取样头对信号采样平均检测，则时间分辨率可与取样示波器相同，约为 100PS，并可用基线取样法实现背景的扣除。但其缺点是每一个信号波形只取样一次，效率很低，不利于检测长周期信号。数字多点平均弥补了这个缺点，信号每出现一次，按时间分成许多取样通道（如 1204 道），各通道采集的值经数字化后存储到各通道对应的固定地址，计算机根据平均方式（线性、指数和归一化平均）对每次取样值进行处理。存储器能长久保存信息，因此不受取样次数的限制，同时具有简化硬件、提高精度、自动测量、处理方便和防止误操作等优点。但是，对于高重复频率的信号，因受计算机速度的限制，尤其在用软件代替部分硬件的情况下，速度更是需要解决的问题。

离散量的计数处理，当光子转化为电子，倍增后的输出是电脉冲，测量便成为离散量的计数技术。针对噪声（如杂散光、场致发射、光反馈、热电子发射、放射性和切连科夫辐射等）、信号（单位时间内的光子数）的概率分布、光脉冲的快速响应和堆积效果、量子效率及光子收集等问题，已研制出微弱光检测的光子计数器。首先，它需要特殊设计具有明显的单光电子响应的光电倍增管、致冷和抗干扰措施，以及电子倍增极增益的合理分配。其次，由于光脉冲很窄，要求宽带低噪声前置放大，放大器终端还须设有两个可调阈值的窗口甄别电路。最后，对所获取并经甄别的信号进行计数和计算机处理，其中包括定常统计、背景扣除、源强度补偿、误差修正和信噪比的进一步改善。计数处理不限于光子检测，如将模拟量用电压-频率转换成频率，同样可用计数方法提取信号。

4.1.3　并行检测的多道分析

诸如弱光谱测量的进一步要求，希望在测量范围内（如波长）用扫描方式同时获得或记录只有一次的单次闪光光谱，并行检测方法由此得到发展。以阿达马和傅里叶变换为基础的多路转换技术，由于受噪声的限制而应用不多，光图像检测与电视技术相结合的多道分析因与弱检测技术配合而获得成功。硅靶摄像管、析像管、微通道板等器件为并行检测创造了条件，它们能将光学图像变成电子图像，相当于百万个光电倍增管同时工作，利用扫描可按程序选取地址并读出。硅靶等阵列可以增强并存储信息，并可在光阴极与靶面（或增强级）之间采用门控方式，因此光多道分析是弱光并行检测与快速光现象时间分辨的结合与革新，提高了信噪比并节约了时间，为动力学研究创造了良好条件。

4.2　低噪声放大器设计

在微弱信号检测技术中必须用到低噪声放大器，也就是噪声系数很低的放大器。一般将其用作各类信号的高频或中频前置放大器，以及高灵敏度电子探测设备的放大电路。在放大微弱信号的场合，放大器自身的噪声对信号的干扰可能很严重，因此希望减小这种噪声，以提高输出的信噪比。注意的要点是电源稳定性。

噪声系数很低的放大器，一般用作各类无线电接收机的高频或中频前置放大器，以及高灵敏度电子探测设备的放大电路。在放大微弱信号的场合，放大器自身的噪声对信号的干扰可能很严重，因此希望减小这种噪声，以提高输出的信噪比。由放大器所引起的信噪比恶化程度通常用噪声系数 F 来表示。理想放大器的噪声系数 F=1(0dB)，其物理意义是输入信噪比等于输出信噪比。现代的低噪声放大器大多采用晶体管、场效应晶体管；微波低噪声放大器则采用变容二极管参量放大器，常温参放的噪声温度 T_e 可低于几十摄氏度（热力学温度），致冷参量放大器可达 20K 以下，砷化镓场效应晶体管低噪声微波放大器的应用已日益广泛，其噪声系数可低于 2dB。放大器的噪声系数还与晶体管的工作状态以及信源内阻有关。为了兼顾低噪声和高增益的要求，常采用共发射极-共基极基联的低噪声放大电路。

在放大微弱信号的场合，放大器自身的噪声对信号的干扰可能很严重，因此希望减小这种噪声，以提高输出的信噪比。由放大器所引起的信噪比恶化程度通常用噪声系数 F 来表示，或用取对数值的噪声系数 FN 表示 $\text{FN} = 10\lg F(\text{dB})$。

理想放大器的噪声系数 $F = 1\,(0\text{dB})$，其物理意义是输出信噪比等于输入信噪比。设计良好的低噪声放大器的 FN 可达 3dB 以下。在噪声系数很低的场合，通常也用噪声温度 T_e 作为放大器噪声性能的量度：$T_e = T_0(F-1)$，式中 T_0 为室温。在这里，它和噪声温度 T_e 的单位都是 K。

多级放大器的噪声系数 F 主要取决于它的前置级。

单级放大器的噪声系数主要取决于所用的有源器件及其工作状态。现代的低噪声放大器大多采用晶体管、场效应晶体管；微波低噪声放大器则采用变容二极管参量放大器，常温参放的噪声温度 T_θ 可低于几十摄氏度（热力学温度），致冷参量放大器可达 20K 以下。砷化镓场效应晶体管低噪声微波放大器的应用已日益广泛，其噪声系数可低于 2dB。

晶体管的自身噪声由下列四部分组成。①闪烁噪声，其功率谱密度随频率 f 的降低而增加，因此也称 $1/f$ 噪声或低频噪声。频率很低时这种噪声较大，频率较高时（几百赫兹以上）这种噪声可以忽略。②基极电阻 $r_{b'b}$ 的热噪声和。③散粒噪声，这种噪声的功率谱密度基本上与频率无关。④分配噪声，其强度与 f 的平方成正比，当 f 高于晶体管的截止频率时，这种噪声急剧增加。对于低频，特别是超低频低噪声放大器，应选用 $1/f$ 噪声小的晶体管；对于中频、高频放大器，则应尽量选用高的晶体管，使其工作频率范围位于噪声系数–频率曲线的平坦部分。

场效应晶体管没有散粒噪声。在低频时主要是闪烁噪声，频率较高时主要是沟道电阻所产生的热噪声。通常它的噪声比晶体管的小，可用于频率高得多的低噪声放大器。

4.3　锁相放大器

锁相放大器是用于微弱信号检测的装置，微弱信号常淹没在各种噪声中，锁相放大器可以将微弱信号从噪声中提取出来并对其进行准确测量。锁相放大器是基于互相干方法的微弱信号检测手段，其核心是相敏检测技术，利用与待测信号有相同频率和固定相位关系的参考信号作为基准，滤掉与其频率不同的噪声，从而提取出有用信号成分。

对微弱信号的最基本的处理方法是放大，传统的放大处理在放大信号的同时，也放大了噪声，而且在不进行带限或滤波处理的情况下，任何放大操作都将使得信号的信噪比下降。因此，必须先采用滤波手段提纯信号，提高信噪比，以实现对微弱信号的准确测量。

假设要放大的信号是一个 10 nV、10 kHz 的正弦波信号，好的低噪声放大器大概有 $5\text{nV}/\sqrt{\text{Hz}}$ 的输入噪声。考虑下列情况：①放大器的带宽为 100 kHz，增益为 1000 倍，则放大后的信号为 $10\mu\text{V}(10\text{nV}\times1000)$，宽频噪声为 $1.6\text{mV}(5\text{nV}/\sqrt{\text{Hz}}\times\sqrt{100\text{kHz}}\times1000)$，没有办法测量到该输出信号。②在放大器后加一个理想的带通滤波器，其品质因子 Q=100，中心频率在 10 kHz，则所有在 $100\text{Hz}(10\text{kHz}/Q)$ 带宽内的信号都会被检测到。此时输出信号仍为 10 μV，而滤波器通带内的噪声大小为 $50\mu\text{V}(5\text{nV}/\sqrt{\text{Hz}}\times\sqrt{100\text{Hz}}\times1000)$。输出噪声仍比输出信号大很多，没办法进行测量。③在放大器后加一个相敏检测器（PSD）。PSD 可在带宽仅为 0.01 Hz 的情况下检测到 10 kHz 的信号。在此带宽下，输出信号仍为 10μV，噪声只有 $0.5\mu\text{V}(5\text{nV}/\sqrt{\text{Hz}}\times\sqrt{0.01\text{Hz}}\times1000)$。信噪比为 20dB，可以对信号进行准确的测量。

4.3.1　相敏检测器

PSD 相当于一个带宽极窄的带通滤波器，基本模块包含一个将输入信号与参考信号相乘的乘法模块和一个对相乘结果进行低通滤波的滤波器模块。有时 PSD 也特指乘法模块，不包含滤波器模块，如图 4-1 所示。

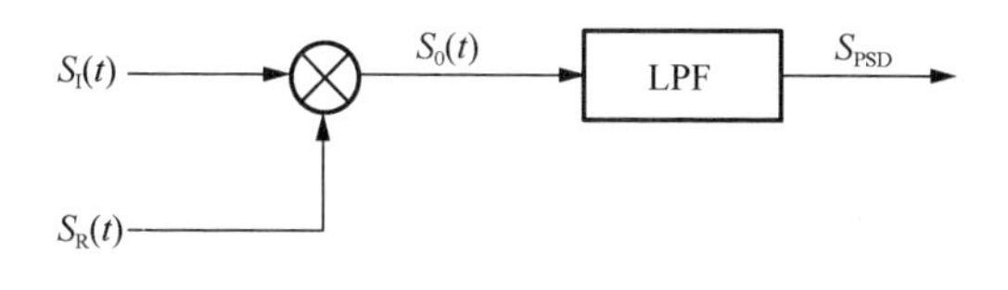

图 4-1　相敏检波示意图

$S_I(t)$是掺杂了噪声的时域输入信号；$S_R(t)$是与输入待测信号有固定频率关系

的参考信号。PSD 结合待测信号通道和参考信号通道，即形成一路完整的锁相放大器功能架构，称为单相型锁相放大器，其结构原理图如图 4-2 所示。

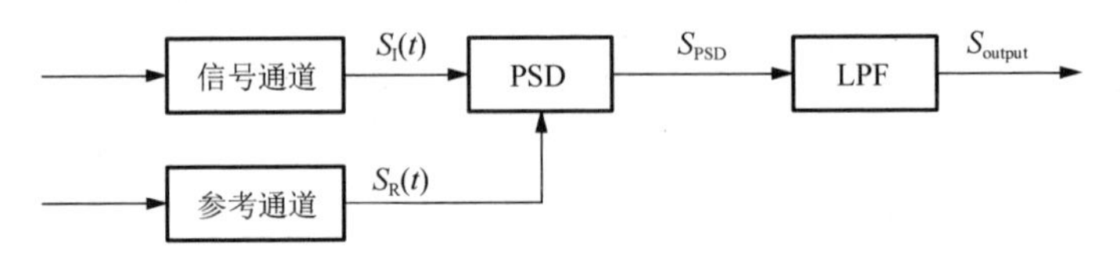

图 4-2　单相型锁相放大器结构图

信号通道进入 PSD 模块的信号可定义为

$$S_I(t) = A_I\sin(\omega t+\phi)+B(t) \tag{4-1}$$

式中，ω 是待测信号频率；$A_I\sin(\omega t+\phi)$ 是待测信号；$B(t)$是总噪声。

参考信号通道输出的标准参考信号定义为

$$S_{R0}(t) = AR\sin(\omega_0 t+\Theta)^{\infty} \tag{4-2}$$

两路信号同时输入 PSD 模块进行乘法操作，得到的输出为

$$\begin{aligned} S_{PSD0} &= S_I(t)S_{R0}(t) = A_I A_R\sin(\omega t+\phi)\sin(\omega_0 t+\Theta)+B(t)A_R\sin(\omega_0 t+\Theta) \\ &= 0.5A_I A_R\cos[(\omega-\omega_0)t+\phi-\Theta]-0.5A_I A_R\cos[(\omega+\omega_0)t+\phi+\Theta] \\ &\quad +B(t)A_R\sin(\omega_0 t+\Theta) \end{aligned} \tag{4-3}$$

常令$\omega_0=\omega$，即参考信号与待测信号的频率相等，此时参考信号通道输出的标准参考信号为

$$S_R(t) = A_R\sin(\omega t+\Theta) \tag{4-4}$$

输出为

$$S_{PSD} = S_I(t)S_R(t) = A_I A_R\sin(\omega t+\phi)\sin(\omega t+\Theta)+B(t)A_R\sin(\omega t+\Theta) = 0.5A \tag{4-5}$$

$$A_I A_R\cos(\phi-\Theta)-0.5A_I A_R\cos(2\omega t+\phi+\Theta)+B(t)A_R\sin(\omega t+\Theta) \tag{4-6}$$

式（4-6）的结果包含三部分，其中第一部分包含待测信号幅值 A_I、参考信号幅值 A_R 以及输入信号相对于参考信号的相位差（$\phi-\Theta$）的余弦值，在输入有用信号与参考信号解析均稳定的情况下，可以认为该部分为一定值，即直流信号。同理，第二部分为原参考信号二倍频交流信号。而第三部分为噪声信号与参考信号的相乘，根据正弦信号的完备性可知，随机信号与其不具有相关性，其积分结果为零。另外，从频谱来看，第一部分结果处于直流部分，第二部分在参考信号的二倍频点，第三部分为原随机信号经过 w 频谱搬移，以白噪声为例，搬移结果仍为白噪声。因此，将结果通入低通滤波器可以得到其直流部分为

$$S_{output} = 0.5A_I A_R\cos(\phi-\Theta) \tag{4-7}$$

即最后输出一个正比于待测信号振幅的直流信号。

令$\theta=\phi-\Theta$，则能确定待测信号的幅值为 0.5 $A_I A_R$，但是这个调整的精度是很难保证的，θ的值很难保持不变。为了消除这种相位依赖性，再加一个相移 90°

的 PSD，其参考信号为 $A_R \sin[(\omega t+\Theta)+90°]$。经过乘法操作和低通滤波后，输出 $S_{\text{output1}}=0.5A_I A_R \sin(\phi-\Theta)$。如图 4-3 所示是双相锁相放大器的原理架构图。

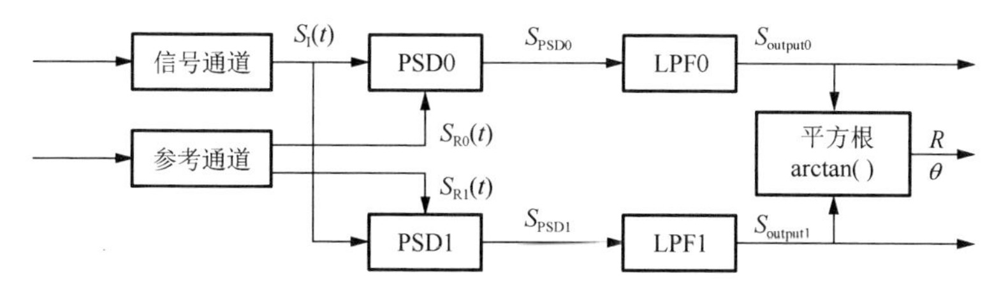

图 4-3　双相锁相放大器结构图

两个 PSD 的输出将输出信号表达为一个矢量，令输出 $X=S_{\text{output0}}$，$Y=S_{\text{output1}}$，可以计算出不依赖于相位差的输出幅值为

$$R=2\sqrt{X_2-Y_2}\,/\,A_R=A_I \tag{4-8}$$

参考信号与待测信号之间的相位差可由式（4-9）得出

$$\theta=\arctan(Y/X) \tag{4-9}$$

极窄频带探测。假设输入信号混有噪声，PSD 模块仅仅探测到频率十分接近参考频率ω的信号。频率与ω相差较远的噪声信号在 PSD 输出时已被 PSD 内的低通滤波器衰减了很多（$\omega_{\text{noise}}-\omega$ 和$\omega_{\text{noise}}+\omega$都不接近 DC），频率接近$\omega$的噪声信号则在经过 PSD 后产生一个低频 AC 输出（$|\omega_{\text{noise}}-\omega|$很小）。它们的衰减量取决于低通滤波器的带宽和陡降。宽带宽会导致这些信号通过，而窄带宽则可以滤掉这些信号。低通滤波器的带宽决定了信号探测的带宽。只有频率等于参考信号的频率才能不受低通滤波器的影响，产生一个 DC 信号。为了减少噪声的影响，相敏检测器需要有一个极窄的带宽。

4.3.2　数字相敏检波器

数字相敏检波是对信号的一种频域处理方法。其实质是一种互相关检测方法，即用一个与激励信号频率相同的参考信号$y(t)$和混有噪声的输入信号$x(t)$进行互相关运算，原理框图如图 4-4 所示。由于待测的真实信号与参考信号相关，而随机噪声与参考信号相关性很弱，故相敏检波具有对固定频率信号敏感的特点。

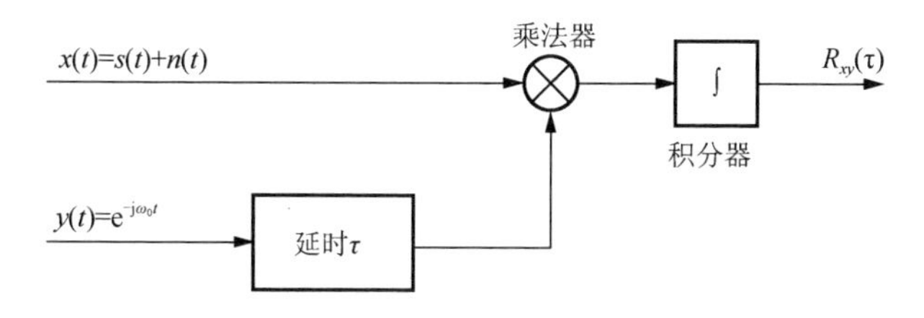

图 4-4　数字相敏检波原理框图

数字相敏检波就是在 DSP 中实现这一功能的，其原理如下。

设待检测的真实信号 $s(t)=A\cos(\omega_0 t+\phi)$，对 s（t）在一个周期内进行傅里叶变换，并取 $\omega=\omega_0$，则有

$$\begin{aligned}
S(\mathrm{j}\omega_0) &= \int_0^{2\pi} s(t)\mathrm{e}^{-\mathrm{j}\omega_0 t}\mathrm{d}(\omega_0 t) \\
&= \int_0^{2\pi} A\cos(\omega_0 t+\phi)\left[\cos(\omega_0 t)-\mathrm{j}\sin(\omega_0 t)\right]\mathrm{d}(\omega_0 t) \\
&= A\int_0^{2\pi}\cos(\omega_0 t+\phi)\cos(\omega_0 t)\mathrm{d}(\omega_0 t)-\mathrm{j}A\int_0^{2\pi}\cos(\omega_0 t+\phi)\sin(\omega_0 t)\mathrm{d}(\omega_0 t) \\
&= A\int_0^{2\pi}\frac{1}{2}[\cos(2\omega_0 t+\phi)+\cos\phi]\mathrm{d}(\omega_0 t)-\mathrm{j}A\int_0^{2\pi}\frac{1}{2}[\sin(2\omega_0 t+\phi)-\sin\phi]\mathrm{d}(\omega_0 t) \\
&= \frac{A}{2}\int_0^{2\pi}\cos\phi\,\mathrm{d}(\omega_0 t)+\mathrm{j}\frac{A}{2}\int_0^{2\pi}\sin\phi\,\mathrm{d}(\omega_0 t) \\
&= \frac{A}{2}\cos\phi 2\pi+\mathrm{j}\frac{A}{2}\sin\phi 2\pi \\
&= A\pi\cos\phi+\mathrm{j}A\pi\sin\phi \\
&= \pi(P+\mathrm{j}Q)
\end{aligned} \tag{4-10}$$

式中，$P=A\cos\phi$；$Q=A\sin\phi$。

对 $s(t)$进行采样后变为 $s(n)$。若采样长度为 N，采样频率为 f_s，则采样周期数为 $\frac{NT_s}{T_0}$。其中，T_s 为采样间隔，$T_s=1/f_s$；T_0 为信号周期，$T_0=2\pi/\omega_0$。采样后的信号 $s(n)$为

$$s(n)=A\cos(\omega_0 nT_s+\phi)=A\cos\left(2\pi\frac{f_0}{f_s}n+\phi\right),\quad n=0,1,\cdots,N-1 \tag{4-11}$$

同样，对 $\cos t$ 和 $\sin t$ 进行采样得

$$\cos n=\cos\omega_0 nT_s=\cos\omega_0\frac{n}{f_s}=\cos 2\pi\frac{f_0}{f_s}n \tag{4-12}$$

$$\sin n=\sin 2\pi\frac{f_0}{f_s}n \tag{4-13}$$

因此，有

$$\sum_0^{N-1}s(n)\cos n\cdot\omega_0 T_s=A\pi\cos\left(\phi\cdot\frac{NT_s}{T_0}\right) \tag{4-14}$$

即

$$P=A\cos\phi=\frac{2}{N}\sum_0^{N-1}s(n)\cos n \tag{4-15}$$

同理可得

$$Q = A\sin\phi = \frac{2}{N}\sum_{0}^{N-1} s(n)\sin n \tag{4-16}$$

故可得

$$A = \sqrt{(A\cos\phi)^2 + (A\sin\phi)^2} = \sqrt{P^2 + Q^2}\,,\qquad \phi = \arctan\frac{P}{Q} \tag{4-17}$$

实际观测到信号 $x(n)$中除了包含有用信号 $s(n)$，还包含随机噪声 $\omega(n)$，即 $x(n) = s(n) + \omega(n)$，由于 $\omega(n)$与 $\cos n$ 和 $\sin n$ 的弱相关性，将 $x(n)$作为 $s(n)$的估计值，并用上述方法进行检测，测量误差很小。

4.3.3　锁相放大器主要性能参数说明

在微弱信号检测中，根据不同的具体情况，人们对性能的要求各不相同。例如，在温度检测中，由于热效应通常会有迟滞，因而往往需要低频应用。而在射频领域的微弱信号检测，无疑需要设备能够响应高速变化的信号。在生物检测实验中，信噪比一般较低，此时对设备的要求往往集中在其信号的提取能力。在光学应用中，通常又需要检测微弱电流信号，这又需要设备具有电流放大能力。总之，对锁相放大器的要求是多方面的，人们为了统一，将锁相放大器的主要性能参数进行总结浓缩。

1. 满刻度输出时的输入电平

满刻度输入电平（full scale input level，FS）有时也称为满刻度灵敏度（full scale sensitivity），它是用来表征锁相放大器测量灵敏度的，拥有电压的量纲，与系统的总增益有关，即

$$\mathrm{FS} = \mathrm{OUT}_{\max} / A_{\mathrm{total}} \tag{4-18}$$

式中，$\mathrm{OUT}_{\max}$ 表示输出满刻度值，如 10V；A_{total} 表示系统的总增益能力，如 10^7，那么，该系统的 FS 即为 1μV。FS 实际上标称了系统的放大能力。

这里需要说明的是，“输出”指的是锁相放大器对于所测得的有用信号的一种表示，这种表示一般是输入信号的有效值，有时为了应用的需要，输出也可能是测得有用信号的有效值经过可控的调整而得到的。OE 系列锁相放大器可直接输入 1Vrms 信号进行测量，其灵敏度从 1nVrms～1Vrms 按照 1—2—5 的顺序标定，可以方便用户对不同大小的信号的调整。

2. 过载电平

过载电平（overload level，OVL）定义为锁相放大器任一级出现过载或临界过载时的输入电平。因为微弱信号检测通常处理的是信噪比较低的输入，所以过

载往往出现在噪声电压出现尖峰时。因此，可以将 OVL 理解为系统允许的最大输入噪声电压电平，即系统的最大噪声容限。

应当指出，通常对应不同的增益设置，各级放大情况将有所不同，其过载电平也会有所不同，故在指明 OVL 时，应当附带指出其 FS，这样才有意义。

另外，FS 作为最大输出时增益对应回输入端的电平，正常情况下可以理解为有用信号值，而 OVL 则是指噪声容限，因此要求 OVL 必须远大于 FS，这样才能充分发挥锁相放大器从噪声中提取信号的能力。

3. 最小可测信号

最小可测信号（minimum discernible signal，MDS）定义为输出能辨识的最小输入信号，可以理解为系统对小信号的分辨率。影响 MDS 的主要因素有系统的内部噪声、温度漂移等，即结果会受内部噪声、温度漂移的影响而产生波动，MDS 定义为输出可以稳定在一定百分率波动下的最小输入。例如，输入 100nV 纯净信号，长时间监测发现，结果在 10%误差以内可以达到稳定，而在仪器标称的温度范围内，如 20～30℃，也能稳定在这个范围。而且，当输入低于 100nV 时，上述同样观测方法下不能达到该误差范围内的稳定，那么 MDS 即定义为 100nV。值得指出的是，在国内，通常按照时漂来定义 MDS，而国外则通常严格按照时漂和温漂同时满足来定义 MDS。

4. 输入总动态范围

在给定 FS 的条件下（即给定的增益设置），输入总动态范围是指锁定放大器的过载电平 OVL 与 MDS 比值的分贝数，即

$$输入总动态范围=20\lg(OVL/MDS)(dB)$$

OVL 表明锁相放大器的噪声容限，而 MDS 表明锁相放大器能够分辨的最小信号。因而输入总动态范围可以理解为锁相放大器从噪声中提取有用信号的能力，即分辨率越高，噪声容限越大，则输入总动态范围越大。OE1022 的输入总动态范围>100dB，在其测量范围内，在各种苛刻的噪声下，都能精准把信号给检测出来，普适于各种测试场所。

5. 输出动态范围

该参数定义为 FS 与 MDS 比值的分贝数，即

$$输出动态范围=20\lg(FS/MDS)(dB)$$

输出动态范围表示锁相放大器可以检测的有用输入信号的动态范围，即输入有效信号可以在该范围内波动而既不会导致锁相放大器不可分辨，也不会导致超过输出的最大范围。

6. 锁相放大器 OE1022 动态储备

动态储备（dynamic reserve，DR）定义为 OVL 与 FS 比值的分贝数，即

$$DR = 20\lg(OVL / FS)(dB) \tag{4-19}$$

式中，OVL 表示输入总动态范围；FS 表示输出动态范围。若动态储备为 100 dB，表示系统能容忍的噪声可以比有用信号高出 10^5 倍。

实际上动态储备容量应该保证在整个实验过程中不发生过载，过载还可能出现在前置放大器的输入端和 DC 放大器的信号输出端，可以通过调整增益分配来实现高动态储备。前级放大倍数设置为较小值，以防止噪声过载，经过 PSD 和低通滤波器滤掉了大部分噪声后，直流放大倍数设置为较大值，将信号放大到满量程。

锁相放大器输入信号在 PSD 处理之前需要交流放大，而在 PSD 处理之后直流放大信号即可。在总增益不变的情况下，如果调整交流增益增加，直流增益减小，则输入噪声经交流放大很容易使 PSD 过载，动态储备减小，同时输出的直流漂移减小。反之，如果增加直流增益，降低交流增益，则动态储备提高，使锁相放大器具有良好的抗干扰能力，但以输出稳定性为代价，降低了测量精度。

直流放大输出精度受噪声的频率和幅值影响。幅值较大且与信号频率相同的噪声经过 PSD 后同样变成直流信号，这样经过低通滤波器时直接输出，对输出结果造成影响。

动态储备与噪声频率有关。在参考频率处的动态储备为 0，远离参考频率时动态储备增加，离参考频率足够远时，动态储备可达到最大值。参考频率附近的动态储备对仪器噪声容限极其重要，增加低通滤波器的级数可以提高滤波效果，从而增加参考频率附近的动态储备。远离参考频率的动态储备一般比较大，但其影响不大。

OE1022 动态储备大于 100dB，高的动态储备会产生输出噪声和漂移。当动态储备较高时，由于模数转换器的噪声存在，导致输出误差增加。由于所有的信号源都存在本底噪声，故在 PSD 提取信号过程中会掺杂噪声，如果噪声很大，在高动态储备测量中会产生较大的输出误差。如果外部噪声较小，则其输出主要是受 OE1022 自身噪声的影响。这时可以通过降低动态储备和直流增益减小输出误差。因此，在实际应用中应尽量使用低动态储备。

在确定的测量精度要求下，动态储备有最小值。精度要求越高，其最小值就越大。在模拟锁相放大器中，低动态储备意味着更小的输出误差和漂移。在 OE1022 数字锁放中，高动态储备不会增加输出误差和漂移，但是会增加输出噪声。然而，如果在 A/D 转换器前的模拟放大器增益足够大，则其被放大的自身噪声比 A/D 转换器的噪声还大。这样，输出主要受输入噪声影响。因此，增大模拟增益，即减小动态储备并不能减小输出噪声。在分辨率要求极高的情况下，增益增大并不能提高信噪比，这时可以降低增益，从而提高动态储备。

4.4　锁相放大器微弱信号检测方案的应用

4.4.1　在测定化学阻抗中的应用

仅仅通过表面观测无法对电镀或腐蚀等化学变化进行定量测定，使微小电流流过样品，测量它的阻抗，定量地表征化学变化的量称为化学阻抗[3]。

如图 4-5 所示，化学阻抗的测定是在电解液中设置两个电极——工作电极（working electrode）和对电极（counter electrode），为了检出工作电极附近溶液的电压，需要再使用一个参考电极（reference electrode）。

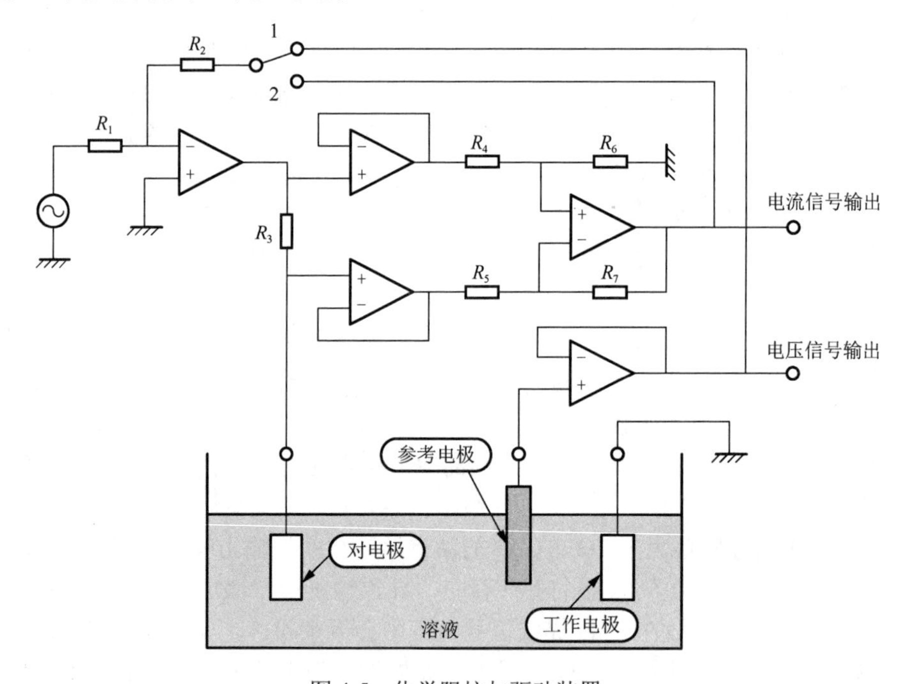

图 4-5　化学阻抗与驱动装置

1-电势启动；2-磁启动

工作电极的表面（界面）是发生电荷迁移反应的场所，通过测量这里的阻抗，可以了解物质的性质和反应（腐蚀或电镀的进行状态）。化学阻抗的测定广泛应用于以下各领域：①腐蚀、防腐、电镀材料的研究；②细胞、体液、皮肤、生物体膜的研究；③各种电池、电解电容器、高分子电介质材料的评价。

根据样品的阻抗情况，化学阻抗采用如图 4-5 所示的驱动装置。在用恒定电压测量样品的场合，需要用参考电极的检测电压加反馈（称为电势启动）；在用恒定电流测量的场合，需要用检出电流加反馈（称为磁启动）。

电解液与电极接触构成的电化学系统的阻抗由以下三个部分构成：①电解液的电阻 R；②界面空间电荷层构成的电容 C_d；③发生氧化还原反应时，电荷或物质的移动所产生的阻抗 Z_f（法拉第阻抗）。其等效电路如图 4-6 所示，是由电阻和电容构成的化学阻抗的等效电路。按照复频率进行测量，如图 4-7 所示，各频率中以实数成分为 X 轴，以虚数成分 X 为 Y 轴，做成 Cole-Cole 图，它能够表征化学阻抗的各参数。

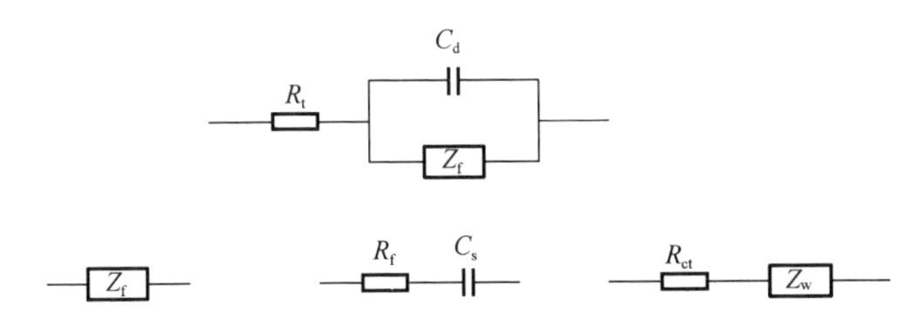

图 4-6　化学阻抗的等效电路

R_t-溶液的电阻　C_d-空间电荷层电容　Z_f-法拉第阻抗
C_s-Z_f的电容成分　R_f-Z_f的电阻成分　Z_w-被覆线阻抗　R_{ct}-电荷迁移电阻

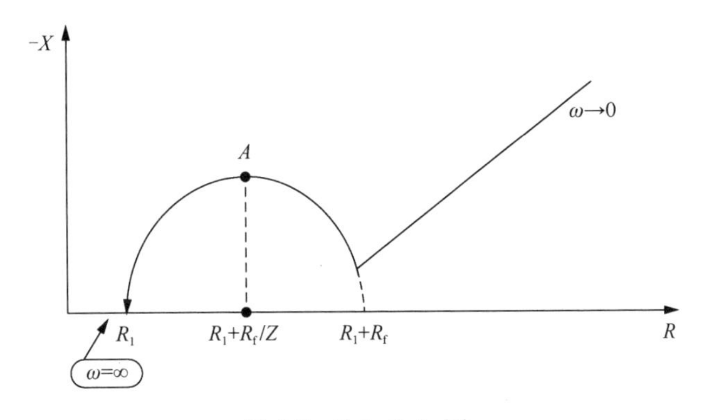

图 4-7　Cole-Cole 图

一般的化学阻抗中，C 作为负的虚数成分标记在 X 轴的下方。不过在 Cole-Cole 图中，因为对象只是电阻和电容，所以 C 标记在 X 轴的上方，只表现在第一象限中。

在使用锁相放大器测量的场合，是电势启动连接。控制样品的电压为恒定，将来自样品的检测电流信号作为锁相放大器的输入信号，由振幅和相位求阻抗。

为了在复频率下进行化学阻抗的测量，采用被称为锁相放大器数字版的频率分析器（frequency analyzer）进行测量，它能够进行频率扫描，使用更方便。

4.4.2　在金属探测器中的应用

说到金属探测器，人们立即会想到“探宝”男孩的故事。实际上，不仅有矿藏探测器和地雷探测器，在产业领域也广泛活跃着诸如检查食品、纤维异物等各种探测器。

传感器因不同用途而形状各异，如图 4-8 所示。金属探测器基本上由初级线圈和次级线圈构成，其配置方法是初级线圈发生的磁力线在通过次级线圈时正好消失。当接近金属体时，磁力线的路径会发生微小的变化，平衡被打破，输出端就会出现信号。但是，实际上这个信号输出的振幅极微弱，几乎很难与没有金属时传感器的泄漏信号区别开。因此，要使用高灵敏度的锁相放大器，调整参考信号的相位，使得在没有金属状态下 PSD 的输出为 0。当接近金属时，捕捉相位的微小变化作为 PSD 的输出变化。

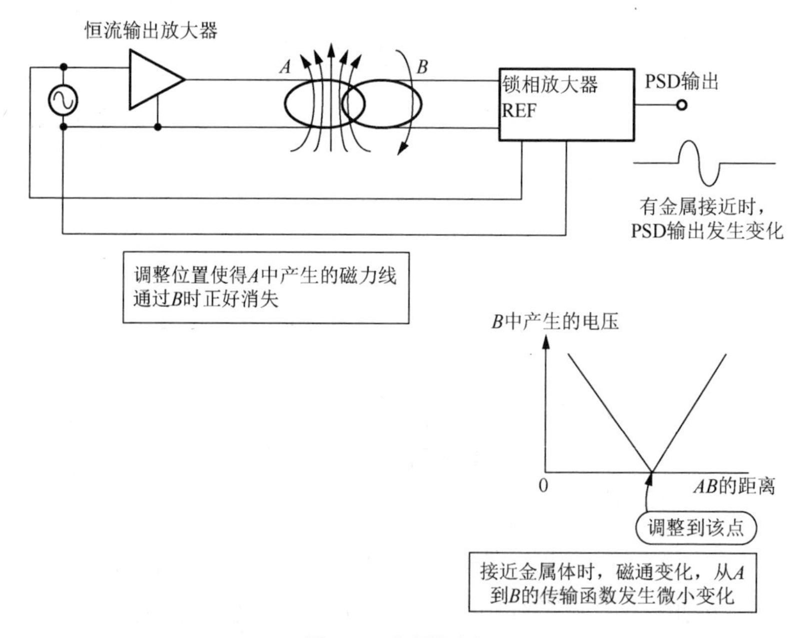

图 4-8　金属探测器

这样的金属探测器是用锁相放大器检测传感器传输函数的微小变化。另外，根据金属体的大小和种类不同，传感器输出的振幅和相位的变化（矢量的变化）轨迹也不同，根据变化轨迹也可能对异物的种类以及量进行判定[3]。

4.4.3　在涡流探伤仪中的应用

冶炼等企业使用的涡轮探伤仪是一种与金属探测器类似的装置，它能够自动检查金属体有无损伤。

当金属棒通过线圈时，由于磁导率发生变化（这时金属中产生涡流），因而阻抗发生变化。根据金属有无损伤，这个阻抗会有微小的差异，探伤仪就是检测这种差异的仪器。

图 4-9 是涡流探伤仪的框图。当传感器两个线圈的阻抗相等时，电桥是平衡的，输出端没有信号出现。当金属体某处有损伤时，阻抗平衡被破坏，输出端就出现信号[3]。

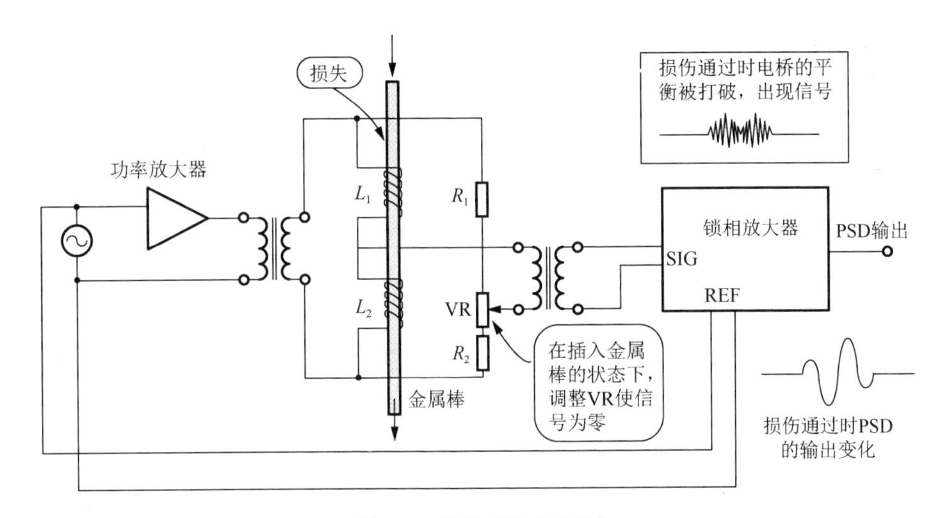

图 4-9　涡流探伤仪框图

因为金属棒连续通过这两个线圈，所以当损伤部位通过时，有两次信号输出。但是，因为实际上与金属探测器相同，信号输出的振幅非常小，所以要与电桥的泄漏信号区别开非常困难。因此，需要调整相位，使没有损伤时的 PSD 输出为 0，从而能够捕捉到损伤通过时相位的微小变化，涡流探伤仪也是用锁相放大器检测传输函数的微小变化的。

4.4.4　在金属材料张力试验中的应用

评价金属材料强度时要进行张力试验。为了检测金属微小的裂缝或形状的变化，可以测量试样的交流电阻（称为 AC 电位法）。但是因为是金属，电阻值很低，产生的电压也极微弱，所以需要使用锁相放大器。图 4-10 是测量的框图。张力试验原理为通过与不加应力时的基准试样进行比较，就可以避免因温度变化等因素引起的误差，检测出最初的微小裂缝或形状的变化[3]。

如果信号的输出阻抗非常低，可以利用变压器升压改善 S/N。变压器可以将接地环绝缘，因此能够防止参考信号的共模混入。

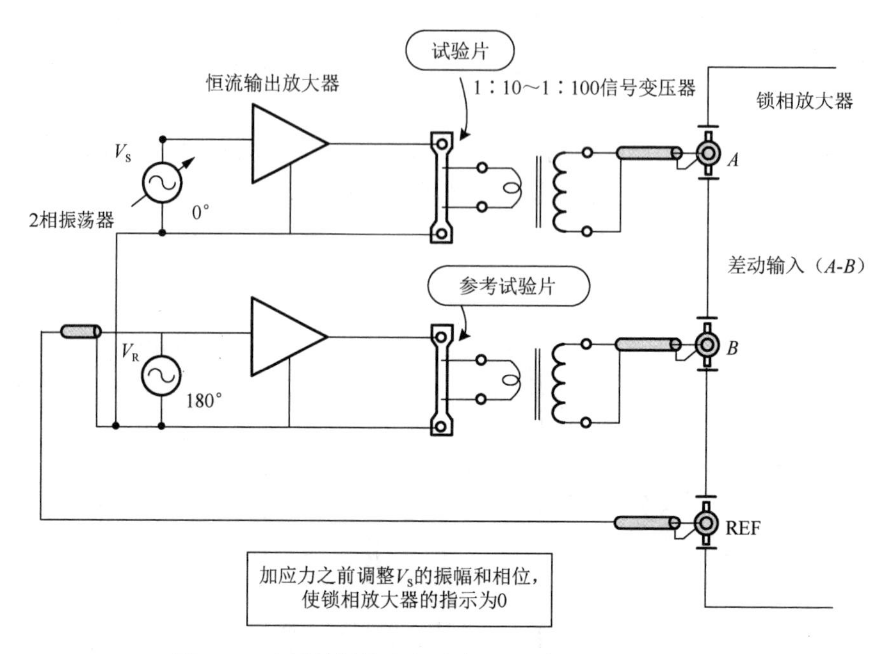

图 4-10　金属材料的张力试验（AC 电位法）测量框图

加应力之前需要调整流过基准试样的电流与相位，在调整锁相放大器的输出为 0 后，再开始进行测量。

第5章　设 计 实 例

智能仪器的设计要求工程技术人员必须具备较高的专业素质，研究开发的现代仪器没有固定不变的模式，但是要有基本的原则与研发步骤，本章就智能仪器设计原则与研发步骤进行简单概述，结合作者多年来的科学研究体会，给出部分设计实例，以供读者参考。

5.1　智能仪器设计原则与研发步骤

智能仪器的研制开发是一个较为复杂的过程。为完成仪器的功能，实现仪器的指标，提高研制效率，并能取得一定的研制效益，应遵循正确的设计原则，并按照科学的研制步骤来开发智能仪器。

5.1.1　智能仪器设计的基本要求

无论仪器或系统的规模多大，其基本设计要求大体上是相同的，在设计和研制智能仪器时必须予以认真考虑。

1. 功能及技术指标应满足要求

主要技术指标：精度、测量范围、工作环境条件、稳定性。

应具备的功能：输出、人机对话、通信、报警提示、仪器状态的自动调整等功能。

2. 可靠性要求

仪器可靠性是最突出，也是最重要的，这是由于仪器能否正常可靠的工作，将直接影响测量结果的正确与否，也将影响工作效率和仪器信誉。在线检测与控制类仪器更是如此，由于仪器的故障造成整个生产过程的混乱，甚至引起严重后果。因此，应采取各种措施提高仪器的可靠性，从而保证仪器能长时间稳定工作[1]。以下为智能仪器设计时对硬件和软件的可靠性要求。

1）硬件

仪器所用器件的质量和仪器结构工艺是影响可靠性的重要因素，故应合理选择元器件，并采用在极限情况下进行试验的方法。所谓合理选择元器件是指在设计时对元器件的负载、速度、功耗、工作环境等技术参数应留有一定的余量，并对元器件进行老化和筛选。而极限情况下的试验是指在研制过程中，一台样机要承受低温、高温、冲击、振动、干扰、烟雾等试验，以保证其对环境的适应性。

2）软件

采用模块化设计方法，不仅易于编程和调试，也可减小软件故障率并提高软件的可靠性。同时，对软件进行全面测试也是检验错误、排除故障的重要手段。

3. 便于操作和维护

在仪器设计过程中，应考虑操作是否方便，尽量降低对操作人员的专业知识的要求，以便产品的推广应用。仪器的控制开关或按钮不能太多、太复杂，操作程序应简单明了，从而使操作者无须专门训练，便能掌握仪器的使用方法。

智能仪器还应有很好的可维护性，为此，仪器结构要规范化、模块化，并配有现场故障诊断程序，一旦发生故障，能保证有效地对故障进行定位，以便更换相应的模块，使仪器尽快地恢复正常运行[1]。

4. 仪器工艺结构与造型设计要求

仪器工艺结构是影响可靠性的重要因素，首先要依据仪器工作的环境条件，即是否需要防水、防尘、防爆密封，是否需要抗冲击、抗振动、抗腐蚀等要求，设计工艺结构，仪器的造型设计也极为重要。总体结构的安排、部件间的连接关系、面板的美化等都必须认真考虑，最好由结构专业人员设计，使产品造型优美、色泽柔和、外廓整齐、美观大方。

5.1.2 智能仪器的设计原则

1. 从整体到局部（自顶向下）的设计原则

在硬件或软件设计时，把复杂、难处理的问题，分为若干个较简单、容易处理的问题，然后再逐个解决。

设计人员根据仪器功能和设计要求提出仪器设计的总任务，并绘制硬件和软件的总框图（总体设计）。然后将任务分解成一批可独立表征的子任务，这些子任务还可以再向下分，直到每个低级的子任务足够简单，可以直接而且容易地实现为止。这些低级子任务可采用某些通用模块，并可作为单独的实体进行设计和调试，从而能够以最低的难度和最高的可靠性组成高一级的模块。

2. 较高的性价比原则

智能仪器的造价，取决于研制成本、生产成本、使用成本。

智能仪器设计时不应盲目追求复杂、高级的方案。在满足性能指标的前提下，应尽可能采用简单成熟的方案，这样元器件少，开发、调试、生产方便，可靠性高。

就第一台样机而言，主要的花费在于系统设计、调试和软件开发，样机的硬件成本不是考虑的主要因素。当样机投入生产时，生产数量越大，每台产品的平均研制费就越低，此时生产成本就成为仪器造价的主要因素。显然，仪器硬件成本对产品的生产成本有很大影响。

使用成本，即仪器使用期间的维护费、备件费、运转费、管理费、培训费等。必须在综合考虑后才能看出真正的经济效果，从而做出选用方案的正确决策[1]。

3. 组合化与开放式设计原则

在科学技术飞速发展的今天，设计智能仪器系统面临三个突出的问题：产品更新换代太快；市场竞争日趋激烈；如何满足用户不同层次和不断变化的要求。

在电子工业和计算机工业中推行一种不同于传统设计思想的所谓“开放系统”的设计思想。

1）开放式设计

（1）“开放系统”的设计思想如下。①在技术上兼顾今天和明天，既从当前实际可能出发，又留下容纳未来新技术机会的余地。②向系统的不同配套档次开放，在经营上兼顾设计周期和产品设计，并着眼于社会的公共参与，为发挥各方面厂商的积极性创造条件。③向用户不断变化的特殊要求开放，在服务上兼顾通用的基本设计和用户的专用要求等。

（2）开放式系统设计的具体方法如下。①基于国际上流行的工业标准微机总线结构，针对不同的用户系统要求，选用相应的有关功能模块组合成最终用户的应用系统。②系统设计者将主要精力放在分析设计目标、确定总体结构、选择系统配件等方面，而不是放在部件模块设计及用于解决专用软件的开发设计上。

2）组合化设计

（1）组合化设计方法如下。①开放式体系结构和总线系统技术发展，导致了工业测控系统采用组合化设计方法的流行，即针对不同的应用系统要求，选用成熟的现成硬件模板和软件进行组合。②组合化设计的基础是模块化（又称积木化），硬件、软件功能模块化是实现最佳系统设计的关键。

（2）组合化设计方法的优点如下。①将系统划分成若干硬件、软件产品的模块，由专门的研究机构根据积累的经验尽可能地完善设计，并制定其规格系列，用这些现成的功能模块可以迅速配套成各种用途的应用系统，简化设计并缩短设计周期。②结构灵活，便于扩充和更新，使系统的适应性强。在使用中可根据需要通过更换一些模板或进行局部结构改装以满足不断变化的特殊要求。③维修方便快捷。模块大量采用 LSI 和 VLSI 芯片，在故障出现时，只需更换 IC 芯片或功能模板，修理时间可以降低到最低限度。④功能模板可以组织批量生产，使质量稳定并降低成本。

5.1.3 智能仪器的研发步骤

智能仪器的研制步骤分为三个阶段：确定设计任务并拟定设计方案，硬件和软件研制阶段，仪器综合调试及整机性能测试。

1. 确定设计任务并拟定设计方案

项目调研了解设计现状和动向，明确任务、确定指标功能，撰写设计任务书，拟定设计方案。

《仪器设计任务书》

1）主要作用

（1）研制单位设计仪器的立项基础。

（2）反映仪器的结构、规定仪器的功能指标，是研制人员的设计目标。

（3）作为研制完毕进行项目验收的依据。

2）主要内容

（1）仪器名称、用途、特点及简要设计思想。

（2）主要技术指标。

（3）仪器应具备的功能。

（4）仪器的设备规模。

（5）系统的操作规范。

3）拟定设计方案流程

仪器设计任务书→确定微机系统构成→硬件与软件划分→硬件设计方案→软件设计方案→可行性分析与论证→启动研究开发[1]。

2. 硬件和软件研制阶段

1）硬件研制

（1）采用功能强的芯片以简化电路。

（2）修改和扩展，硬件资源需留有足够的余地。

（3）自诊断功能，需附加与设计有关的监测报警电路。

（4）硬件抗干扰措施。

注意线路板与机箱、面板的配合，接插件安排等问题，必须考虑安装、调试和维修的方便。

2）软件设计研制

（1）对软件设计做一个总体规划。

（2）程序功能块划分。

（3）确定算法。

（4）分配系统资源和设计流程图。

（5）编写程序。

（6）程序调试和纠错以及各部分程序连接及系统总调。

3. 仪器综合调试及整机性能测试

系统调试，以排除硬件故障并纠正软件错误，以及解决硬件和软件之间的协调问题。

1）硬件调试

静态调试：检查电路板、电源、元器件；动态调试：专用测试软件。

2）软件调试

初级子程序调试→单个独立子程序；模块程序调试→测试软件；监控程序调试。

3）性能测试

整机性能测试，需按照设计任务书规定的设计要求拟定一个测试方案，对各项功能和指标进行逐项测试。如果某项指标不符合要求，还得查明原因，做相应调整，直至完全达到设计要求为止。

5.2 EIlog-05 地面系统自检装置设计

EIlog-05 地面系统自检装置是用来检测 EIlog-05 测井装备地面系统工作是否正常的仪器设备。它不仅能够模拟目前 EIlog-05 成套装备现有的井下仪器工作状态，将这几种仪器的模拟数据及模拟声波信号送入地面系统，并且可以执行地面系统命令，如仪器选择、数据帧长度、微球双侧向的换挡、模拟微球/补密、推靠器的工作过程等。

该装置还具备扩展功能，能够与地面系统建立通信，接收地面系统的命令，并响应命令向地面系统发送相应的模拟数据。

5.2.1 地面系统自检装置总体设计

地面系统自检装置原理框图如图 5-1 所示。自检装置的电路由低压直流电源、7000m 模拟电缆、电缆驱动电路、主控电路以及辅助电路组成。低压直流电源提供+5V、±12V、±24V 这 5 路直流电源；主控电路产生的编码信号经电缆驱动电路通过 7000m 模拟电缆送入地面系统，而地面系统产生的下发命令通过 7000m 模拟电缆经电缆驱动电路滤波、放大、甄别之后，送入主控电路，主控电路完成命令的解码识别，并依据命令完成相应的动作，如发送模拟声波信号；辅助电路指示主交流、辅交流工作是否正常。

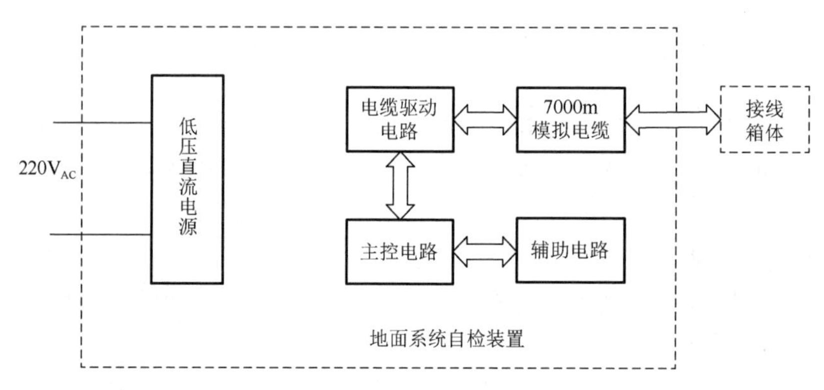

图 5-1　地面系统自检装置原理框图

1. 主控电路

主控电路框图如图 5-2 所示。设计采用 CPLD 和 DSP 方案。CPLD 单元包括帧定时信号产生电路及 BPSK 调制解调电路，帧定时信号产生电路产生系统需要的 80ms 帧定时信号和数字电路需要的各种时钟信号；BPSK 调制解调电路完成信号的调制和解调。DSP 单元包括帧头检测电路、CRC 校验电路、命令识别执行、组帧、CRC 校验码生成电路和时序控制电路，主要完成命令的编码和解码识别，并依据命令完成相应的动作。

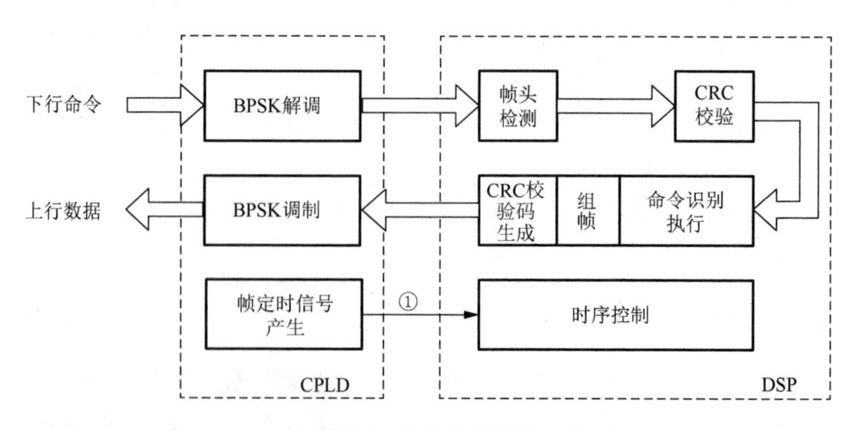

图 5-2　主控电路框图

2. 电缆驱动电路

电缆驱动电路框图如图5-3所示。

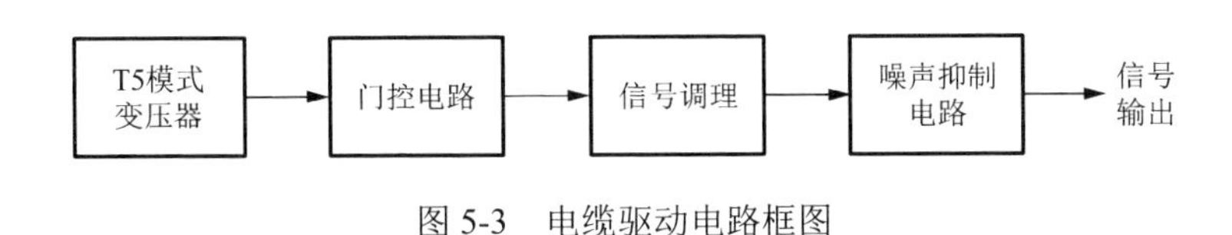

图5-3 电缆驱动电路框图

3. 辅助电路

辅助电路包括声波波形模拟电路，井下主交流监测电路和井下辅交流监测电路，推靠臂开关状态指示电路，仪器工作状态指示电路和保护电路。

声波波形模拟电路采用多进制幅度键控移位（MASK）调制来实现声波波形的模拟。MASK调制采用8选1模拟多路开关来实现，可产生8个信号电平，由DSP产生的三位数字量控制，可产生任意频率、任意长度的声波波形。

5.2.2 主控电路工作原理

1. 帧定时信号产生电路

电缆遥测系统采用半双工通信方式，上行数据和下行命令以固定的周期分时传输，每个数据帧的间隔固定为80ms，帧定时信号产生电路产生周期为80ms的帧定时脉冲信号FYSNC。电路原理如图5-4所示。

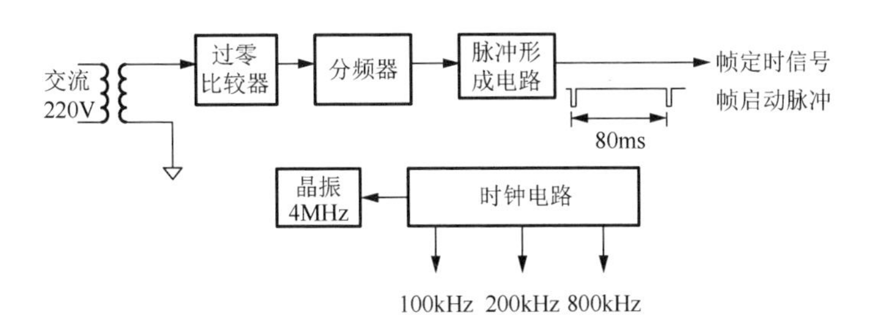

图5-4 帧定时信号产生电路

50Hz、220V的工频交流信号经过变压器后幅值变为6V，再通过过零比较器输出方波GPFB。实现的电路如图5-5所示。

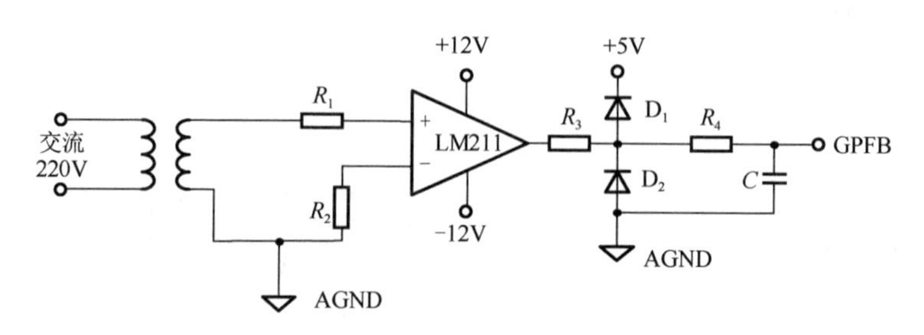

图 5-5　工频方波信号产生电路

电路中运放 LM211 和 R_1、R_2 构成过零比较器电路，把输入的正弦波变为方波。过零比较器电路输入 u_i 和输出 u_o 的波形如图 5-6 所示。

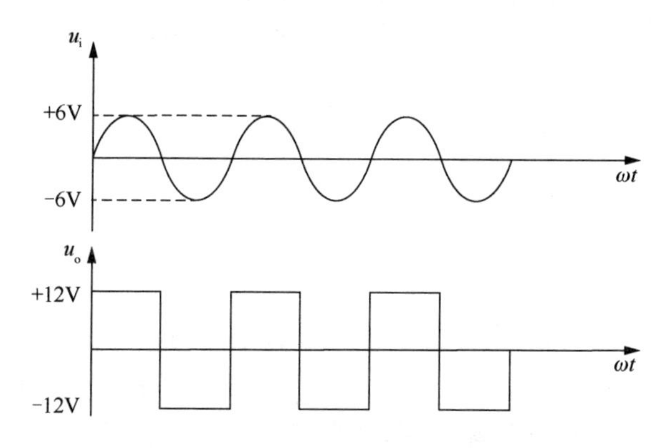

图 5-6　过零比较器的输入和输出波形

过零比较器的输出带两个二极管，构成双向限幅电路，把输出的 ±12V 变为高电平+5V，低电平 0V，以满足数字系统的需要。为了保证后面的分频器正常工作，电阻 R_4 和电容 C 组成积分环节，为其提供可靠的高低电平信号 GPFB。GPFB 信号送至 CPLD 实现产生周期为 80ms 帧定时脉冲信号 FYSNC。

产生 80ms 的帧启动脉冲电路如图 5-7 所示，GPFB 信号周期为 20ms，经过两个 7474 的双 D 触发器四分频之后，周期为 80ms。该信号经过一个 D 触发器延时一个节拍，取非后再和未延时的信号与非，产生所需要的 80ms 的帧定时脉冲信号 FYSNC。

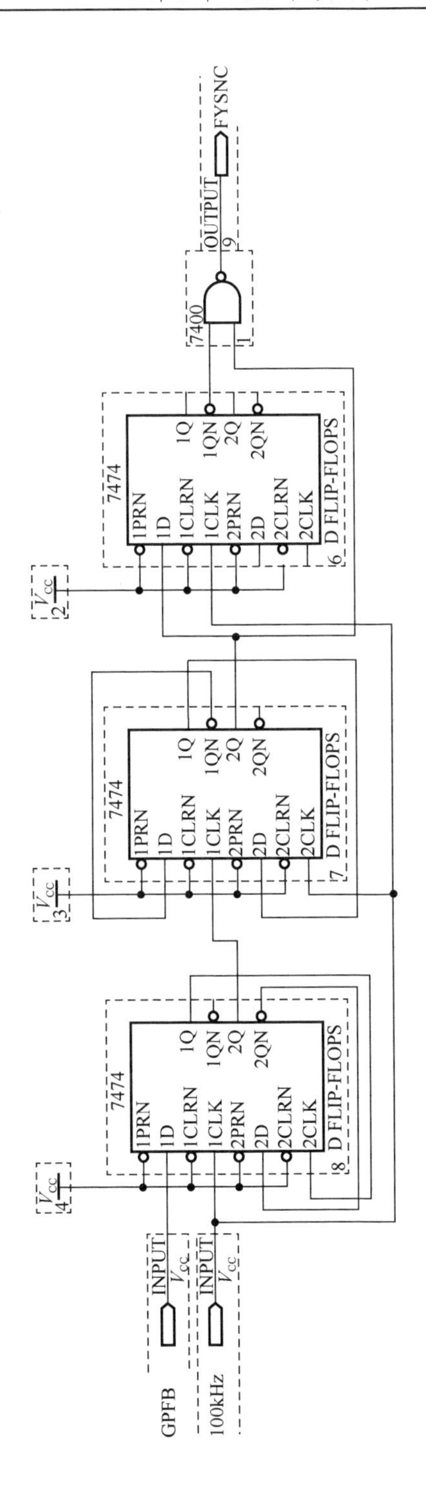

图 5-7 产生 80ms 的帧启动脉冲电路

仿真波形图如图 5-8 所示，局部放大如图 5-9。

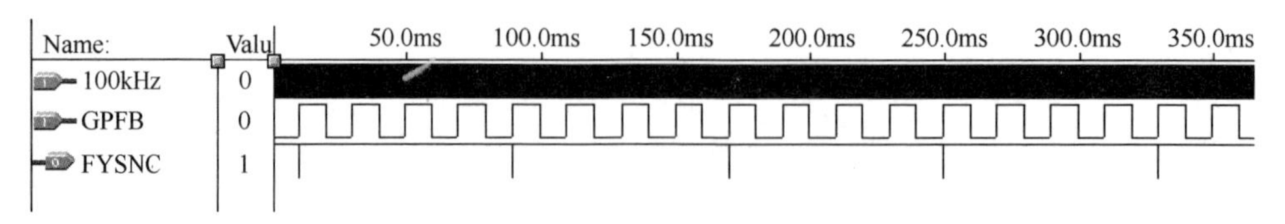

图 5-8　产生帧定时信号 FYSNC 的仿真波形图

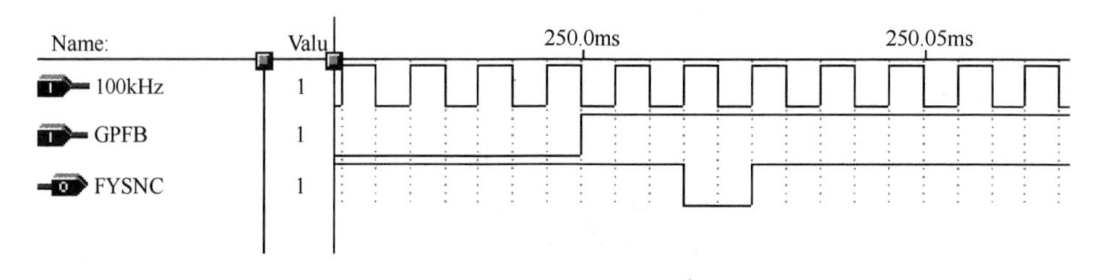

图 5-9　产生帧定时信号 FYSNC 的局部放大波形图

图 5-10 是实际的系统工作时示波器显示的波形。上面是 80ms 帧定时信号的波形，下面是发出来的数据波形。

图 5-10　产生帧定时信号的实际波形

2. BPSK 调制解调电路

电缆上传输的信号采用双相 M 编码，DSP 接口采用不归零（NRZ）编码，NRZ 码和双相码的相互变换称为双相移键控（BPSK）调制和解调，由 BPSK 调制解调电路来完成。

1）双相移键控调制原理

双相移键控调制方式是受键控的载波相位按基带脉冲而改变的一种数字调制方式，是用二进制基带信号（0、1）对载波进行二相调制，载波的相位随调制信号的 1 或 0 改变。通常用相位 0° 和相位 180° 来分别表示 1 或 0。

经 BPSK 编码调制后的波形如图 5-11 所示。“0”只在位边界处有电平跳变，而“1”在位边界和位中央都有电平跳变。这是一种“自时钟码”，它无须单独的时钟道和精确的时间传输。时钟瞬时频率即使有较大的变化（20%～30%），也不会影响所传输的数据码值。BPSK 波形中没有直流成分，易于传输和处理。此外，

BPSK 调制能有效利用电缆的频带宽度，其位速率与最大传输率之比为 1。因为 BPSK 调制只有 0° 和 180° 两种相移，所以相应电路比较简单，可靠性高。

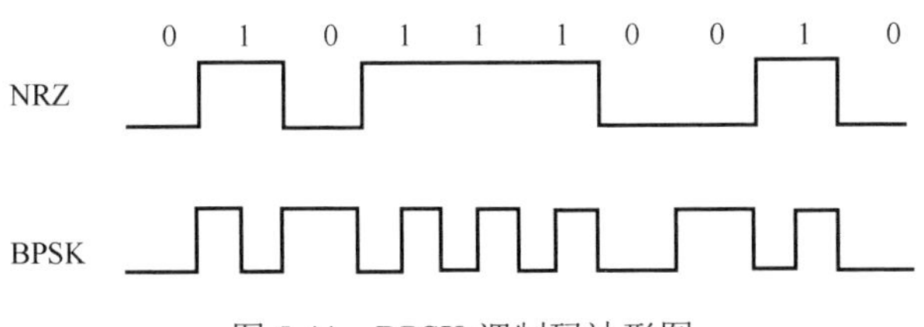

图 5-11 BPSK 调制码波形图

2）信号调制的实现

JK 触发器具有输入端 J、K 同时为高时跳变，同时为低时保持的功能，为了实现 BPSK 调制功能，把要调制的数据同时输入 JK 触发器的 J 端和 K 端，在合适的时钟作用下，就可以实现输出调制的波形，电路的原理如图 5-12 所示。对图 5-12 进行仿真的波形如图 5-13 所示。

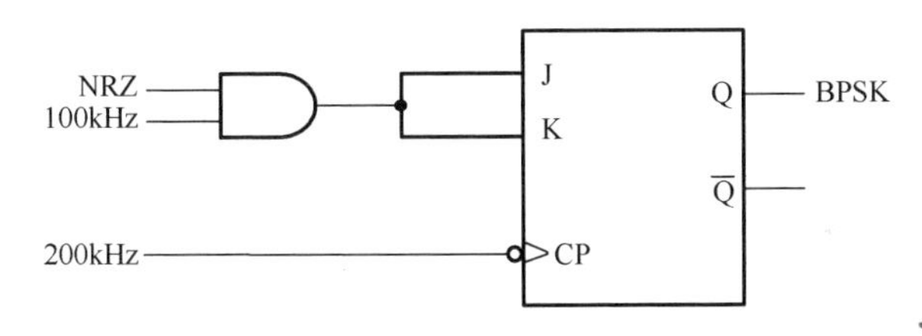

图 5-12 BPSK 调制的原理图

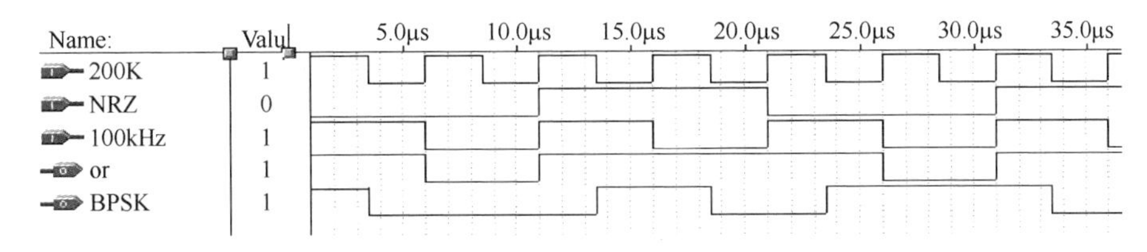

图 5-13 BPSK 调制的仿真波形图

图 5-13 中 NRZ 为码元信号，传输的数据为 010，传输速率为100kHz，即每个码元的传输时间为10μs，故使用的调制时钟分别是100kHz 和 200kHz。200kHz 的时钟信号作为 JK 触发器的触发脉冲；100kHz 信号与码元信号相或，作为 JK 触发器的输入。

如果码元为 1，那么它和100kHz 的信号相或的结果为高电平，即在每个码元开始的整个10μs，or 都为高电平。如果码元为 0，则在每个码元开始的半个周期内为高电平，即在100kHz 信号为高电平的 5μs，or 为高电平，而在接下来的 5μs 为低电平。

当触发时刻到达，如果码元为 1，那么信号电平除了在码元开始的时刻跳变外，在码元中间也会跳变一次。若码元为 0，则只在码元开始的时刻跳变。

因为 JK 触发器为下降沿触发，所以 BPSK 的调制信号在 NRZ 信号的基础上延迟了 2.5μs 。

3）信号解调的原理和实现方法

解调原理：从一个码元开始的 75%处取值，把此值和向前一个周期的取值进行比较，如果这两个值相同，则说明在这一个周期内信号电平经历了两次跳变，那么这个码元的值就应该被解调为 1。如果不同，则说明在这一个周期内信号电平只经历了一次变化，那么就应该被解调为 0。

实现方法：实现信号解调的电路如图 5-14 所示。

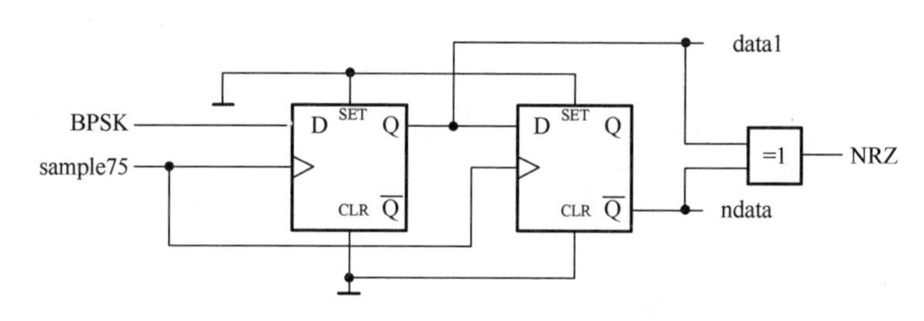

图 5-14　解调的电路图

（1）sample75 信号的产生。sample75 信号是用来在每个码元开始的 75%时刻触发取值。要产生 sample75 信号，必须先得到周期为10μs 的 edge-jump 信号。产生 edge-jump 信号的电路如图 5-15 所示。

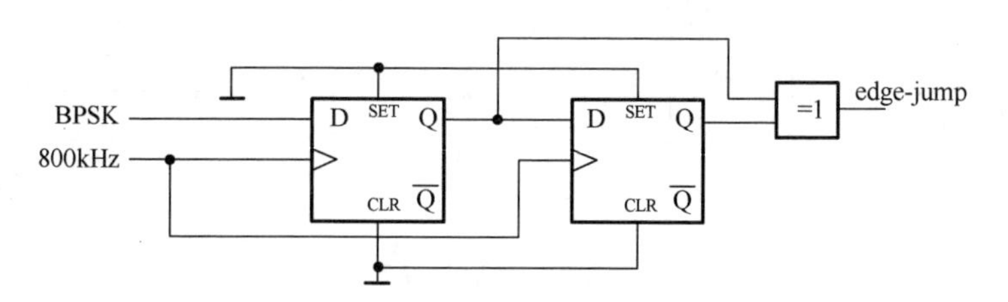

图 5-15　产生 edge-jump 信号的电路

仿真波形如图 5-16 所示。

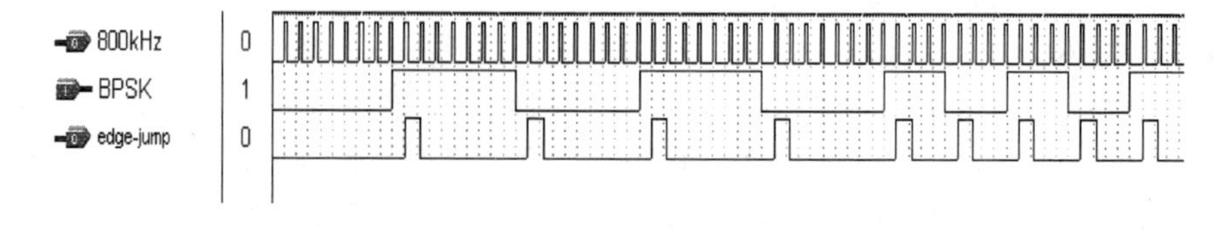

图 5-16　产生的 edge-jump 仿真波形图

产生 sample75 信号产生电路如图 5-17 所示。

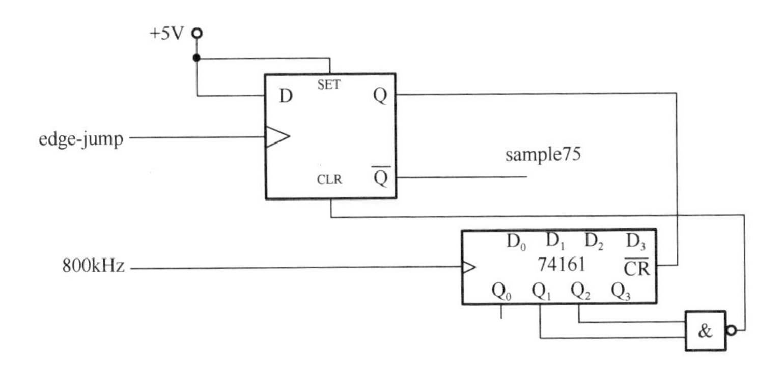

图 5-17 产生 sample75 信号的电路

仿真波形如图 5-18 所示。

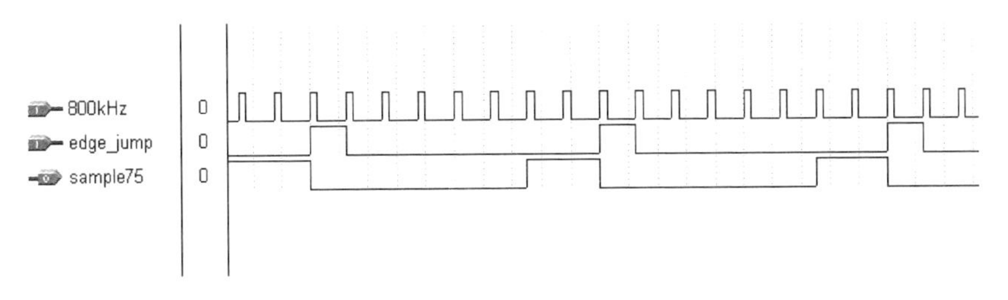

图 5-18 产生的 sample75 仿真波形图

(2) 解调出 NRZ 信号。由图 5-14 电路仿真可得到解调后的 NRZ 波形图，如图 5-19 所示。

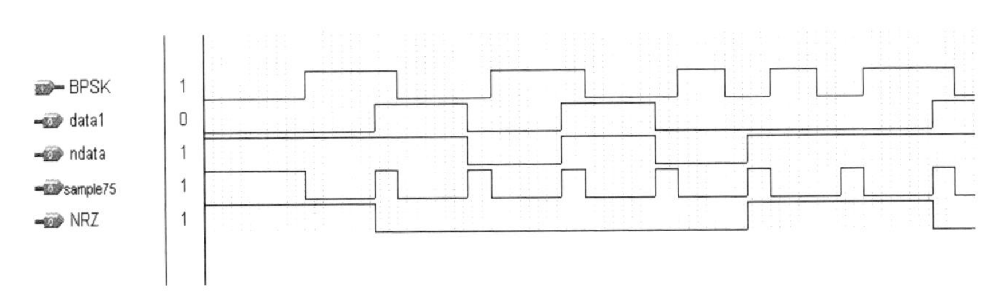

图 5-19 解调后的 NRZ 信号波形图

具体实现解调的整个电路如图 5-20 所示。

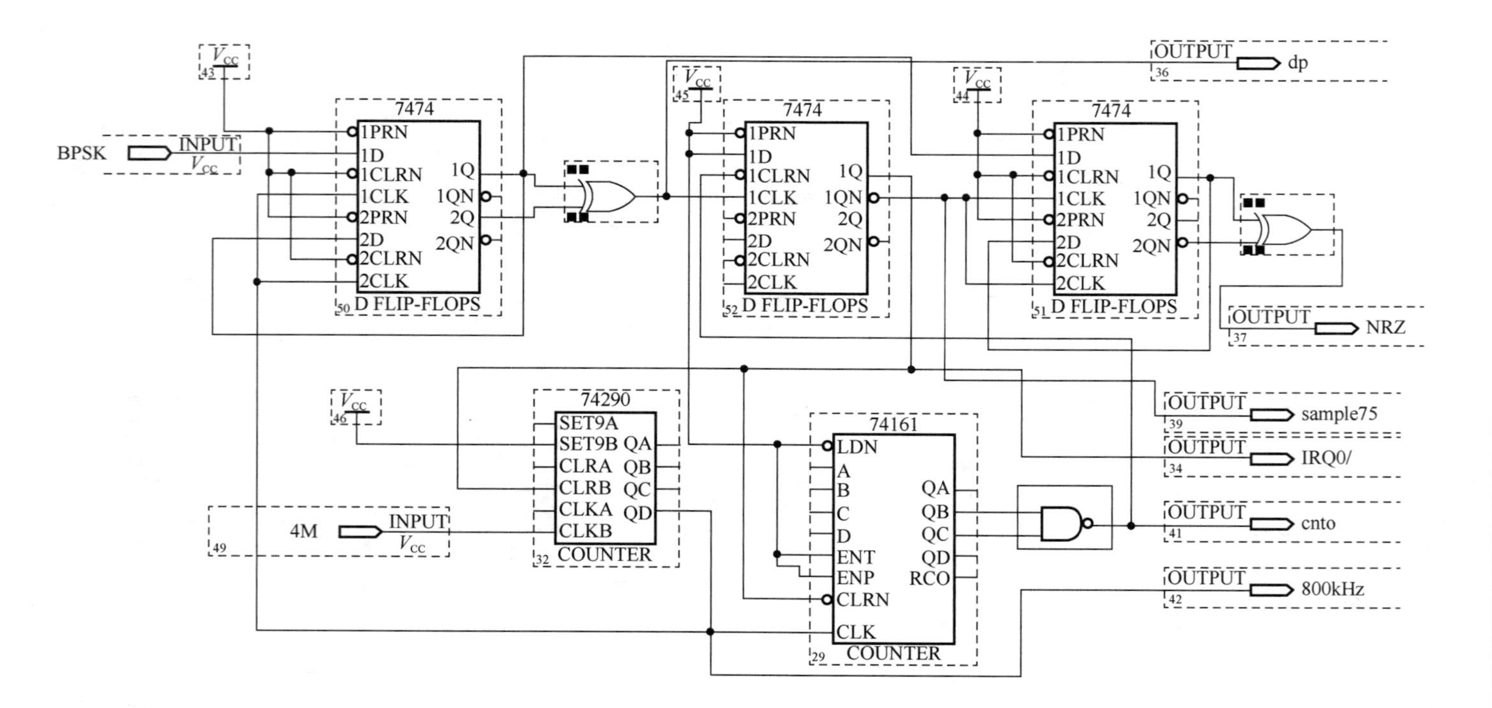

图 5-20　信号解调实现电路

BPSK 码信号经过 D 触发器产生 edge-jump 的信号，并把它作为时钟，在分频器作用下产生 sample75 的信号，sample75 的信号作为作用 D 触发器的输入，输出信号比 BPSK 信号延时了一个 800kHz 信号周期，即可实现图 5-21 所示的解调过程。

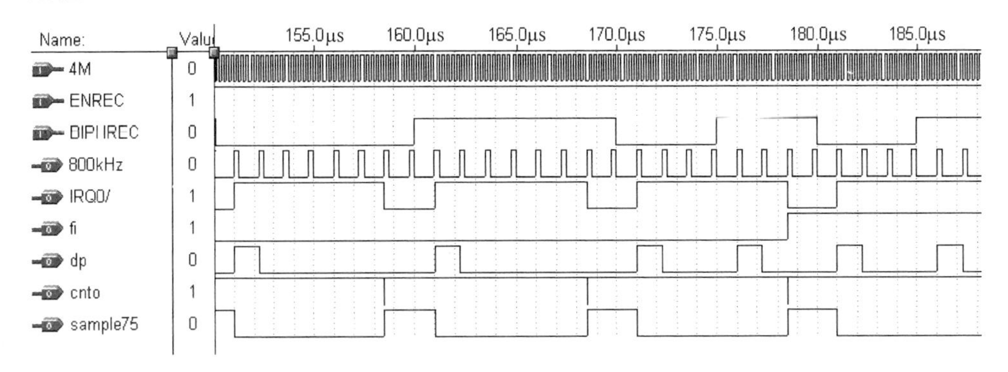

图 5-21 仿真的解调输出波形图

3. 帧头检测电路

下行命令帧的帧头是帧同步码，帧头检测电路利用帧同步码自相关函数的单峰特性，通过计算输入码元与帧同步码的互相关函数并寻找峰值来对帧头进行识别，由 DSP 软件实现。帧头检测电路由移位寄存器、相关器和判决器组成，移位寄存器对输入码元进行移位，移位后与帧同步码进行相关运算，当帧头移入移位寄存器时，相关器的输出出现峰值，判决器输出为 1，表示帧头检测到。主控电路通过帧头检测电路来进行下行命令帧同步，原理如图 5-22 所示。

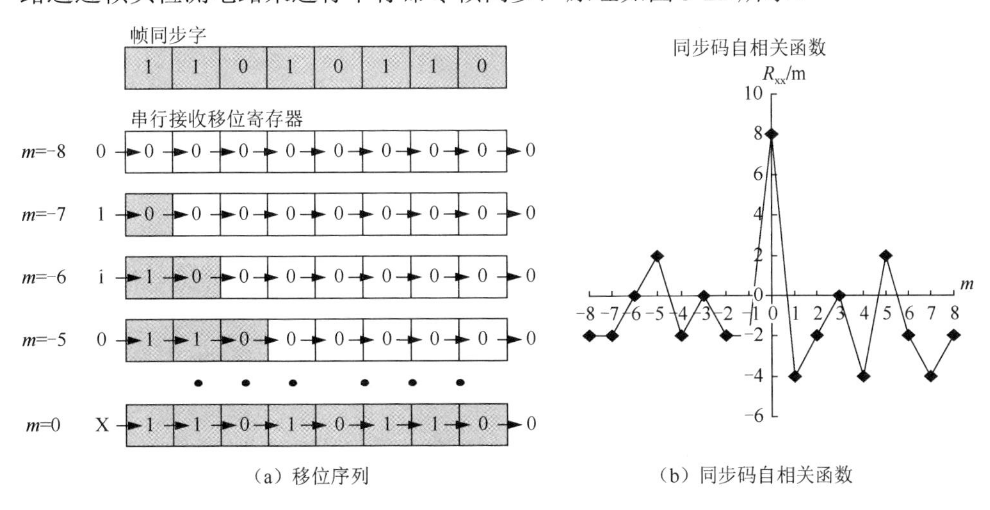

（a）移位序列 （b）同步码自相关函数

图 5-22 帧头检测电路原理

4. CRC 校验电路

下行命令差错控制通信协议采用自动请求重发（ARQ）协议，通过循环冗余检验（CRC）码来进行下行命令帧的错误校验。CRC 校验电路对下行命令帧进行 CRC 校验运算，检查命令帧数据是否出错，并根据检测的结果设置井下遥测状态字的 CRC 校验标志位，井下遥测状态字包含在下一个上行数据帧中发送给地面系统，地面系统根据井下遥测状态字的 CRC 校验标志位的状态，决定是否重发上一帧的命令。

1）循环冗余校验编码原理

数据在传输过程中可能会受到干扰，导致丢码或产生错误码。为了控制传输质量并检查二进制码的错误，在每帧信息的末尾要加上校验码。使用 CRC 码时，CRC 码位于每帧信息的末尾。在发送端，对数据流中除同步字以外的所有数据字按规定的多项式加以计算（通过硬件）。接收端根据接收到的这个可变多项式函数，能检查出所接收的数据是否有错，但不能纠正这个数据。下面简要介绍 CRC 编码原理。

设 $T(x)$为编出的码组；n 为码组长度；$a(x)$为信息多项式，$a(x)$中的 x 的方次小于 k，k 为信息位长度；$g(x)$为编码多项式，其中 x 的最高次数为$(n-k)$。编码分以下三步进行。

（1）乘法运算：得 $x^{(n-k)}a(x)$，这一步运算实际上是把信息多项式左移（$n-k$）位。

（2）除法运算：求余项 $r(x)$，计算公式为

$$\frac{x^{(n-k)}a(x)}{g(x)}=Q(x)+\frac{r(x)}{g(x)} \tag{5-1}$$

式中，$Q(x)$为商；$r(x)$为余项。

（3）编成码组，公式为

$$T(x)=x^{(n-k)}a(x)+r(x) \tag{5-2}$$

例如，令 $n=12,k=8$，则 $(n-k)=12-8=4$。

$$a(x)=x^7+x^5+x^2+1=10100101$$

$$g(x)=x^4+x^2+1=10101$$

乘法运算：

$$x^4(x^7+x^5+x^2+1)=x^{11}+x^9+x^6+x^4=101001010000$$

除法运算：

$$\frac{x^{11}+x^9+x^6+x^4}{x^4+x^2+1}=\frac{101001010000}{10101}=10001110+\frac{0110}{10101}$$

编出码组：

$$T(x)=101001010000+0110=\underbrace{10100101}_{a(x)}\underbrace{0110}_{\text{CRC}}$$

上述运算采用模2相加规则，一位数加法和减法规则一样，与异或门的运算规则相符。

本系统使用CRC码来检测信息传输的正确性。上传数据的CRC有16位，所用的多项式为$2^{16}+2^{12}+2^{5}+1$；下传命令的CRC为8位，所用的多项式为$2^{8}+1$。

2）编程实现

使用CRC码时，CRC码位于每帧信息的末尾，对地面系统下发命令的CRC校验是用已接收的命令去除编码多项式，然后用产生的余数来和命令位后面的CRC码进行比较，如果二者相等，则说明校验正确，给出正确的标志，如果不相等，则说明校验错误，给出错误的标志。

上面的原理和方法在计算机语言中的实现是采用移位减（既是模2加，也是异或）原则，将数据和编码多项式（是一串二进制数）高位对齐，先判断数据的最高位是否为1，若为1，则与编码多项式进行模2加，如果最高位为0，则向左移位，直到移为1，然后和编码多项式进行模2加，加的结果继续进行判断，如果最高位为1，则再和编码多项式对齐，模2加，如果为0则继续移位，如果移位的次数达到CRC的位数，那么停止，此时减的结果就是要产生的余数。

例如，上面的例子数据$a(x)=x^{7}+x^{5}+x^{2}+1=10100101$，编码多项式是$g(x)=x^{4}+x^{2}+1=10101$，因此要进行如下的运算：把数据和编码多项式高位对齐（即使首先把编码多项式左移3位），进行模2加运算，为

$$\begin{array}{r} 1010,0101 \\ \oplus\ \underline{1010,1000} \\ 0000,1101 \end{array}$$

生成运算结果为0000 1101，判断前面有四个0，因此左移四位，低位补0，变成11010000；然后接着和编码多项式高位对齐运算，对结果继续判断，运算或者移位，直到移位的次数达到8（此时剩余的余数位也是为8）时停止，这时输出的计算结果就是CRC的值；最后用产生的CRC的值和数据后面跟来的CRC的值比较即可。

下发命令的CRC的校验方法如下。

自检装置中使用的芯片是ADI公司的21xx系列的ADSP2189M，编程采用的语言是汇编语言。地面装置下发的命令格式如图5-23所示。

由图5-23可以看出，要计算的数据只有用户字和基本指令字，给出的编码多项式是$2^{8}+1$，因为ADSP2189M芯片的移位寄存器是16bit，不能完全存储基本指令字和用户字，所以一次移位不能满足需要，可进行如下的步骤。

8 个零	8 位 CRC	B15 B9	B8 B0	B15 B0	8 位 FSP	8 个零

3268

基本指令字　　用户字　　110101102

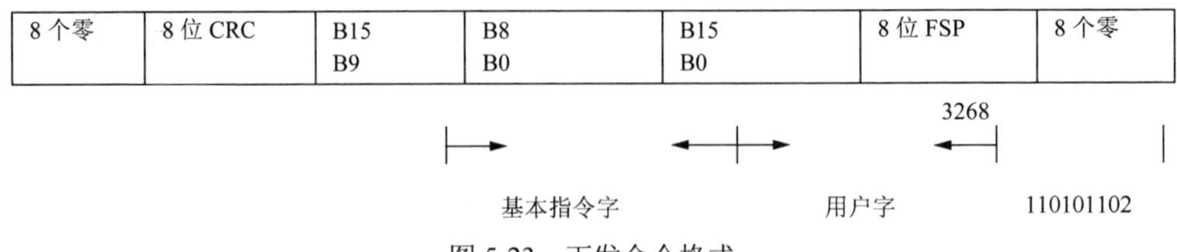

图 5-23　下发命令格式

（1）首先在数据存储器里面定义两个变量 userwords 和 basicwords，用来存储用户字和基本指令字，假设下发命令是 300d2000（就表示这是给自然伽马/遥测短节的命令，上传 26 个字的数据，开声波协议）。

（2）计算这个命令的 CRC。步骤如下：因为命令的发送顺序是由低到高，即先发送最低位，最后发最高位，所以先把数据反向，将数据变为 0x0004 b00c，故 userwords 是 0x0004，basicwords 是 0xb00c；把 userwords 送到移位寄存器 SI，判断最高位是否为 0，若为 0 则进行移位，用 HI（高位移）指令移一位，如图 5-24 所示；移完的数据（SR1 中的数据）保存到 userwords，再把 basicwords 送到 SI，用 HI（低位移）指令移 1 位，如图 5-25 所示；移完后，basicwords 的高位就会移出到 SR1，把 SR1 的数据送到 ALU 中和 userwords 的数据相加，得到的就是向左移动 1 位之后高 16 位的结果，再把此结果保存到 userwords，SR0 的数据保存到 basicwords（注意：此时的 userwords 和 basicwords 的数据已经不是原来命令中的 userwords 和 basicwords 了）。

第一次移 userwords 的结果如图 5-24 所示。

0000 ,0000 ,0000 ,1000　0000 ,0000 ,0000 ,0000

SR1　SR0

图 5-24　移动 1 位 userwords 的结果

basicwords 的数据放到 SI，用 HI 指令移动一位后 SR 的结果如图 5-25 所示。

0000,0000,0000,0001　0110,0000,0001,1000

SR1　SR0

图 5-25　移动 1 位 basicwords 的结果

此时 userwords 的数据就是移位后的数据的高 16bit，此时的 SR0 就是移位后的数据的低 16bit。判断 userwords 的最高位是否为 0，若是则接着进行移位，直到数据最高位为 1 为止，否则就和编码多项式进行运算。

例如，上面的数据，前面有 13 位 0，移动 13 位后，高位数据为 1001 0110 0000 0001。进行如下的运算：$\oplus\dfrac{1001,0110,0000,0001}{1000,0000,1000,0000}$，运算结果加上低位数据，再判断最高位为 0 还是为 1。为 0，则移位；为 1，则再进行运算，直到移位次数达到 32 次后结束，输出数据。

此时 userwords 的数据就是产生的 CRC 码，与随后进来的 CRC 码进行比较，若相同，置位 flag；不同则给 CRC 检验错误位置位。

5. 接收命令程序模块

1）向下命令格式

向下命令格式如图 5-26 所示，遥测短节地址为 0308，这 25 位中有 1 位是仪器禁止位 00110002。

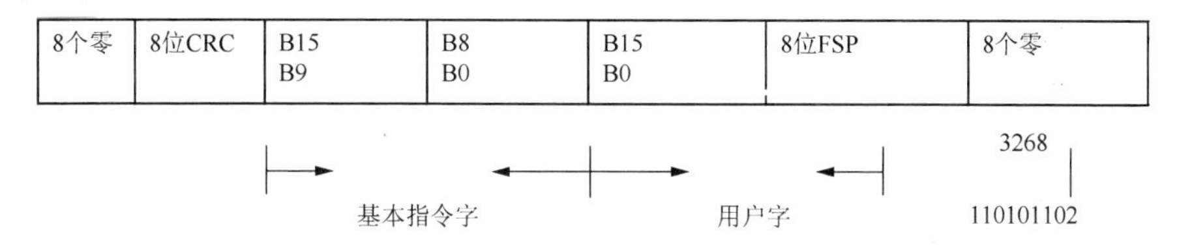

图 5-26 向下命令格式

向下数据的“时间起头”总在右边，数据字数码最高位总在左边。

向下命令由 5 个部分组成，即前导零、同步模式字、仪器命令、CRC 字和后导零。完整的命令是 64 位长。

向下同步模式字是 8 位长，字为 11010110 或 326（八进制表示）。命令字格式如图 5-26 表示，总共有 32 位，前面的 24 位是真实的命令，第 25 位是禁止位，用于仪器有问题时将仪器从 DTB 总线上断开。最后 7 位是仪器地址，7 位地址可以定义 128 种不同的仪器。遥测仪器本身的地址是 030（八进制）或 0011000，当地址被检测到时，命令就储存在命令寄存器中。

2）接收命令原理

数据是一位一位接收的，地面系统发送的命令从 DSP 的 FI 口进入，和数据一起过来的时钟信号和 DSP 的 IRQ0 接到一起，接收命令采用中断模式，用数据的时钟信号作为中断源，一旦中断到达，DSP 的中断服务程序会到 FI 口上去判断接收到的数据并且存储，一位一位的接收，当 DSP 接收到的数据为发送过来的命令的帧头的时候，也就是 DSP 检测到帧头的时候，就会把帧头后面的数据作为地面系统发送过来的命令进行存储，并且开始计算接收到的命令的位数，当达到地面系统发送数据的位数后，DSP 就把命令存到接收缓冲区里面。如图 5-27 所示，发过来的 8 位数据是 10010011，当时钟作为中断的时候，每到时钟的下降沿，DSP 就执行中断服务程序，读在 FI 口上的数据。然后执行检测帧头、判断位数和命令存储等各个步骤。

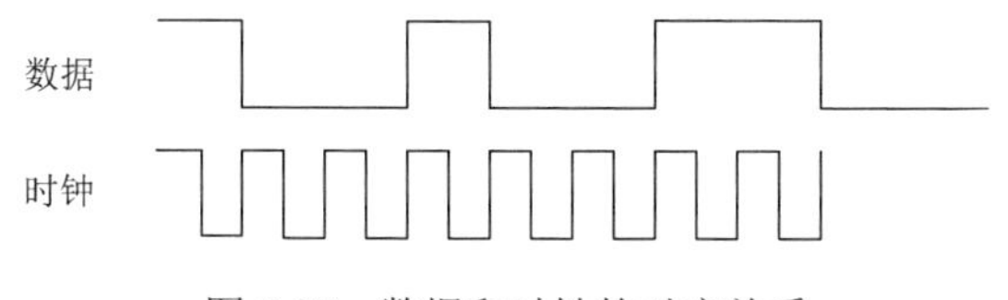

图 5-27 数据和时钟的对应关系

6. 命令识别、组帧、CRC 校验码生成电路

如果自检装置收到的下行命令帧经过 CRC 校验没有出现差错，则进行命令识别，根据命令模拟各种井下仪器数据和声波波形，按照一定的格式编码组帧，产生 CRC 校验码，并按照一定的工作时序向地面发送。

命令识别和组帧：命令识别采取判断的方法，首先判断命令接收完毕位是否置 1，如果是，则取出仪器地址和基本指令字，逐次判段是否为各个命令，执行相应的操作。程序的流程图如图 5-28 所示。

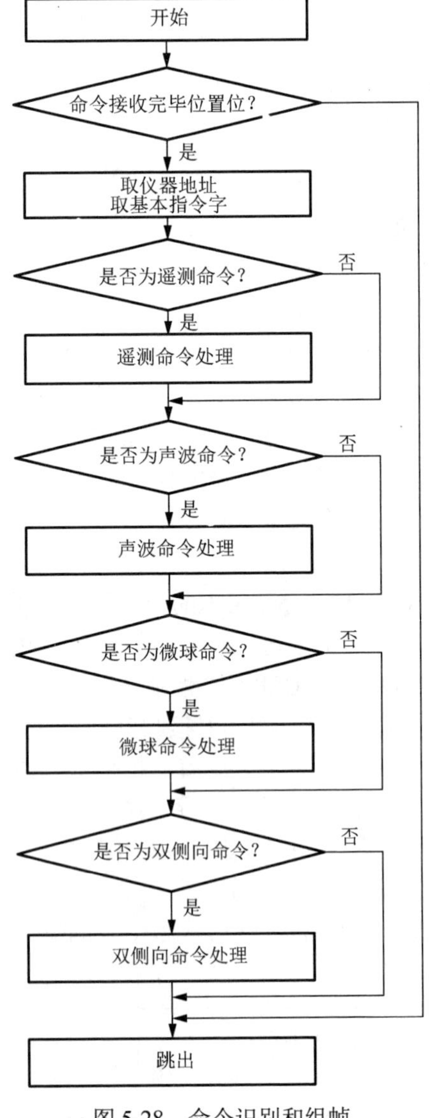

图 5-28　命令识别和组帧

CRC 校验码生成电路：与计算下发命令 CRC 不同，上传的数据的位数和使用的编码多项式都比较长，上传数据帧格式如图 5-29 所示。

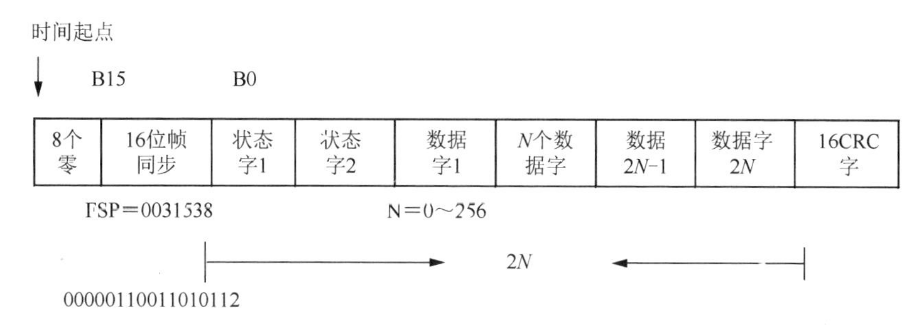

图 5-29　上传数据帧格式

要上传的数据的数目是可变的，因此需要在数据存储器里定义一个 BUFFER，用来存放要上传的数据。计算 CRC 的时候，直接从 BUFFER 里面提取数据然后计算，数据存储器里定义的变量 result 用来存放计算完成后的 CRC 数据。

下发命令要产生的 CRC 的位数是 8 位，编码多项式是 9 位，而上传数据的 CRC 是 16 位，编码多项式是 17 位 $(2^{16}+2^{12}+2^{5}+1)$，这超出了 ALU 的计算能力。因此，先取编码多项式的高 16 位计算，最后一位的“1”先不计算。编码多项式的高 16 位和数据的高 16 位先进行异或运算。例如，计算数据 0x9601 0000 的 CRC 值，编码多项式的最后 1 位“1”没有存放，和数据的高 16 位进行异或运算，即

$$\begin{array}{r} 1001,0110,0000,0001 \\ \oplus\ 1000,1000,0001,0000 \\ \hline \end{array}$$

运算完成后的结果为 0001 1110 0001 0001，数据 0x9601 0000 的低 16 位的最高位为 0，和编码多项式的最后一位“1”进行异或，结果为 1，则把计算结果 0001 1110 0001 0001 向前移 1 位的时候，应该在最后位补 1。然后接着进行运算。

其他计算原理与计算下发命令 CRC 的原理是一样的，请参考下发命令的 CRC 编程。

7. 发送数据

发送数据包括发送对应于地面系统的数据和产生模拟声波控制信号的数据，产生模拟声波控制信号的数据请参考声波模拟电路。

发送数据的时候会先发送 8 个前导 0，然后地面系统发送来命令取帧长，DSP 根据帧长组帧，组帧完成后就用串口 0 发送数据，等数据发送完毕。

数据发送完毕之后，DSP 会把间隔字以后的数据，就是其他仪器数据，如双侧向、声波等数据清除掉，防止下次发送数据时发生没有命令却发送数据的错误。

然后 DSP 会检测是否有声波波形命令，是否模拟波形使能位（WFMflag）被置 1，如果是，发送产生模拟声波的数据，然后由外围电路来产生模拟声波。发送数据截图如图 5-30 所示。

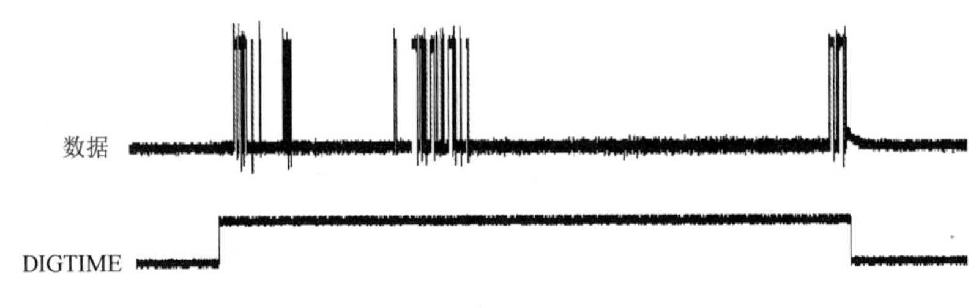

图 5-30　发送数据截图

8. 时序控制电路

时序控制电路产生自检装置工作所需要的各种时序控制信号，由帧定时信号产生电路产生的帧定时脉冲信号同步，产生门控信号 FRAME、数据波形控制信号 DIGTIME、声波波形控制信号 WFMTIME 及 CPLD 电路和电缆驱动电路的其他时序控制信号。

时序控制信号由 4M 的晶振经过分频电路得出各种需要的频率信号。

100kHz 信号在帧定时信号产生电路中作为分频器的时钟触发信号，同时也作为调制电路的输入，由计数器 74290 和 D 触发器 7474 构成的分频器电路产生。

200kHz 信号在调制电路中作为 JK 触发器的触发信号，实现的电路如图 5-31 所示。

图 5-32 是产生 800kHz 信号的电路。4M 的晶振经过计数器 74290 构成的 5 分频电路得到 800kHz 信号，该信号在解调电路中作为产生采样信号的时钟。

门控信号 FRAME、数据波形控制信号 DIGTIME、声波波形控制信号 WFMTIME 都是由 DSP 软件实现的。

图 5-33 为 DSP 发送数据的时序仿真图，从图中可以看出，当 FYSNC 的下降沿到达的时刻，DSP 会产生一个中断信号，中断服务程序将 FRAME 标志位置位，DSP 检测到这个标志位后，会把 FRAME 拉高，把 DIGTIME 置低，接着发送数据。数据发送完毕之后，DSP 会把 DIGTIME 置高，显示数据发送完毕。然后检测 WFMTIME 标志是否置位，是否有声波命令，如果有此标志，也有声波命令，把 WFMTIME 拉低，发送波形。波形发送完毕的时间，DSP 会把 WFMTIME 置高。检测到 WFMTIME 为高之后，DSP 把 FRAME 拉低，等待下一个中断到达。在等待中断到达的时间里，FRAME 为低电平，在此期间 DSP 是在等待接收命令，识别命令，至此，一个时序完成，中断到达之后进入下一个时序。

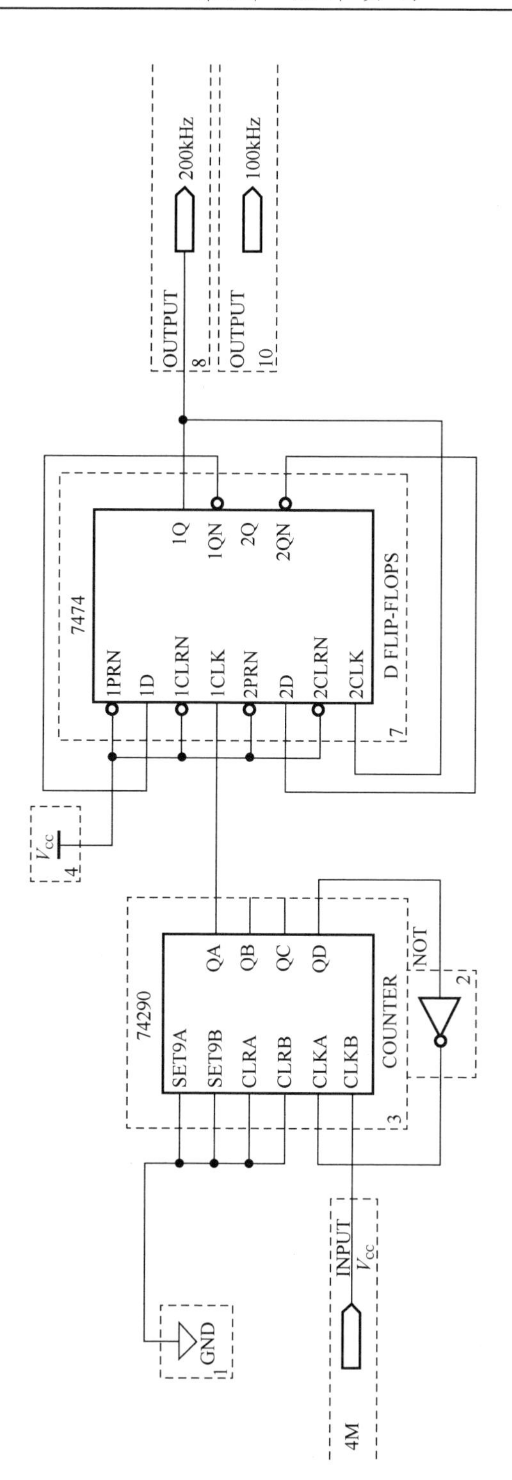

图 5-31 分频得到 100kHz 和 200kHz 电路

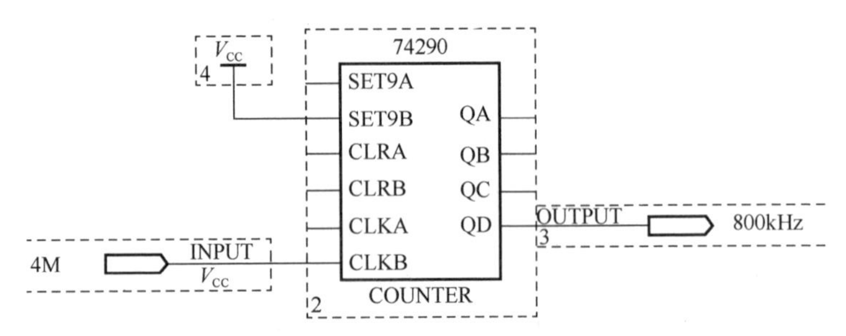

图 5-32　产生 800kHz 信号的电路

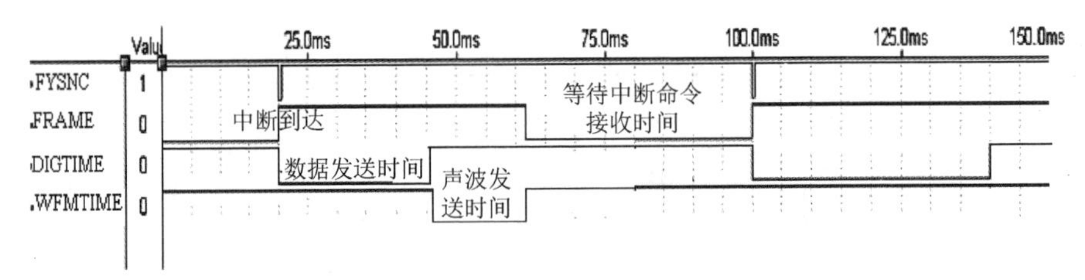

图 5-33　DSP 发送数据的时序仿真图

如图 5-34 所示为 FYSNC 信号和 FRAME 信号对比图，上面数据为 FYSNC 信号，下面数据为 FRAME 信号。

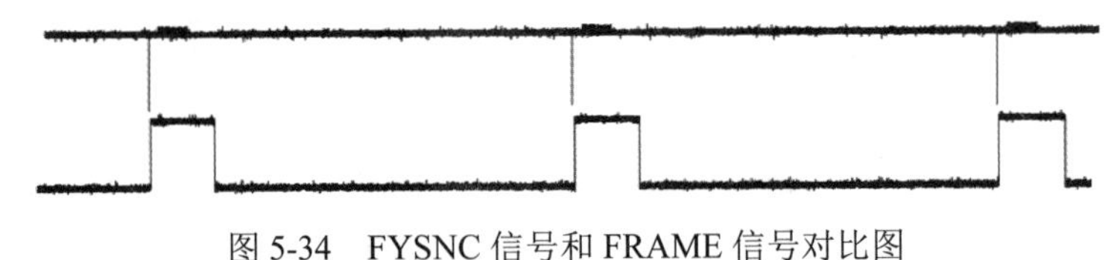

图 5-34　FYSNC 信号和 FRAME 信号对比图

如图 5-35 所示为 FRAME 信号和 DIGTIME 信号、WFMTIME 信号的对比图。

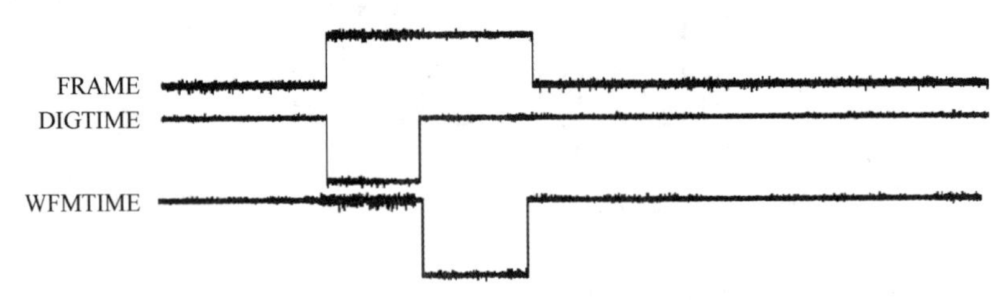

图 5-35　FRAME 信号和 DIGTIME 信号、WFMTIME 信号的对比图

5.2.3　电缆驱动电路

电缆驱动电路由 T5 变压器、控制门、功放电路、波形开关、检测电路、滤波放大电路和静噪电路等组成。T5 变压器完成电缆信号 T5HI 的耦合，控制门控制信号在上行通路和下行通路之间进行切换，波形开关控制上行信号在上行数据和声波波形之间切换。检测电路和静噪抑制电路完成下行数据的滤波、放

大、甄别后，送往调制解调电路。电缆驱动电路的功能框图如图 5-36 所示。

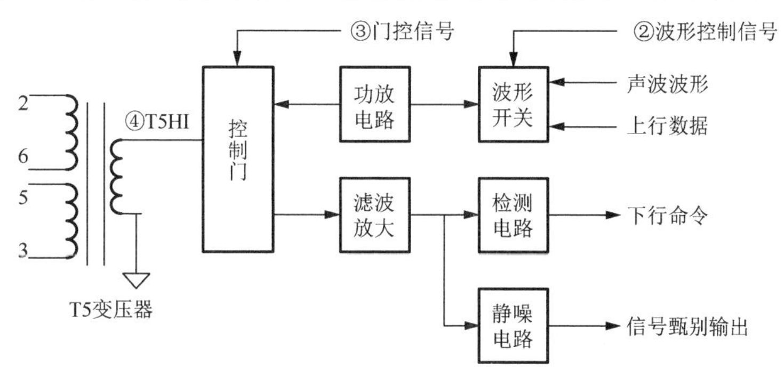

图 5-36　电缆驱动电路功能框图

图 5-36 中，门控信号和波形控制信号由 DSP 的时序控制单元产生，声波波形来自声波波形模拟电路，上行数据为 BPSK 调制电路的输出信号，下行命令和信号甄别输出信号送往 BPSK 解调电路完成双相码到 NRZ 码的转换。

1. T5 变压器

1）T5 传输模式

井下仪器和地面装置通过七芯测井电缆连接，电缆按 T5 模式分配。在这种连接模式中，表示数据的电压波形是通过两组排列的电缆线连接，这样可以减少信号衰减。图 5-37 所示为电缆 T5 传输模式的连接方法。特别注意信号线是如何排列的，这种配置方式可以帮助消除信号产生的电磁场，并且可以使信号不外泄到电缆铠甲外。

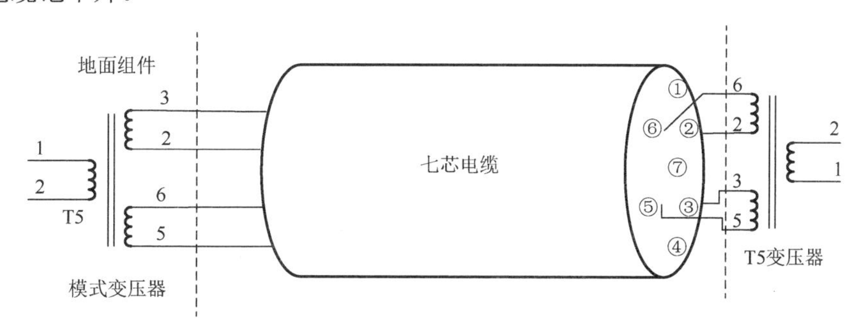

图 5-37　电缆 T5 传输模式的连接方法

传输变压器连接在电缆的终点，能够用 4 根信号线，传输超声仪器用电源（也称幻象电源），电压加到所有 4 个信号线上并且通过电缆铠甲返回。这个电压出现在仪器电缆模式变压器的初级线圈的两组中，在变压器的次级不产生信号，并且不干扰遥测信号。

2）T5 变压器的连接

T5 变压器有两个初级绕组和一个次级绕组，三个绕组的匝数是相同的，初级绕组的四个头分别连接电缆的 2，3，5，6。次级绕组用一个同轴电缆连接到印制板上，接到模拟电路板上，如图 5-38 所示。

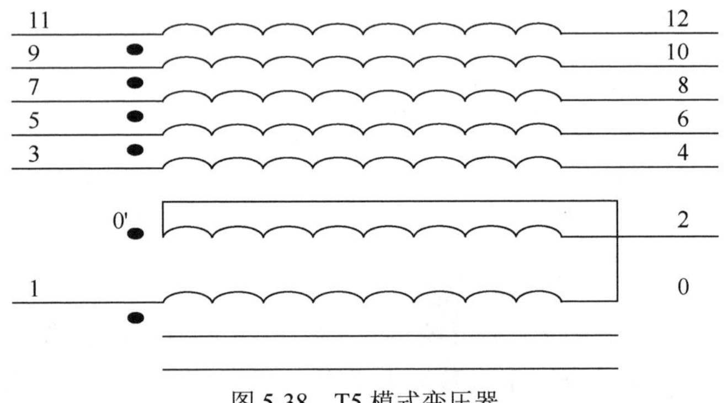

图 5-38　T5 模式变压器

2. 控制门

门控电路控制信号在上行通路和下行通路之间进行切换，电路如图 5-39 所示。D203 和 D204 二极管对输入 U203B 的信号电压进行限幅。限幅值为±12V，*R*221 为限流电阻，保证在大电流情况下不至于损坏二极管。在 U203B 接通时，输入电压由电阻 *R*221 和电阻 *R*223 组成的分压器分压，使输入信号最大时下降到 9.7V。（注：选通门在接受向下命令时，信号较小，入口信号约为 1V。所谓限幅功能主要是在向上遥测传输数据时起作用，此时模变换器上加载的是功率放大器的输出，其输出幅度约为 20V。）

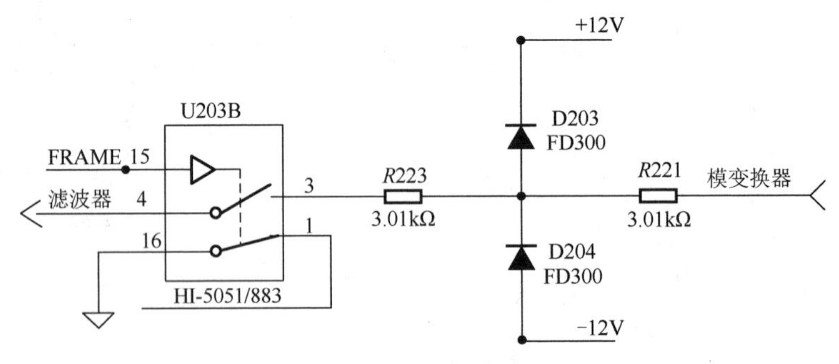

图 5-39　门控电路

3. 功放电路

功率放大电路如图 5-40 所示，来自模拟开关的输入信号先经 1kΩ电阻送到 Q204A 和 Q205 的基极。这两管的基极除了遥测帧时间外，其余的时间都通过

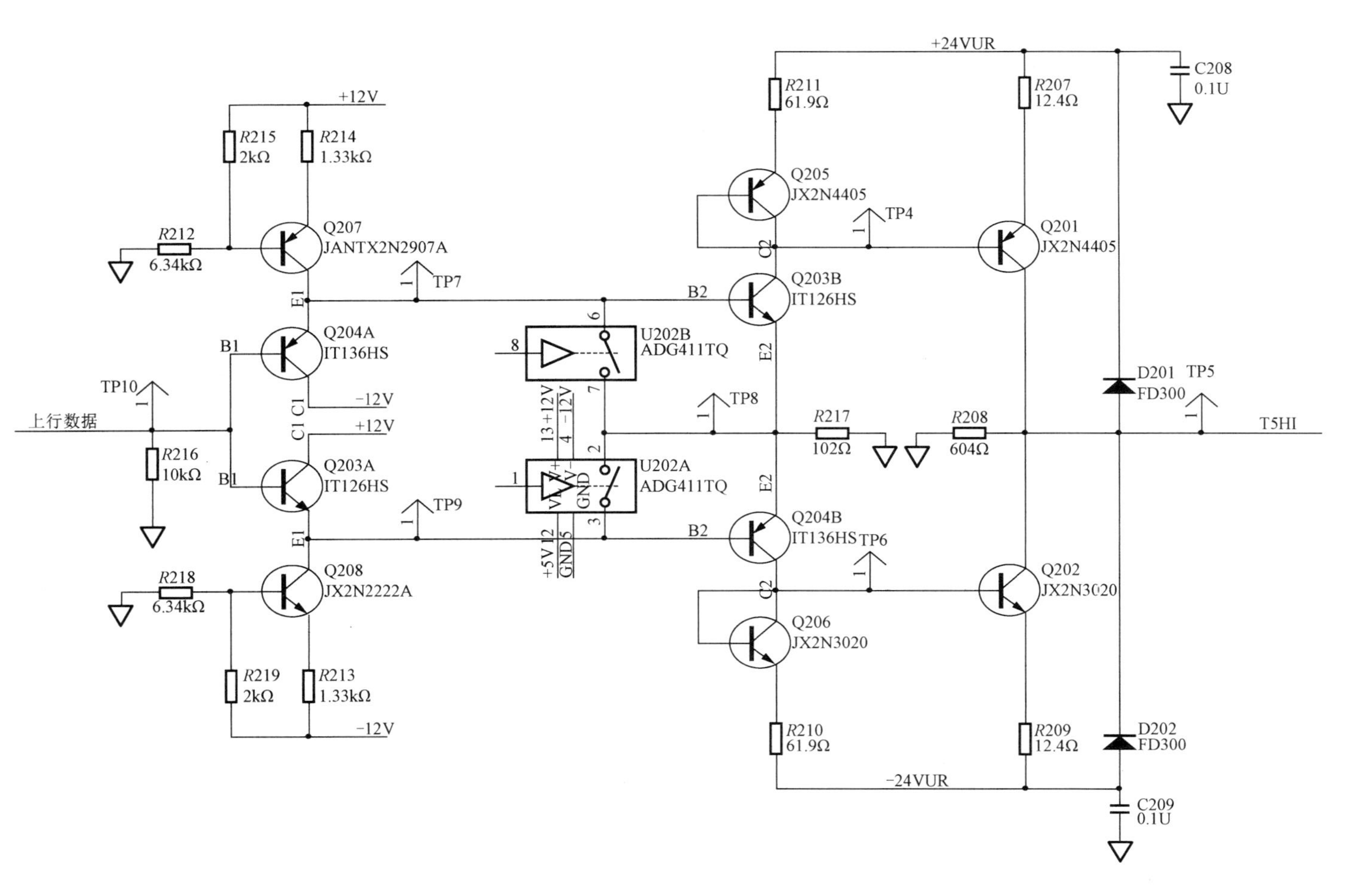
+24VUR
R211 61.9Ω
R207 12.4Ω
C208 0.1U
+12V
R215 2kΩ
R214 1.33kΩ
Q205 JX2N4405
TP4
R212 6.34kΩ
Q207 JANTX2N2907A
Q201 JX2N4405
C2
TP7
B2
Q203B IT126HS
E1
6
Q204A IT136HS
B1
8
U202B ADG411TQ
E2
D201 FD300
TP5
TP10
-12V
13 +12V
4 -12V
7
TP8
R217 102Ω
R208 604Ω
T5HI
上行数据
C1 C1
+12V
2
R216 10kΩ
Q203A IT126HS
1
U202A ADG411TQ
VL V+ V-
GND
TP9
3
Q204B IT136HS
TP6
+5V 12
GND5
R218 6.34kΩ
Q208 JX2N2222A
Q202 JX2N3020
Q206 JX2N3020
R219 2kΩ
R213 1.33kΩ
-12V
R210 61.9Ω
R209 12.4Ω
D202 FD300
-24VUR
C209 0.1U

图 5-40 功率放大电路

模拟开关第 2 脚接地。Q204A 和 Q203A 作为射极输出器将信号送到 Q203B 和 Q204B 的基极。为防止零点漂移，Q204A 和 Q203A、Q207 和 Q208 应配对。Q204B 和 Q203B 是具有负反馈的共射放大器，除传送遥测帧信号外，其他时间 Q204B 和 Q203B 基极通过模拟开关短接在一起。此时 Q204B 和 Q203B 断开，因而 Q203B 的集电极电压上升，Q204B 集电极电压下降。这两个电压使 Q201 和 Q202 也断开，从而使放大器处于高阻抗状态。

4. 波形开关

波形开关控制上行信号在上行数据和声波波形之间切换，电路如图 5-41 所示。当 WFMTIME 信号为低电平时，来自模拟仪器的 WFMHI 信号才能通过 WFM 开关，其他时间开关的输出为双相位数字信号。

5. 滤波放大电路

滤波放大电路由四个运算放大器 U204、比较器 U205 和外围电路元件组成，如图 5-42 所示。从电缆接收的信号通过 T5 变压器和一个长的同轴电缆连接到模拟电路板上，首先通过 *R*221、*R*223、D203 和 D204 组成的保护电路，再进入模拟开关 U203。通过 U203 后信号进入接受滤波器，滤波器由三级组成，并且被配置为有抽头的延迟线或横向滤波器。电路设计使得对于 100kHz 信号的放大增益比 50kHz 信号的放大增益大 9dB。100kHz 信号的延迟时间比 50kHz 信号的延迟时间长 2μs，消除由于电缆分布参数引起的信号失真。第一级 U204A 是一个高通滤波器，截止频率 700Hz，通带增益−6dB，用于消除 60Hz 信号的干扰。第二级设计为一个反向器并且延迟上一级输出 1μs，对于 100kHz 信号的增益接近 0。第一级和第二级的信号通过电阻和电容组成的电路进行加法运算，它们的和加到第三级 U204D 上，在这一级信号 50kHz 和 100kHz 的放大增益接近 25dB。

5.2.4 辅助电路

辅助电路包括声波模拟电路，井下主交流、辅交流监测电路，推靠臂开关状态指示电路，仪器工作状态指示电路和保护电路。

1. 声波模拟电路

声波波形模拟电路采用多进制幅度键控移位（MASK）调制来实现声波波形的模拟。MASK 调制采用 8 选 1 模拟多路开关来实现，可产生 8 个信号电平，由 DSP 产生的三位数字量控制，可产生任意频率、任意长度的声波波形。

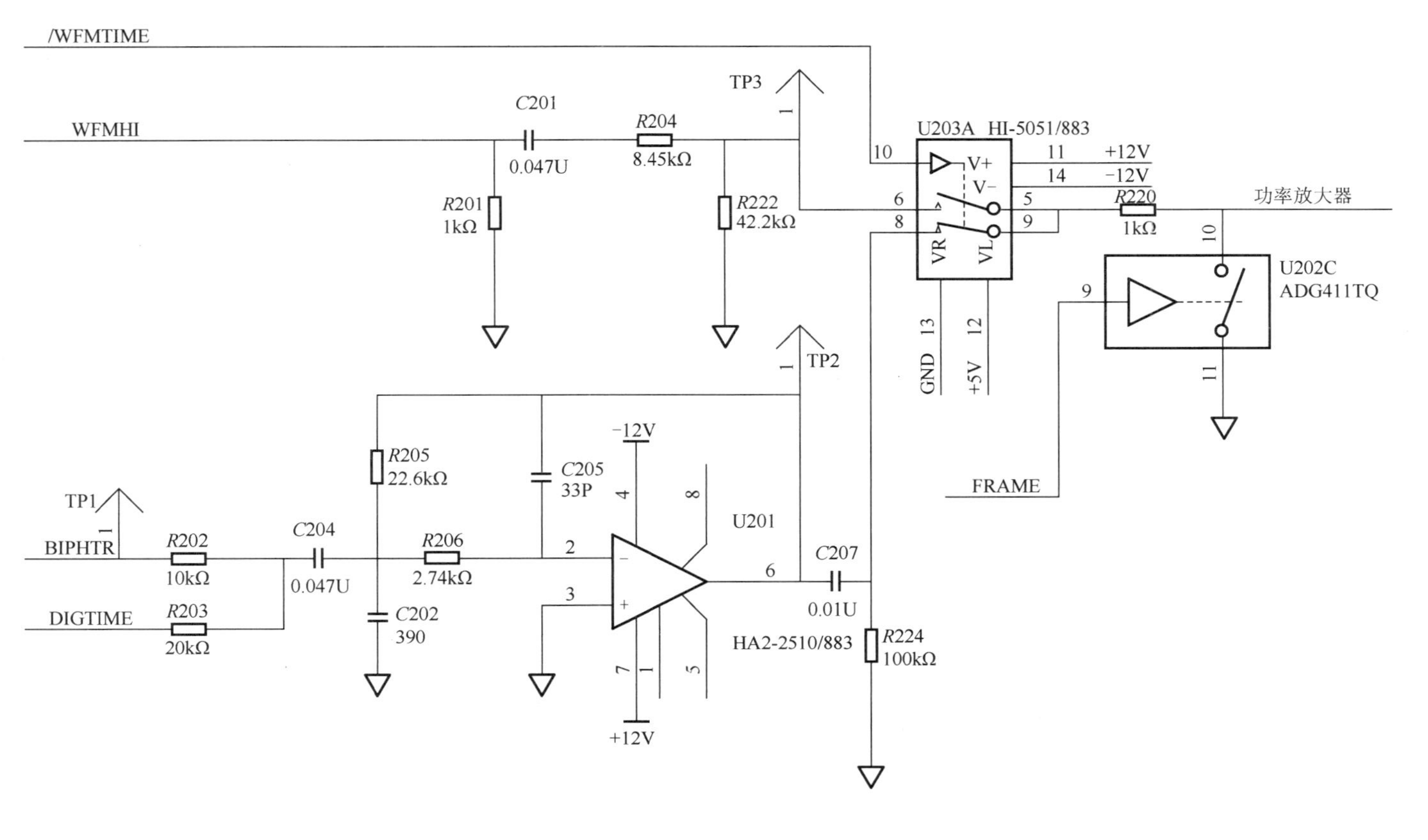

图 5-41 WFM 波形开关电路

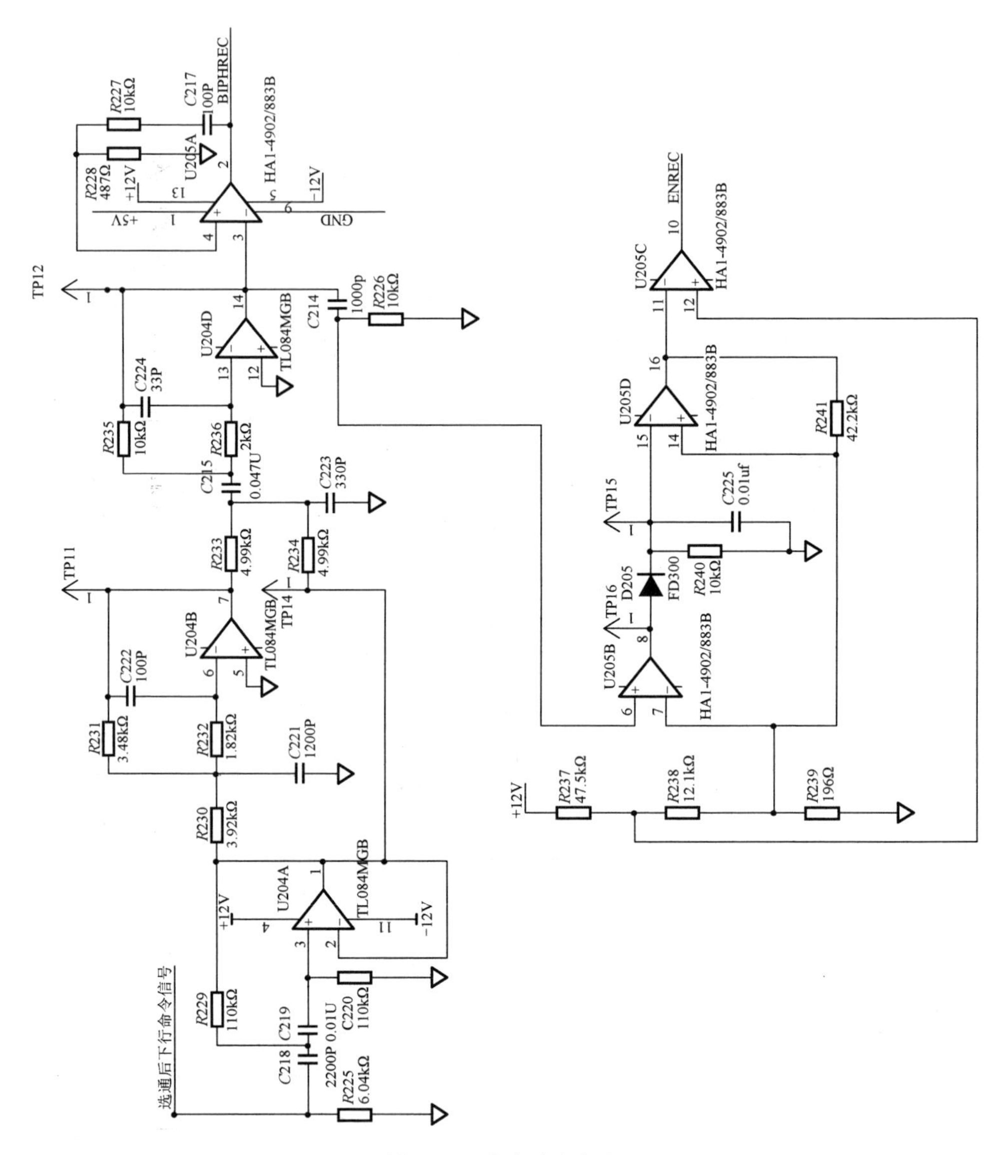

图 5-42　滤波放大电路

1）模拟声波的要求

声波仪器采用双发双收，共有四种组合，因此声波波形模拟电路需要模拟四道的声波波形，其波形如图 5-43 所示。

DSP 发出的数据只有两种状态 1 或者 0，且为单极性，要实现如图 5-43 所示的四种状态的双极性模拟声波波形，则必须加外围电路。

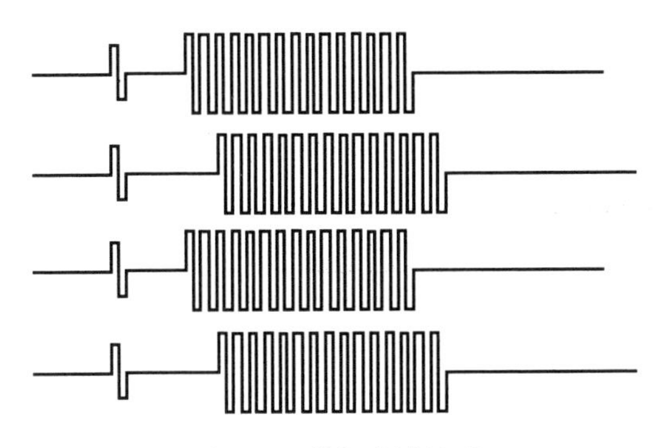

图 5-43 模拟声波波形

DSP 可发出的声波信号 WFMHI 如图 5-44 所示。地面装置要求接收的声波信号是双极性信号，如图 5-45 所示。因此，必须把单极性信号转成双极性信号。

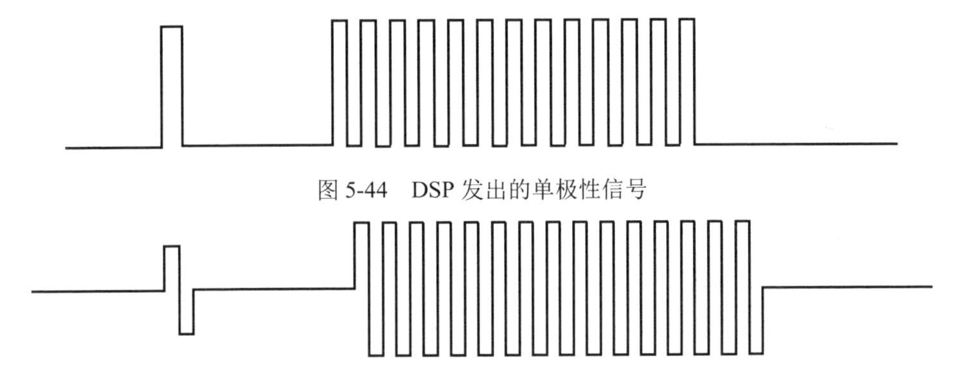

图 5-44 DSP 发出的单极性信号

图 5-45 地面装置要求的双极性的信号

2）实现的方法

地面装置要求的双极性的信号波形共有 5 种状态，可以使用 CD4051 8 选 1 模拟开关实现。CD4051 模拟开关的管脚说明如图 5-46 所示。

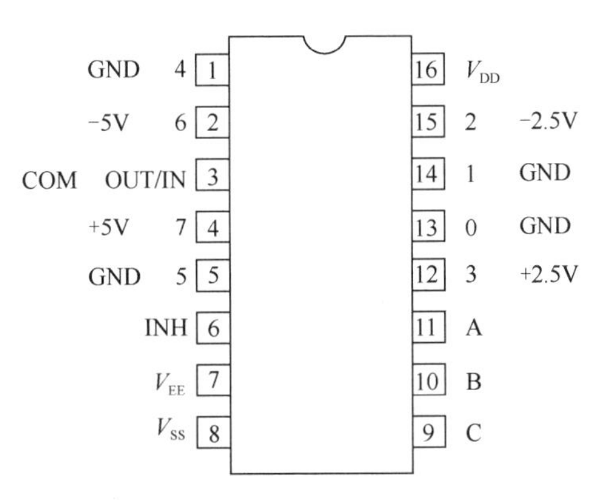

图 5-46 CD4051 模拟开关的管脚说明

当A、B、C三个地址端分别接如图5-47所示的sclk、dt0和fo，就会在输出端3管脚得到模拟声波wave波形。

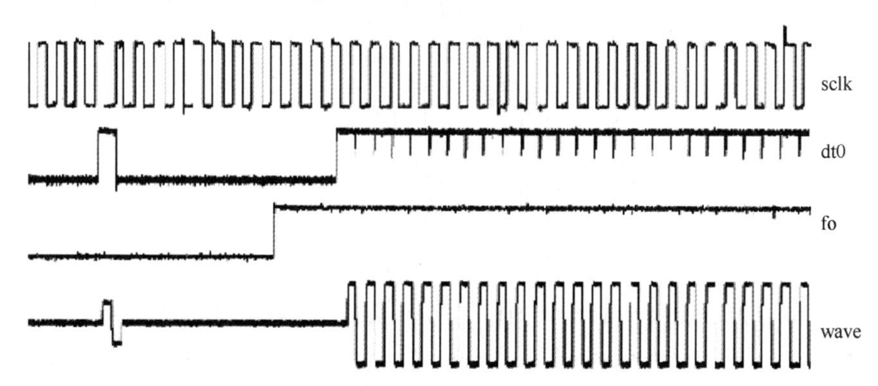

图5-47　CD4051地址端和输出端波形

图5-47中的sclk是DSP发送数据的时钟，dt0是DSP发出来的数据，fo是由DSP产生的信号。

模拟声波产生之后，声波的幅度还是较小，没能满足要求，因此需要使用一个放大器将声波的幅度进行放大。模拟声波放大电路图如图5-48所示。

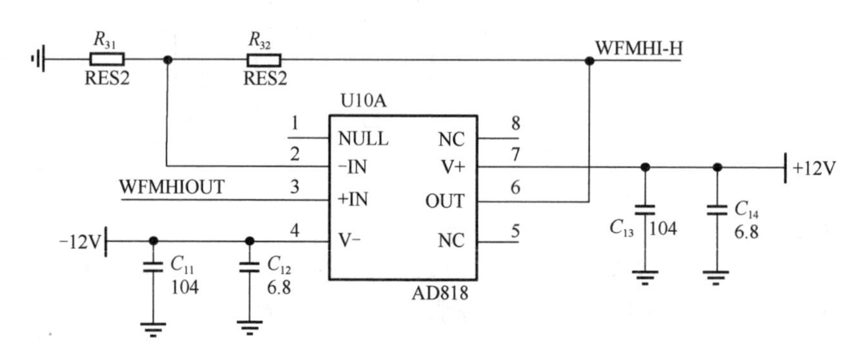

图5-48　模拟声波放大电路

模拟开关产生的声波信号接到运算放大器AD818的同相输入端，经过同相比例电路放大信号，然后再送到模拟板进行处理。

2. 推靠臂开关状态指示电路

DSP输出的控制信号驱动继电器的吸合和释放，使得两个指示灯亮或灭，以此来响应地面系统给的推靠臂开和关的命令。

该电路利用三极管工作的开关特性实现。三极管工作在饱和区则导通，工作在截止区则截止，与三极管连接的推靠臂灯则相应的亮或灭，电路如图5-49所示。

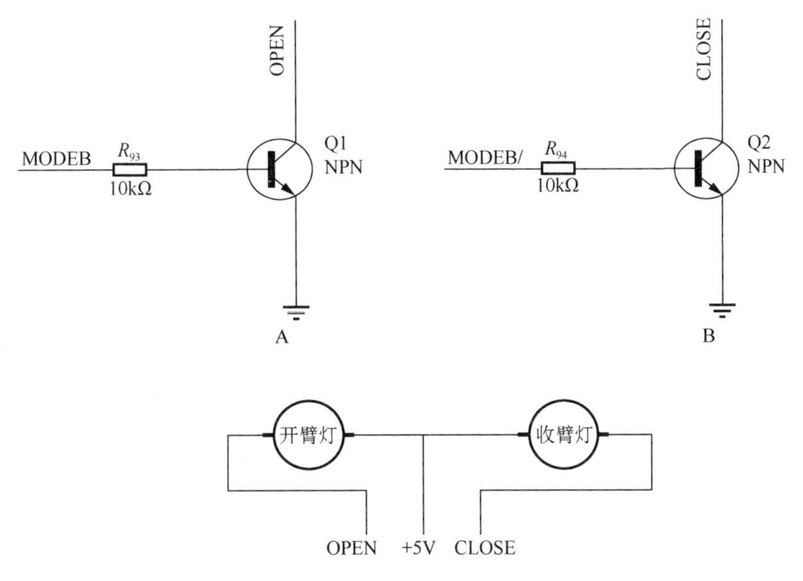

图 5-49　三极管控制推靠臂灯电路，A 开臂控制，B 收臂控制

三极管的基极接 DSP 输出的一个控制信号 MODEB 接到三极管 A 的基极，MODEB 取非后接到三极管 B 的控制端，当控制信号 MODEB 为高电平，三极管 A 导通，三极管 B 截止，开臂灯亮，收臂灯灭。当控制信号 MODEB 为低电平，三极管 A 截止，三极管 B 导通，开臂灯灭，收臂灯亮。当 DSP 收到开臂或者收臂的命令后，分别对输出的控制信号 MODEB 置高或者置低，这样就完成了模拟收臂和开臂的操作。

5.2.5　箱体和面板功能设计

EIlog-05 地面系统自检装置的硬件电路主要由两块电路板组成。自检装置的前视图如图 5-50 所示，后视图如图 5-51 所示。

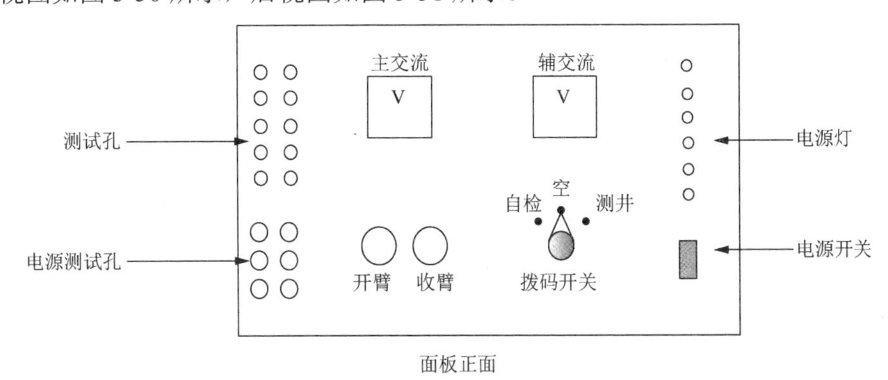

图 5-50　自检装置的前视图

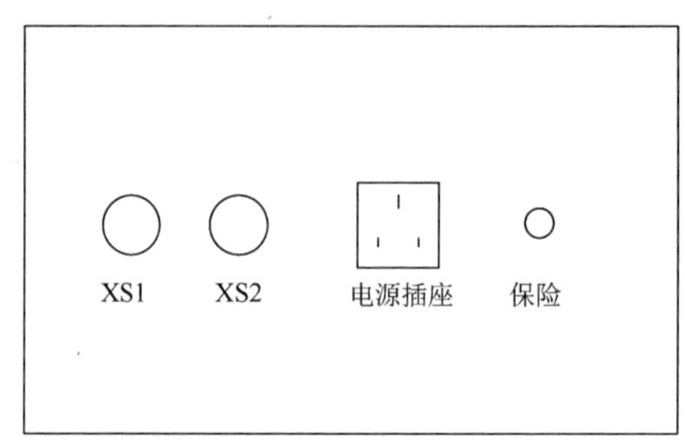

图 5-51　自检装置的后视图

5.3　过套管电阻率测井超低信道噪声测量系统设计

5.3.1　研究内容及技术要求

研究总体目标：完成过套管电阻率测井超低信道噪声测量系统的研究。包括信号检测方法研究、超低噪声前置放大器以及微弱信号采集系统的研究和设计。

1. 主要研究内容

（1）过套管电阻率测井微弱信号前置放大器信道噪声抑制与信噪比提高。包括研究信号的隔离与耦合；增加电源的隔离，进一步降低电源噪声；增加信号输出驱动，提高信号传输信噪比；研究集成电路新产品应用的可能性。

（2）信号传输通道布局和工艺设计。包括仪器结构与电路板布局的设计；信号隔离与耦合变压器的改进；屏蔽与接地的设计；布线工艺的改进与提高。

（3）信号采集精度的提高。包括设计电源滤波电路降低电源噪声，提高 A/D 转换参考电压的稳定性；改进 PCB 布线工艺，减少电路板信号线的寄生耦合和地线噪声。

（4）信号检测方法的研究。为了兼顾测量精度和测井速度，引进动态信号测量模型和现代信号检测理论，改进信号检测方法，提高信号检测精度。

2. 应达到的技术指标和参数

通过本项目的研究，达到或超过国际同类产品的技术指标。地层电阻率测量范围为 1～300Ω·m，激励电流测量信号分辨率达到 100μA，参考电位测量信号分辨率达到 50μV，响应信号测量信号分辨率达到 50nV。

5.3.2 过套管电阻率测量系统模型组成及工作原理

根据三电极法原理设计的过套管电阻率测量系统模型由电流源、电极系、超低噪声前置放大器、高精度采集处理电路和计算机组成，如图 5-52 所示。

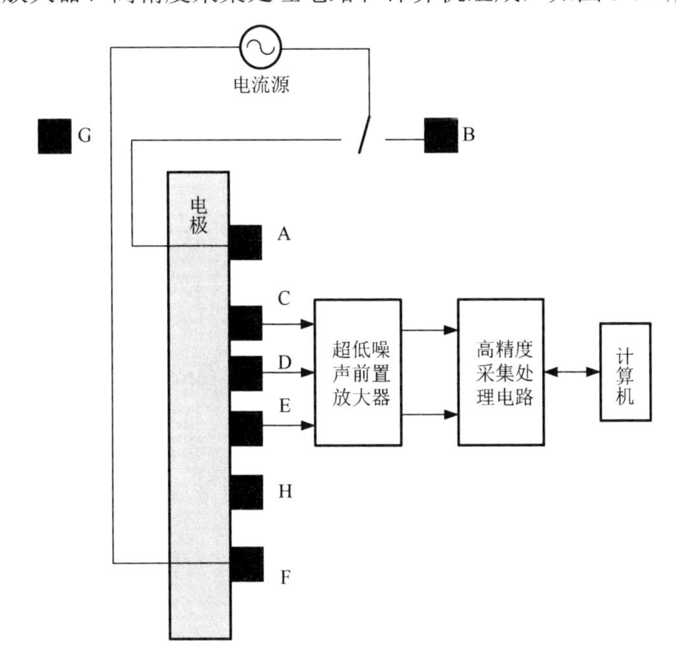

图 5-52 过套管电阻率测量系统模型

过套管电阻率测量的有用信号为纳伏级，因此前置放大器的噪声必须非常小，本系统设计的超低噪声前置放大器的等效输入噪声小于 1nV。三电极法测量套管井地层电阻率的直接测量信号是一阶电位差，而有用信号是二阶电位差，有用信号比直接测量信号小 2～3 个数量级，因此要求数据采集电路要有足够的动态范围和输出信噪比，本系统设计的信号采集处理电路采用 24 位Δ-Σ A/D 转换器，输入信号动态范围为 120dB，输出信噪比可达 192dB。信号采集采用同步过采样技术，信号检测采用 32 位精度的数字相敏检波算法，达到过套管电阻率测井微弱信号检测的测量精度要求。

1. 套管电阻的测量

电流源产生的低频大电流 I_M 通过套管上的激励电极 F 和回流电极 A 形成回路。尽管套管的电阻率很小，但电流 I_M 仍然可以在三个测量电极 C、D、E 之间产生非常小的电位差 U_{DC} 和 U_{ED}。由超低噪声前置放大器、高精度采集处理电路和计算机组成的微弱信号检测系统可以对 U_{DC} 和 U_{ED} 进行检测。由式（5-3）计算出套管上电极 D、C 之间的电阻 R_{DC} 和 E、D 之间的电阻 R_{ED}。

$$R_{DC}=\frac{U_{DC}}{I_M},\quad R_{ED}=\frac{U_{ED}}{I_M} \tag{5-3}$$

2. 泄漏电流的测量

电流源产生的电流 I_N 由套管上的电极 F 注入，经套管、地层和回流电极 B 形成回路。由于套管电阻率相对地层很小，注入点附近电流主要沿套管流动，只有很少一部分流入地层。测量电极 E、D 之间的平均电流 I_{ED} 可由 E、D 之间的电位差 U'_{ED} 和 E、D 之间的套管电阻 R_{ED} 来确定，同理可由 U'_{DC} 和 R_{DC} 确定 D、C 之间的平均电流 I_{DC}，即

$$I_L=I_{ED}-I_{DC}=I_M\left(\frac{U'_{ED}}{U_{ED}}-\frac{U'_{DC}}{U_{DC}}\right) \tag{5-4}$$

电流 I_{ED} 和 I_{DC} 之差，即测量电极之间漏入地层的平均电流 I_L，即

$$I_L=I_{ED}-I_{DC}=I_M\left(\frac{U'_{ED}}{U_{ED}}-\frac{U'_{DC}}{U_{DC}}\right) \tag{5-5}$$

金属套管的电阻率相对地层非常小，因此 U'_{ED} 和 U'_{DC} 本身很小（微伏级），又非常接近（其差值为纳伏级），对 U'_{ED} 和 U'_{DC} 的准确测量是三电极法测量套管井地层电阻率的关键技术。

3. 参考电位的测量及电阻率的计算

在测量泄漏电流的同时，可测量电极 H 和电位参考点 G 之间的电位差 U_{HG}，由式（5-6）可计算出套管外测量电极附近介质电阻率 R_A，式中 K 为仪器常数。

$$R_A=K\frac{U_{HG}}{I_L}=K\frac{U_{HG}}{I_M\left(\dfrac{U'_{ED}}{U_{ED}}-\dfrac{U'_{DC}}{U_{DC}}\right)} \tag{5-6}$$

5.3.3 测量系统组成及关键技术

1. 系统组成

过套管电阻率测井超低信道噪声测量系统由低噪声前置放大器、滤波放大器、24 位Δ-Σ A/D 转换器和 DSP 主控单元组成，测量系统功能框图如图 5-53 所示。

过套管电阻率测井的测量信号非常微弱，直接测量信号在μV 数量级，有用信号在 nV 数量级，有用信号通常被噪声淹没。因此，对前置放大器的抗噪声性能要求非常高，低噪声前置放大器的设计是本项目研究的一项关键技术难点。有用信号和直接测量信号相差 2～3 个数量级，因此对 A/D 转换器的精度、分辨率和动态范围有较高的要求，本系统采用 24 位Δ-Σ 技术的 A/D 转换器。数据处理涉及

大量数字信号处理方法，对处理器的处理速度、浮点处理运算能力要求较高，本系统采用DSP处理器作为测井仪器的微处理器。在本测量系统中，过套管电阻率测井超低信道噪声测量系统采用了超低噪声前置放大器技术、高分辨同步采样技术和数字相敏检波技术等关键技术。

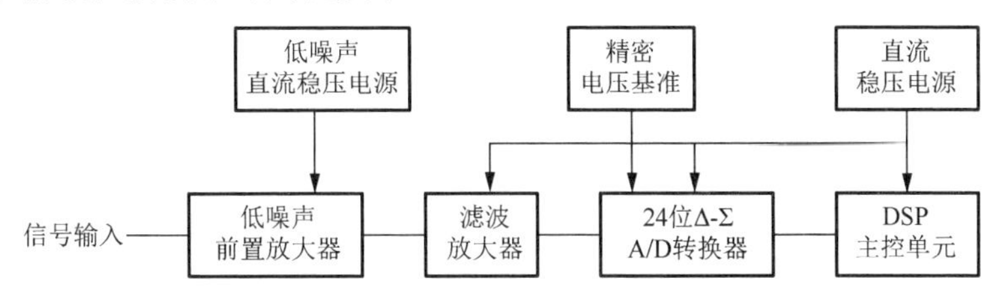

图5-53 测量系统功能框图

2. 超低噪声前置放大器技术

超低噪声前置放大器采用了多级稳压、降低电源噪声、精选放大器电阻、降低电阻热噪声、差分放大提高共模抑制比等技术。

超低噪声放大器等效输入噪声 $<3.5\text{nV}/\sqrt{\text{Hz}}$ 时（频率10Hz），多级滤波放大，可提高输出信噪比。

如图5-54所示，低噪声前置放大器检测有用信号的幅度绝对值极小，为nV量级的电信号。有用信号完全淹没在噪声信号中，如何从强噪声中提取有用信号，抑制有害噪声，是本设计的主要任务。噪声源主要由电路系统内部噪声和外部干扰噪声组成。

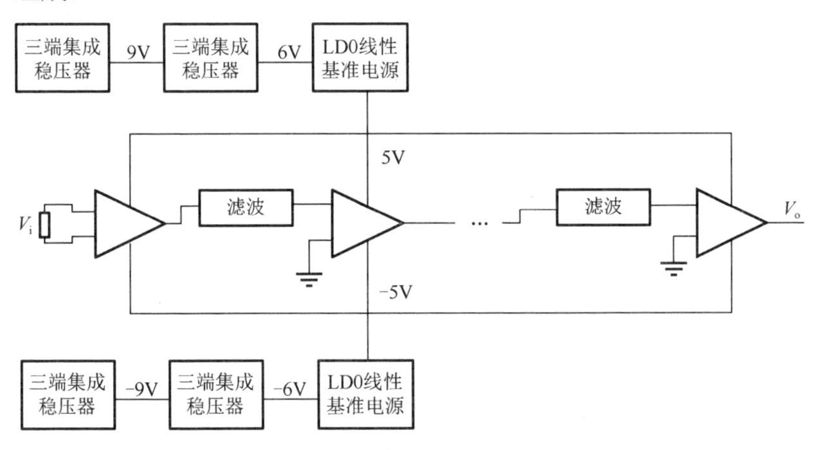

图5-54 低噪声前置放大电路设计框图

电路系统的内部噪声主要包括电源噪声、电阻的热噪声、放大器内部噪声。

1）电路结构框图设计

针对电路的噪声源，为获得较高的输出信噪比，设计的低噪声前置放大电路结构如图 5-54 所示，主要包括电源电路设计、低噪声前置放大器设计、多级滤波和放大电路设计。

2）电路模块功能简介

（1）电源电路设计。电源电路采用多极稳压，逐步降低电源的纹波噪声，在最后一级采用具有极低噪声的低压差线性稳压器来进一步降低电源的噪声，并且在每一级的输出端并联一个大电容和一个小电容，大电容的作用是去耦，使输出电压稳定；小电容的作用是旁路，滤除高频噪声干扰。如图 5-55 所示。

图 5-55　电源电路框图

经实验测试可知，三端集成稳压器的输出纹波电压为 70mV，经低压差线性稳压器滤波输出后，纹波电压为 60μV，满足电路的要求。

（2）低噪声前置放大器设计。对于微弱信号的检测，前置放大器是引入噪声的主要部件之一，根据弗里斯传输方程，即

$$F = F_1 + \frac{F_2 - 1}{K_1} + \frac{F_3 - 1}{K_1 K_2} + \cdots + \frac{F_M - 1}{K_1 K_2 \cdots K_{M-1}} \tag{5-7}$$

式中，F_1 为第一级放大器的噪声系数；F_2 为第二级放大器的噪声系数；F_M 为第 M 级放大器的噪声系数；F 为 M 级级联放大器的总噪声系数；K 为放大器的增益。

式（5-7）说明一个重要的事实：级联放大器中各级的噪声系数对总的噪声系数的影响是不同的，越是前级影响越大，第一级影响最大。如果第一级的功率放大倍数 K_1 足够大，则系统总的噪声系数 F 主要取决于第一级的噪声系数 F_1。在设计微弱信号检测的低噪声系统时，必须确保第一级的噪声系数足够小。整个检测电路的噪声系数主要取决于前置放大器的噪声系数，而电路可检测的最小信号也主要取决于前置放大器的噪声。因此，前置放大器的器件选择和电路设计是至关重要的。

低噪声放大器的设计关键是低噪声器件的选择，低噪声电子线路及其工作状态的优化设计，同时还包括减少放大器外来干扰的技术措施。最理想的减小放大器噪声的方法是采用低温工作状态，这是由于低温时，热噪声可以大大减小。但是，从工程角度看，这种方法不具有一般性，再加上经济及使用上的原因，因此目前电子电路的低噪声设计还是主要从低噪声器件的选择及放大电路上考虑。从抗干扰角度，还要注意到前置放大器的结构设计。

微弱信号检测电路的设计不仅要求噪声小，而且还要同时满足通频带、输入阻抗、电路工作点稳定性等多种要求。合理的设计放大器应该是首先，从低噪声要求来选择器件；然后，再考虑电路组态、级联方式及负反馈类型，以满足放大

器的增益、频带、输入阻抗等要求；最后，对已设计好的放大器进行噪声性指标，如噪声系数、放大器等效输入噪声电压及噪声电流的计算及校核，考察它是否满足预期的要求。

根据以上的设计原则，首先选择低噪声放大器，选择放大器主要考虑以下几个参数：等效输入噪声电压 E_n、等效输入噪声电流 I_n、温漂、共模抑制比、输入失调电压等。综合考虑以上参数，本设计选择了 OP37 作为放大电路前置放大器，OP37 温漂系数为 0.2μV/℃，共模抑制比为 122dB，输入失调电压为 10μV，等效输入噪声电压 E_n 为 $3.5\text{nV}/\sqrt{\text{Hz}}$，等效输入噪声电流 I_n 为 $1.7\text{pA}/\sqrt{\text{Hz}}$。OP37 尤其特别突出的特性是在 3～10Hz 时，依然具有极低的输入噪声电压，如图 5-56 所示。

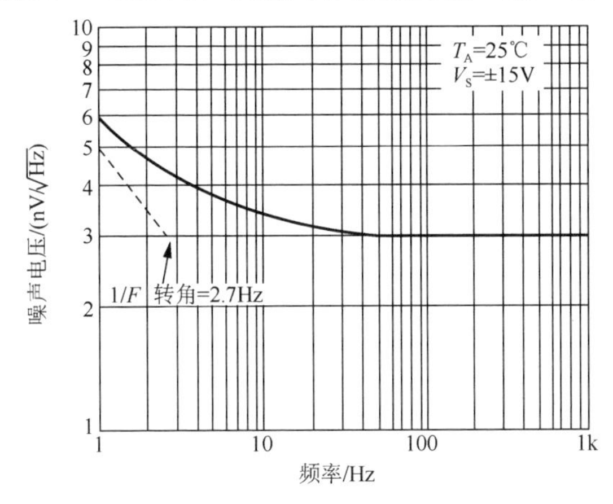

图 5-56 OP37 的 *N-F* 曲线图

其次，考虑第一级电路的组态，由于第一级输入电路直接与被测信号相连，而被测信号中不可避免地混有共模干扰噪声，因此如何有效地抑制共模干扰是第一级电路的首要任务。若采用 OP37 组成仪表放大器，需要多片运放，且使用过多的电阻，会导致电路的功耗增大，同时也增加了电阻本身产生的热噪声。若使用集成的仪表放大器，由于集成仪表放大器自身的噪声达不到要求，尤其是信号频率在 3～10Hz 时噪声更大，故舍弃这种方案。本电路中采用差分放大器的输入方式，如图 5-57 所示。

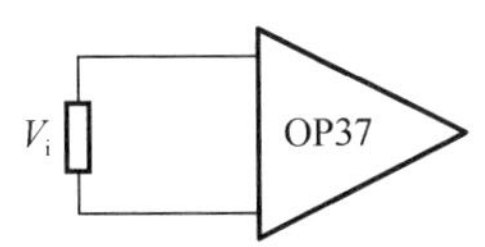

图 5-57 前置放大器的输入组态示意图

前置放大器的增益设定为 10 倍，因为 OP37 具有极高的共模抑制比，而差分放大电路又能极大地抑制共模信号、放大差模信号，所以能很好地检测到有用信号。

（3）多级滤波和放大电路设计。低噪声放大电路的任务是检测微弱信号，并且尽可能提高输入、输出信号的信噪比。根据弗里斯传输方程，低噪声放大电路的噪声系数主要取决于第一级，这是由于第一级的放大电路的增益远大于后级电路中每一级的增益，此时放大电路的输出噪声系数才能等效于第一级的输出噪声系数。而放大电路最终能将被测信号放大至合适的幅度，则放大电路的增益必须达到一定的值。因此，整个放大电路的总增益是非常高的，故电路须采用多级放大电路组态方式。为有效提高放大电路的信噪比，滤波电路是必需的。本电路中采用的设计思想是采用多级滤波、多级放大，逐步提高信噪比的方法。

如何使得被测信号尽可能多地传递到下一级，而减少衰减，这就需要考虑电路的组态及耦合方式。由于被测信号为超低频正弦信号，而且信号的幅度非常小，为此，放大电路选择的组态为电压串联负反馈的形式。电压串联负反馈电路有极高的输入阻抗和极低的输出阻抗的特点。因为信号的频率非常低，所以采用直接耦合的方式来减少衰减。电路结构如图 5-58 所示。

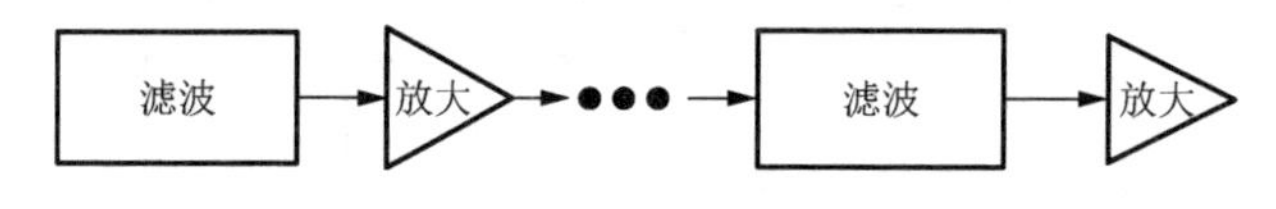

图 5-58　逐级滤波、放大示意图

需要放大的信号为低频，频率范围为 1～15Hz，因此可以设定二阶巴特沃思低通滤波器的截止频率为 15Hz，二阶巴特沃思高通滤波器的截止频率为 1Hz，滤波器的增益为 2。而电压串联负反馈电路的增益为 2，总共为十级滤波和放大，整个放大电路的增益为 5120。此外，由于电路的级数较多，整个电路的放大倍数也较大，为了防止电路产生自激，在最后一级放大器的输出端加一个 RC 网络用来实现相位补偿，防止电路产生自激振荡。

3）精密电阻的选择

（1）电阻热噪声电压的计算。任何电阻或导体，即使没有连接到任何信号源或电源，也没有任何电流流过该电阻，其两端也会呈现噪声电压起伏，这就是电阻的热噪声。电阻的热噪声起源于电阻中电子的随机热运动，导致电阻两端电荷的瞬时堆积，形成噪声电压。电阻两端呈现的开路热噪声电压有效值为

$$E = \sqrt{4kTRB} \tag{5-8}$$

式中，k 为玻尔兹曼常数，$k = 1.38 \times 10^{-23}$ J/K；T 为电阻的热力学温度。

式（5-8）说明，热噪声电压与电阻 R 和带宽 B 的平方根成正比。因此，在微弱信号检测系统中，应是 R 和 B 尽量小。式（5-8）还说明，热噪声电压的大小取决于温度，为了降低噪声幅度，必要时还可以使放大电路的前置级工作于极低温度。

由上可知，包含电阻的任何电子电路都存在热噪声。例如，当温度为17℃时，在带宽为100kHz的放大电路中，10kΩ的电阻两端所呈现的开路热噪声电压由式（5-8）可得，其有效值约为4μV。可见，对于检测微幅级甚至纳幅级微弱信号的系统来说，电阻热噪声的不利影响是不容忽视的，因此在选择电阻时要多做考虑。

（2）电阻的比较与选择。电阻主要有碳膜电阻、金属膜电阻和线绕电阻，其中，线绕电阻的精度最高，金属膜电阻次之，碳膜电阻精度较差。然而线绕电阻的体积较大，不适合用于本电路，而碳膜电阻的精度较差，因此本电路中采用金属膜电阻。

4）电路的接地

电路接地系统基于三个目的：一是减少多个电路的电流流过公共阻抗产生的噪声电压，即减少公共阻抗耦合噪声；二是缩减信号回来感应磁场噪声的感应面积；三是消除地电位差对信号回路的不利影响。

从微弱信号检测的角度考虑，选择和设计接地方式的主要出发点是避免电路中各个部分之间的公共地线相互耦合，因为这一部分电路的信号对于另一部分电路来说往往就是噪声，所以可以采用多种措施来达到这个目的，即选用低功耗器件，减少流经地线的电流；在高噪声电路中增设电源滤波电容，使其流经地线的电流变得平滑；采用横截面积较大的地线，以减少地线阻抗，更重要的是，根据电路特点选择合适的接地方式。接地方式一般有两种：一点接地和多点接地。在低频情况下，一般采用一点接地方式；在高频情况下，一般采用大面积地线的多点接地方式。

（1）一点接地。任何一根导线都具有一定的阻抗，包括电阻阻抗和电抗。当频率较低时，仅考虑电阻而略去电抗。地线上存在各种信号的流动，因此两个分开的接地点很难做到真正的等电位。这种电位的波动，在微弱信号检测系统中是个严重的干扰源，必须尽量减小或避免。在低频区一点接地常采用串联接地和并联接地两种方式，如图5-59所示。图中R_1、R_2、…、R_N分别为各电路的地线等效电阻；I_1、I_2、…、I_N分别为各电路的地电流。因此，各接地点1、2、…、N的点位都不为零。

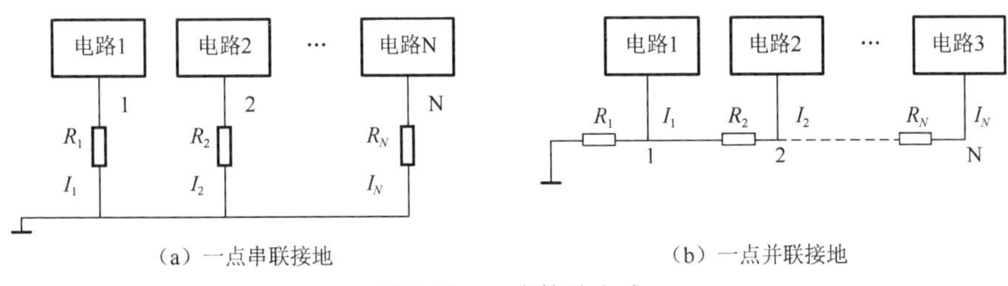

图5-59 一点接地方式

一点串联接地方式为

$$\left.\begin{aligned} V_1 &= (I_1 + I_2 + \cdots + I_N)R_1 \\ V_2 &= (I_1 + I_2 + \cdots + I_N)R_N + V_1 \\ &\vdots \\ V_N &= I_N R_N + V_1 + V_2 + \cdots V_{N-1} \end{aligned}\right\} \tag{5-9}$$

一点并联接地方式为

$$\left.\begin{aligned} V_1 &= I_1 R_1 \\ V_2 &= I_2 R_2 \\ &\vdots \\ V_N &= I_N R_N \end{aligned}\right\} \tag{5-10}$$

式（5-9）表明，一点串联接地方式中，各电路的地电流相互干扰，这样的接地方式对消信号是不合适的，即当电路之间的电平相差很大时，高电平电路的地电流将会严重干扰低电平电路。这种接地方式简单，设计电路板时比较方便，因此在信号电平较高，但各电路电平相差不大时仍常采用。值得注意的是，应把最低电平点放在距离接地点最近的地方。

式（5-10）表明，一点并联接地方式中，各电路之间的地电流相互不影响，其地电位只与各自本身电路的地电流、地线阻抗有关。并联接地方式的地线多而长，而长的地线会增大电感，多的地线又会造成各个地线间的感性和容性寄生耦合，因此这种方式仅适用于 1MHz 以下的低频小信号电路，而不适合于高频电路。

（2）多点接地。多点接地的方式多应用于高频场合，随着工作频率的升高，地线的感抗分量将线性增加，信号电流的趋肤效应增强，因而对信号而言，细长的地线使损耗明显增加，产生严重的地线干扰。因此，在高频工作区，缩短地线长度，扩大地线面积是降低地线阻抗的关键。由于本电路所检测的信号频率为低频，综上所述可知，选择一点并联接地方式是最恰当的。

5）常用的抗干扰方法

常用的各种抑制干扰噪声的技术和方法可以归纳为三类：一是抑制干扰源的噪声；二是消除或切断干扰噪声的耦合途径；三是对敏感的检测电路采取措施。

（1）抑制干扰源的噪声。

① 如果允许，就将干扰源围闭在屏蔽罩内。

② 对噪声源的出线进行滤波。

③ 限制脉冲的上升沿和下降沿斜率。

④ 用压敏电阻或其他措施抑制电感线圈的浪涌电压。

⑤ 将产生噪声的导线与地线绞合在一起。

⑥ 对产生噪声的导线采取屏蔽措施。

⑦ 用于抑制电磁辐射的屏蔽层要两端接地。

（2）消除或切断干扰噪声的耦合途径。

① 微弱信号线越短越好，而且要远离干扰导线。

② 低电平信号线采用双绞线或贴近地线放置。

③ 信号线加屏蔽（高频信号线采用同轴电缆），伸出屏蔽层的信号线端越短越好。

④ 用于保护低电平信号线的屏蔽层要单点接地，同轴电缆用于高频时要将屏蔽层两端接地，电路系统也要单点接地，高频电路就近接地。

⑤ 对敏感电路要加屏蔽罩，进入该屏蔽罩的任何其他导线都要加滤波和去耦措施。

⑥ 如果低电平信号端子和带有干扰噪声的端子处于同一个连接器中，在它们之间放置地线端子。

⑦ 低电平电路和高电平电路中避免使用公共地线。

⑧ 电路接地线和设备接地线要分开。

⑨ 接地线越短越好，避免地线形成环状。

⑩ 微弱信号检测须采用差动放大电路放大信号，电路的信号源和负载对地阻抗要平衡。

⑪ 采用隔离措施，避免地电位差耦合到信号电路。

（3）敏感检测电路的其他抗干扰措施。

① 检测电路的通频带宽度要尽可能窄，尽量使用选频滤波。

② 直流电源线一定要加去耦滤波，滤波电解电容要用高频小电容旁路，各部分电路的电源滤波电容应尽量靠近该电路。

③ 信号地线、其他可能造成干扰的电路地线以及设备地线要分开。

④ 使用屏蔽罩。

5.3.4　高分辨同步采样技术

高分辨同步采样系统框图如图 5-60 所示。用了 24 位Δ-Σ A/D 转换，电压分辨率为 0.6μV，菊花链（daisy chain）连接，USB 调试接口，同步采样，消除随机相位误差。

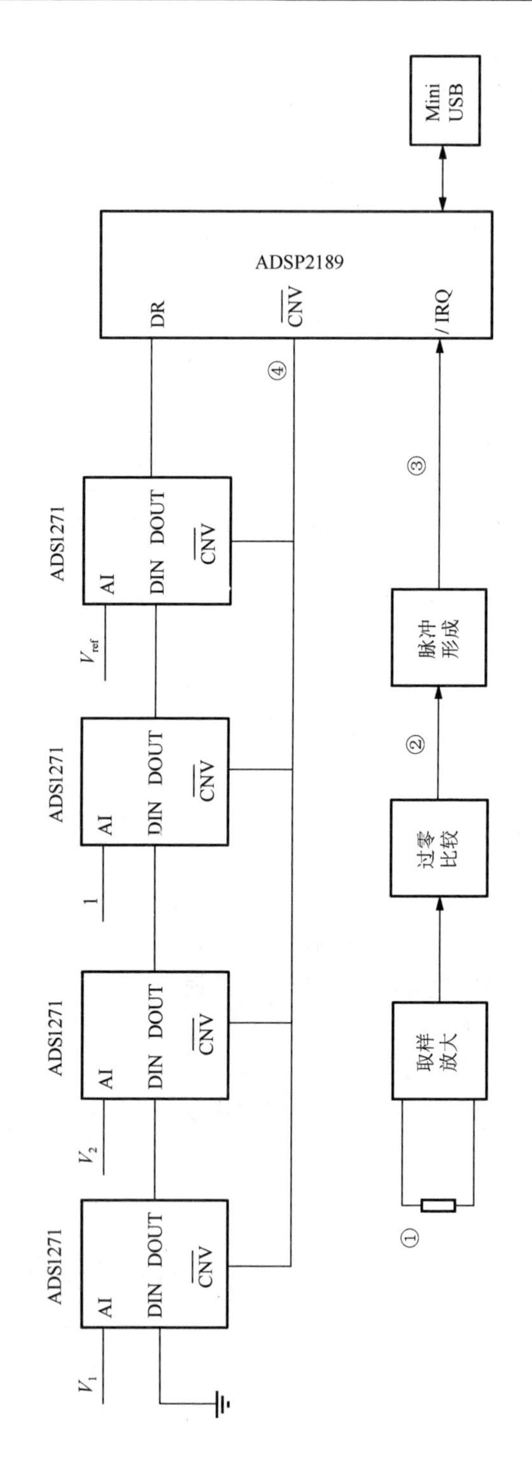

图 5-60　高分辨同步采样系统框图

1. 24位Δ-Σ A/D转换

过套管电阻率测井对数据采集系统的动态范围、分辨率和输出信噪比的要求很高，本系统选用了采用Δ-Σ技术的24位高分辨率A/D转换器ADS1271进行A/D转换。ADS1271是目前TI公司采样速率最高的单通道真24位Δ-Σ A/D转换器之一，具有高速、高分辨、低功耗三种工作模式。高速模式下转换速率可达105k/s，高分辨率模式下输出信噪比可达109dB，低功耗模式下耗散功率仅35mW。ADS1271数据输出采用串行接口方式，具有SPI和frame sync两种串行接口方式。工作模式和串行接口方式由模式控制引脚MODE和串行接口格式控制引脚Format进行设置，可通过硬件跳线设置，也可由微处理器通过I/O口编程控制，接口非常简单。

过套管微弱信号检测数据采集采用24位Δ-Σ A/D转换器ADS1271构成四个信号输入通道，由ADSP2189M控制四个通道同步采样，ADS1271与ADSP2189M通过串行接口传输转换数据。ADS1271采用16.384MHz的采样时钟和串行口同步时钟。

考虑过套管电阻率测井信号采集高分辨率是关键技术要求，本系统设计ADS1271工作在高分辨率模式，因此数据速率为32k/s。

2. 菊花链连接

ADS1271SPI串行接口方式支持菊花链，极大地简化了ADS1271与DSP微处理器的串行接口，只需要使用微处理器一个支持SPI方式的串口，即可实现多通道同步数据采集，ADS1271组成的菊花链如图5-61所示。

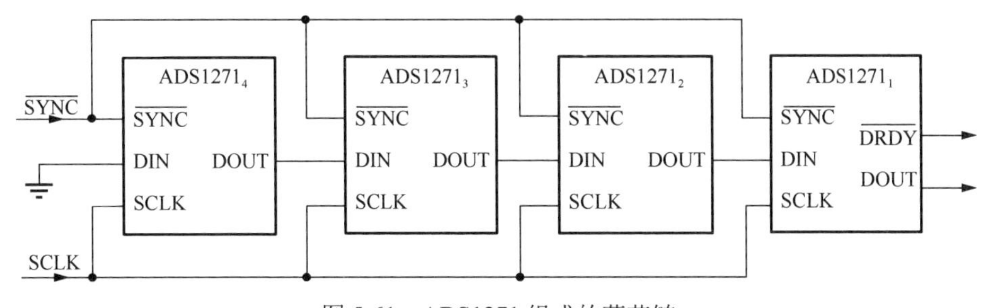

图5-61 ADS1271组成的菊花链

在图5-61的连接方式下，ADS1271的转换结果将从最右边一片ADS1271的DOUT串行输出，最后一片的DIN接地，菊花链中所有的器件使用相同的串行时钟SCLK。

3. 数据采集系统组成

由四片ADS1271组成的双差分模拟输入通道高分辨率数据采集系统的组成

如图 5-62 所示。差分输入放大器选用低噪声、超低失真度的差分输入、差分输出放大器 THS4130，等效输入噪声 $1.3\text{nV}/\sqrt{\text{Hz}}$ 、失真度 0.000022%。模拟输入信号经过差分放大器后以差分方式连接到 ADS1271。四片 ADS1271 组成的菊花链和 ADSP2189 的同步串行口 SPORT0 相连，ADSP2189 通过 USB2.0 接口与计算机相连，可方便进行调试。参考电压基准为 ADS1271 提供的 2.5V 的参考电压。

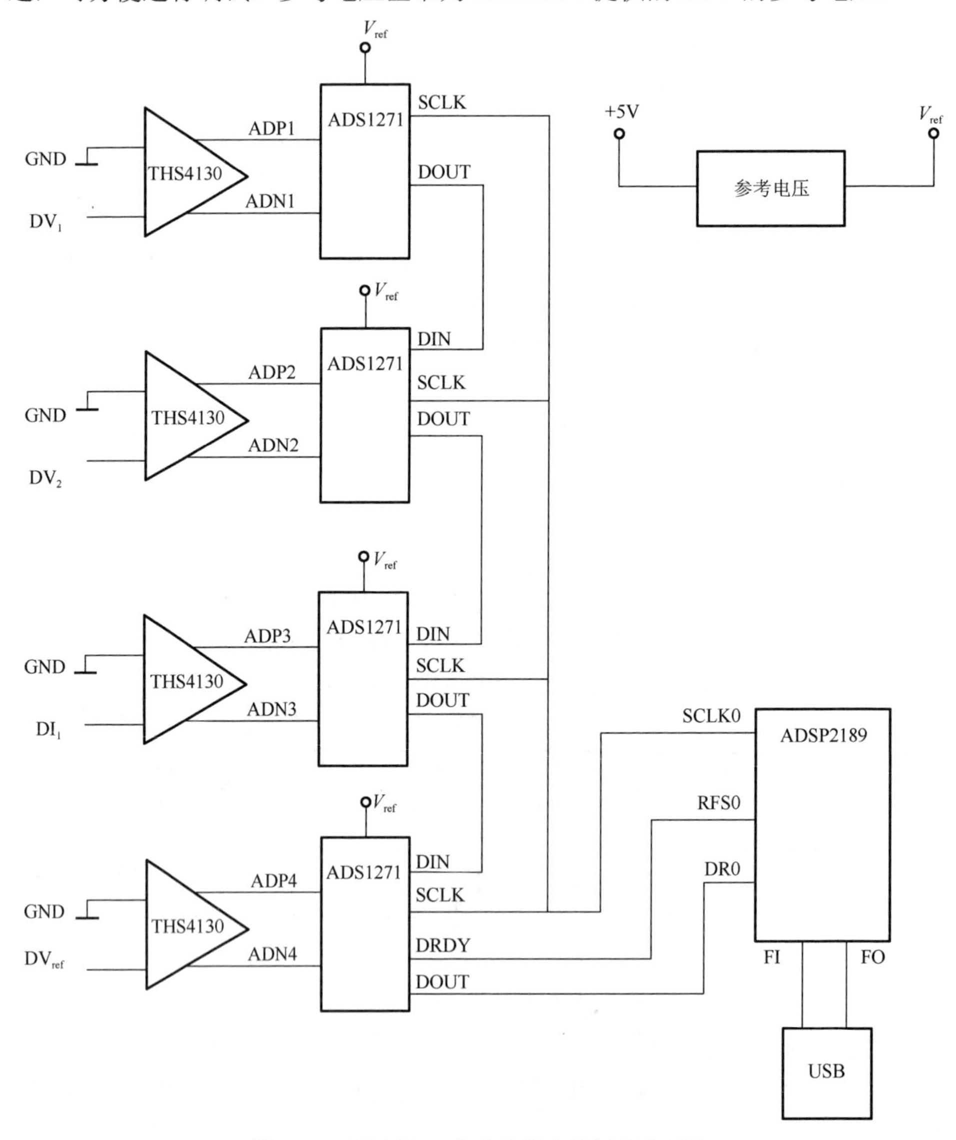

图 5-62　四通道 24 位高分辨率数据采集系统

图中 DV_1 和 DV_2 为经前置放大器放大后的套管一阶电位差；DI_1 为激励电流经电流取样电阻后，取样电阻两端的电压值；DV_{ref} 为参考电压。

4. 硬件同步采样技术

同步采样包含两个含义：一是指对四个模拟输入通道同步采样，即四个模拟通道的采样时刻在时间轴上是对齐的；二是指采样信号与激励信号同步，即每次采样信号的初相位相同。同步采样使得每次采样得到的四个通道采样信号波形初相位相同，消除了采样信号的随机相位给后续数字信号处理带来的误差。本系统的同步采样采用硬件电路来实现，减少了软件的复杂度，提高了同步的精度。其同步信号产生电路结构图如图 5-63 所示。

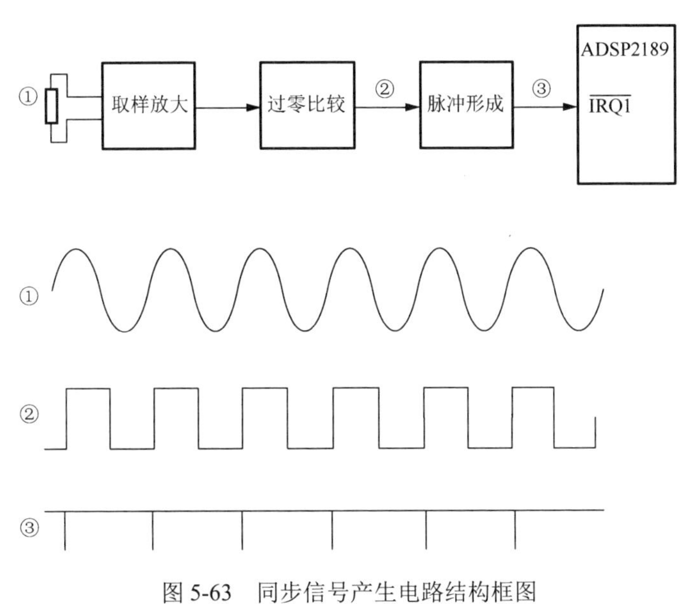

图 5-63 同步信号产生电路结构框图

5.3.5 系统测试

1. 数据采集系统性能测试

测试设备：安捷伦 33220A 函数发生器。
测试环境：室温，无恒温措施，实验室测试。
测试项目：线性、稳定性。

数据采集系统稳定性测试如图 5-64 所示，其中图 5-64（a）的电压参考值为 1V，图 5-64（b）的电压参考值为 200mV，图 5-64（c）的电压参考值为 100mV，图 5-64（d）的电压参考值为 20mV。由图 5-64 可以看出，当有用信号很小时，相敏检波结果实部为负数，计算机内存中负数用补码表示，运算过程中由于精度不够产生数据截断误差，可通过提高运算精度消除。但即使存在截断误差，系统分辨率也在 10μV，若消除截断误差分辨率可更高。

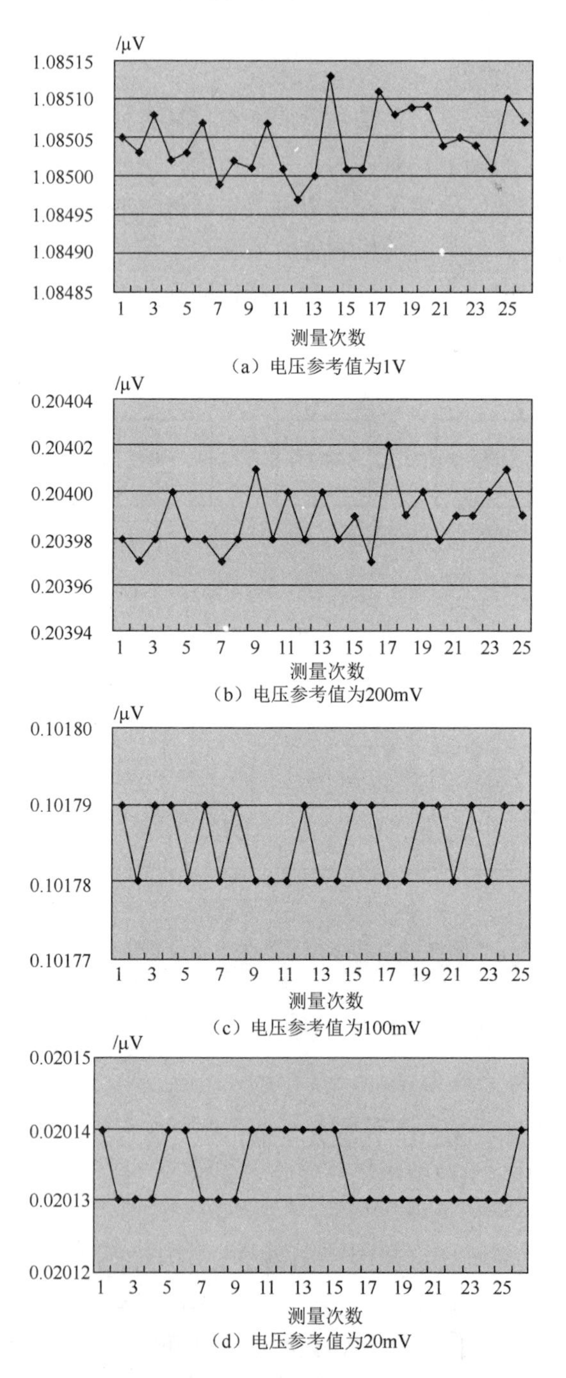

图 5-64　数据采集系统稳定性测试

数据采集系统的线性测试如图 5-65 所示，通过线性拟合，通道 1 和通道 2 的拟合公式分别为 $y=0.0994x-8\times10^{-5}$ 和 $y=1.0003x-4\times10^{-5}$，系统线性良好。

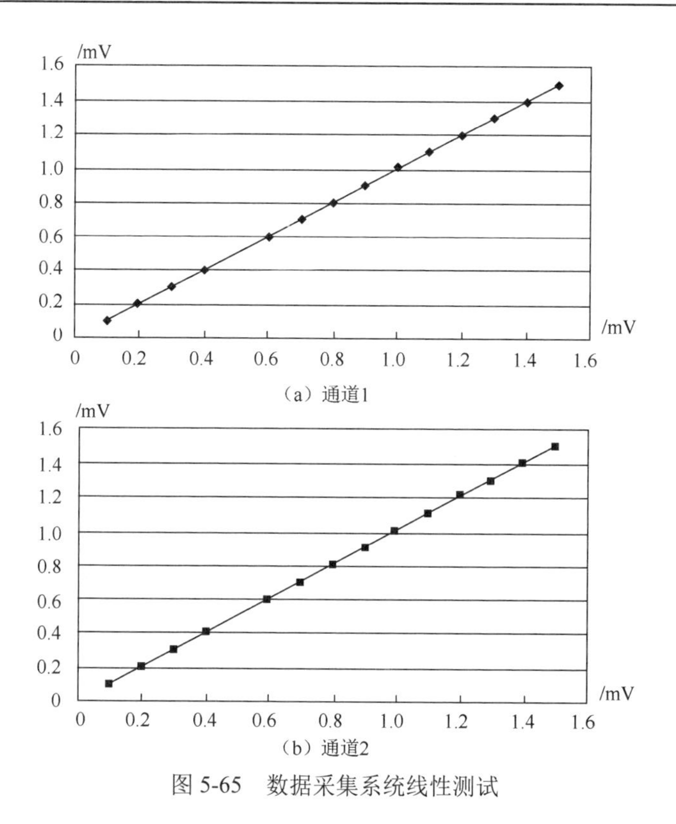

图 5-65 数据采集系统线性测试

2. 微弱信号检测稳定度测试

系统对微弱信号检测稳定度测试的数据如图 5-66 所示。

图 5-66 中的测试数据是在刻度模式下测得，其中图 5-66（a）和（b）分别为激励电流为 1.19A 时通道 1 和通道 2 获得的稳定度测试图；图 5-66（c）和（d）分别为激励电流为 1.63A 时通道 1 和通道 2 获得的稳定度测试图；图 5-66（e）和（f）分别为激励电流为 2.23A 时通道 1 和通道 2 获得的稳定度测试图。

由图 5-66 中的三次测量结果比较可得，通道 2 有 180° 初相位，相敏检波结果实部为负数，运算过程中由于精度不够产生数据截断误差，可通过提高运算精度消除，但通道 1 与通道 2 的数据波动有近似相同的变化趋势。在测试过程中激励电流波动，会引起两数据通道的数据随之波动，可通过测试数据对电流的归一化消除。

3. 模拟井试验装置测试

为了通过实验测量套管外介质的电阻率，建造了图 5-67 所示的模拟井实验装置。在水槽中间安置了一根金属套管，电极分布如图 5-67 所示。水槽中充满了水，通过向水中加入 NaCl 可改变水槽中水的电阻率。

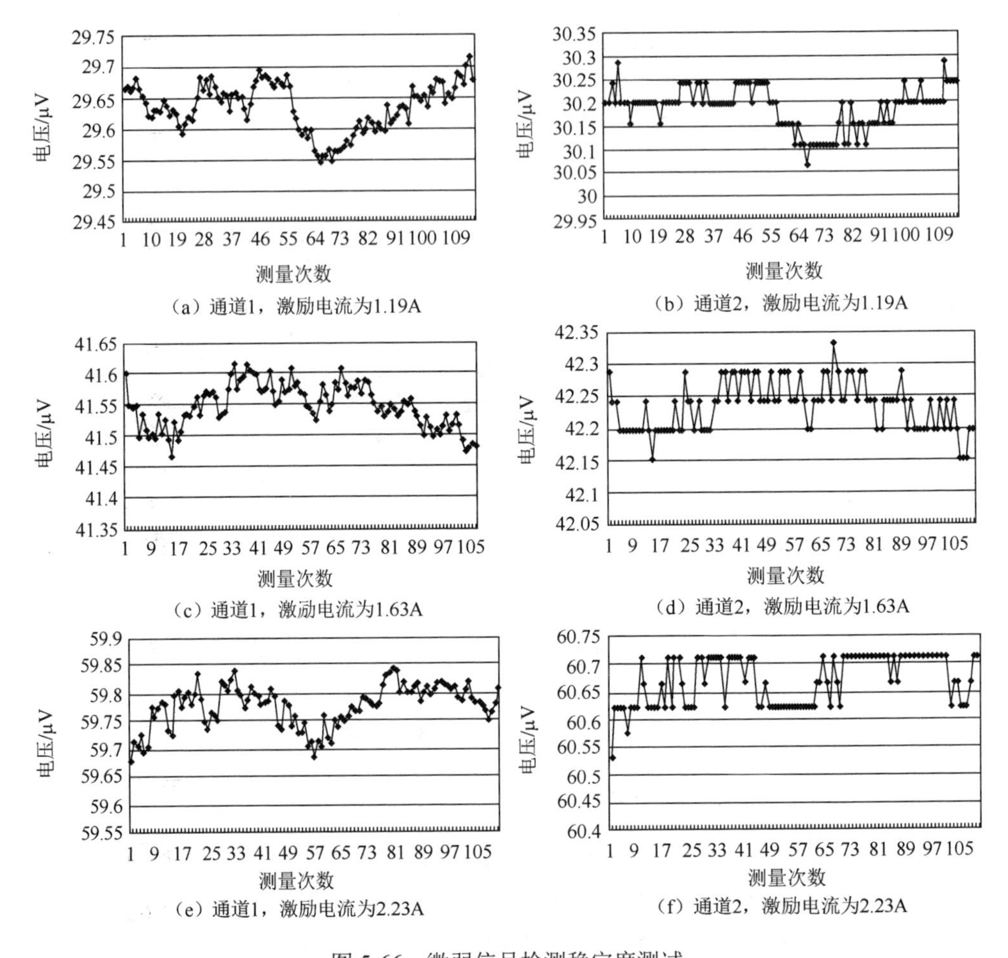

图 5-66　微弱信号检测稳定度测试

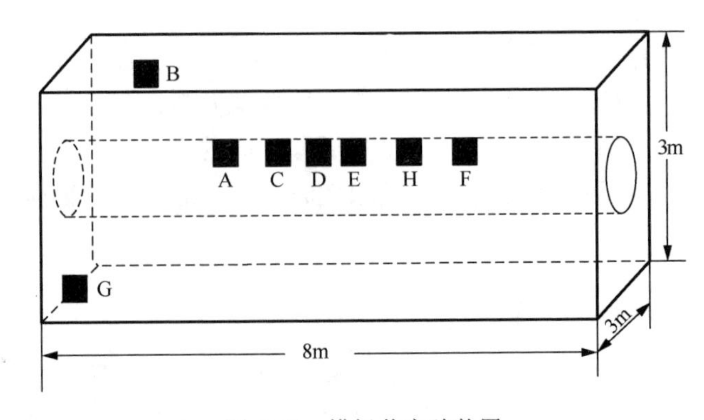

图 5-67　模拟井实验装置

4. 测试结果

1）ΔV_1、ΔV_2数据稳定性试验

在不同的介质电阻率条件下，多次重复测量ΔV_1和ΔV_2，并计算数据稳定性，试验数据见表 5-1。ΔV_1和ΔV_2稳定性如图 5-68 和图 5-69 所示。

表 5-1 ΔV_1、ΔV_2数据稳定性试验

介质 / 电位差 / 测量次数	131.1(Ω·m)		103.8(Ω·m)		65.8(Ω·m)		32.2(Ω·m)	
	ΔV_1/μV	ΔV_2/μV	ΔV_1/μV	ΔV_2/μV	ΔV_1/μV	ΔV_2/μV	ΔV_1/μV	ΔV_2/μV
1/μV	12.8264	15.0204	12.7709	15.1934	13.1507	14.4045	13.3685	15.0712
2/μV	12.8257	15.0415	12.7499	15.1735	13.1685	14.4372	13.3775	15.0744
3/μV	12.8116	15.0447	12.7458	15.1757	13.1685	14.4521	13.3788	15.0574
4/μV	12.8162	15.0574	12.7486	15.1444	13.1582	14.4531	13.3790	15.0537
5/μV	12.8210	15.0283	12.7388	15.1341	13.1513	14.4026	13.3801	15.0687
6/μV	12.8183	15.0532	12.7436	15.1548	13.1617	14.4221	13.3688	15.0748
7/μV	12.8043	15.0735	12.7455	15.1527	13.1674	14.4089	13.3519	15.0808
8/μV	12.8102	15.1020	12.7448	15.1426	13.1858	14.4153	13.3694	15.1009
9/μV	12.8083	15.1466	12.7416	15.1561	13.1960	14.4366	13.3625	15.1119
10/μV	12.8020	15.1475	12.7244	15.1156	13.1870	14.4282	13.3690	15.1223
11/μV	12.8100	15.1578	12.7258	15.1127	13.1580	14.4278	13.3737	15.1227
12/μV	12.8089	15.1407	12.7431	15.1295	13.1369	14.4109	13.3678	15.1157
13/μV	12.8249	15.1027	12.7494	15.1358	13.1282	14.3941	13.3606	15.1375
14/μV	12.8208	15.0980	12.7434	15.1703	13.1630	14.4088	13.3637	15.1303
15/μV	12.8106	15.0870	12.7482	15.1400	13.1378	14.4111	13.3551	15.1290
16/μV	12.8161	15.0852	12.7356	15.1437	13.1288	14.4083	13.3518	15.1233
不确定度/nV	22.8	133.4	31.5	65.8	60.4	52.6	27.9	86.6
稳定度/%	0.05	0.24	0.05	0.11	0.12	0.10	0.05	0.17

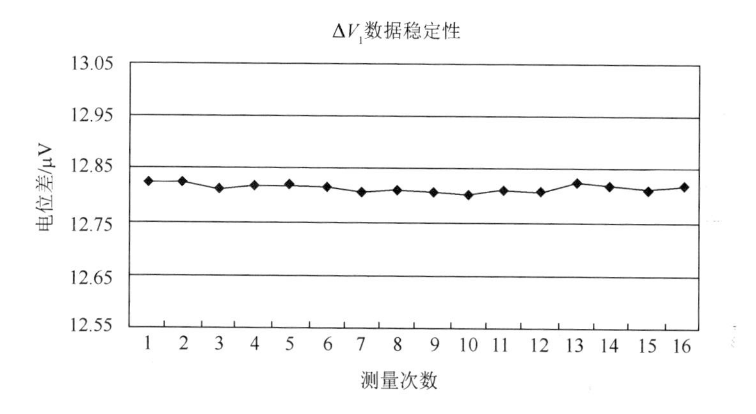

图 5-68 ΔV_1数据稳定性试验

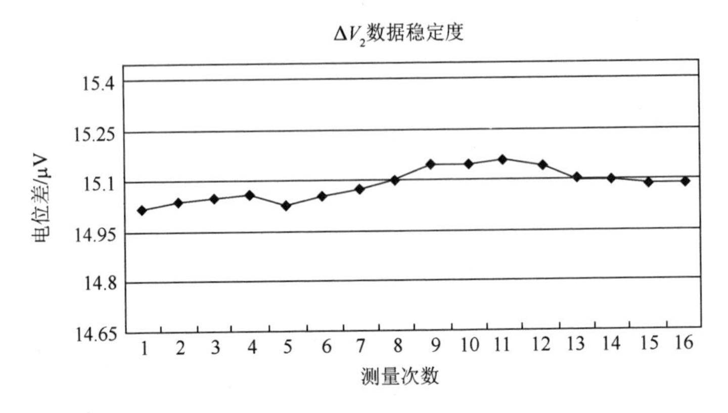

图 5-69　ΔV_2数据稳定性试验

2）介质电阻率测量试验

以电导率计测量的介质电阻率作为真值来改变介质电阻率值，过套管电阻率测量系统的测量值与真值的对比数据见表 5-2 和表 5-3。表 5-2 中的数据用铁板作为回流电极，表 5-3 中的数据用铅棒作为回流电极。铁板电极介质电阻率测量误差如图 5-70 所示，铅棒电极介质电阻率测量误差如图 5-71 所示。

表 5-2　介质电阻率误差计算表（铁板电极）

K 平均	$K\cdot V_{ref}/I$	真实电阻率值/（Ω·m）	绝对误差/（Ω·m）	相对误差/%	模式	电极
0.3976	197.5359	196.0	1.5	0.78	测井	铁板
	183.5201	173.6	9.9	5.41	测井	铁板
	164.0958	160.5	3.6	2.19	测井	铁板
	147.6550	153.1	−5.4	−3.69	测井	铁板
	126.7480	131.1	−4.4	−3.43	测井	铁板

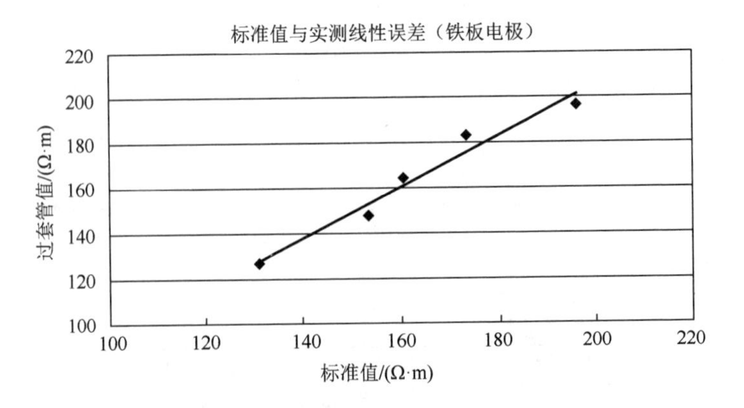

图 5-70　介质电阻率测量误差（铁板电极）

表 5-3　介质电阻率误差计算表（铅棒电极）

K 平均	$K\cdot V_{ref}/I$	真实电阻率值 /（Ω·m）	绝对误差 /（Ω·m）	相对误差/%	模式	电极
	128.0884	131.10	−3.0116	−2.35	测井	铅棒
	96.0266	103.80	−5.7734	−5.89	测井	铅棒
	76.4777	81.70	−5.2223	−6.83	测井	铅棒
	71.3366	70.30	1.0366	1.45	测井	铅棒
0.6907	71.5020	68.80	2.7020	3.78	测井	铅棒
	62.5411	59.50	3.0411	4.86	测井	铅棒
	49.4608	48.66	0.8008	1.62	测井	铅棒
	36.3383	38.90	−2.5617	−7.05	测井	铅棒
	34.3745	32.24	2.1345	6.21	测井	铅棒

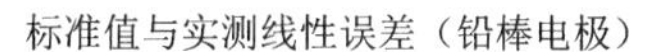

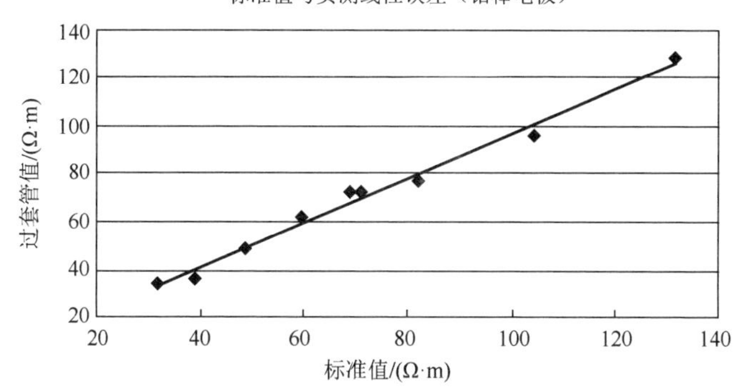

图 5-71　介质电阻率测量误差（铅棒电极）

实验结果表明，实测值与标准值的误差大都在±8%以内，达到了预期的效果。但水池中套管较短，实际的生产井中的套管长度远远大于水池中的套管长度，有用信号也比水池中信号小，因此要在实际的油井中取得较好的实验结果，还要采取进一步的措施，降低测量系统的噪声，提高ΔV_1和ΔV_1的测量稳定度。

5.4　一种高精度脉冲测量仪的设计

随着电子技术的发展，脉冲信号已经成为电子测量领域中一个十分重要的测量对象。其中，对脉冲信号的测量主要包括测量脉冲信号的频率和占空比。

脉冲测量仪是直接用十进制数字来显示被测信号频率的一种测量装置。它不仅可以测量正弦波、方波、三角波、尖脉冲信号和其他具有周期特性的信号的频率和周期，也可以测量脉冲宽度，在科研、教学、工业控制、高精度仪器测量等领域都得到了较广泛的应用。随着单片机、计算机技术的不断发展，单片机具有很强的数据处理能力和更加灵活的逻辑控制功能，可以用单片机通过软件控制，直接用十进制数字显示被测信号频率，同时也克服了传统频率计精度不高、结构复杂、稳定性差的问题，而且频率计成本越来越低，性能却越来越强大[4]。

随着高速高性能的 ARM Cortex M4 架构的 MCU 芯片的出现，基于单片机的数字频率计设计方案重获新生[5]。选用 STM32 单片机作为主控芯片，设计并制作一种数字显示的周期性矩形脉冲信号参数测量仪，其可以测量周期性矩形脉冲信号的频率、脉宽（占空比）和幅度，并可以将其显示在 LCD 液晶屏上。

参数测量仪对于幅度范围为 0.1～10V 的矩形脉冲信号具有以下技术指标。

（1）测量脉冲信号频率 f_0，频率范围为 10Hz～2MHz，测量误差的绝对值不大于 0.1%。

（2）测量脉冲信号占空比 D，测量范围为 10%～90%，测量误差的绝对值不大于 5%。

（3）测量脉冲信号幅度 V_m，幅度范围为 0.1～10V，测量误差的绝对值不大于 5%。

5.4.1　系统设计整体方案与测量工作原理

1. 方案比较与选择

方案一：采用 STC89C52 作为微控制器。51 单片机在市场上已经活跃多年，技术较为成熟且成本低，缺点是 51 单片机是 8 位单片机，运算速度较慢，系统时钟低。此外，STC89C52 外设相对较少，功能简单，无法完成如脉冲捕获等相对高级的功能。

方案二：采用 STM32F407 作为微控制器。STM32F407 是意法半导体相对比较新的一系列产品，它具有 168M 主频，带有浮点运算指令，外设功能强大[6]。例如，具有 32 位计数功能的定时器，这样就不用处理定时器溢出中断，保证了工程质量；定时器的最高时钟可达 168M，这样用测周法测量脉冲信号的频率和占空比，会具有相对较小的误差。

经过比较，选用 STM32F407 作为本次设计的微控制器。为缩短开发流程，本次设计利用正点原子公司的探索者开发板作为硬件平台，如图 5-72 所示，此款开发板采用 STM32F407 作为 MCU，开发板上集成了众多的模块，并且配有 4.3 寸电容触摸屏。

图 5-72　探索者开发板

2. 频率测量

频率即周期性信号在单位时间（1s）内变化的次数。若在一定时间间隔 T 内测得某周期性信号的重复变化次数为 N，则其频率可表示为 $f = N / T$ 。频率是电子技术中最基本的参数之一，并且与其他许多电参数的测量方案和测量结果都有密切的关系，因此频率的测量显得非常重要[7]。按频率测量方法划分，主要有直接频率测量法、直接周期测量法、等精度频率测量法等[8]。频率测量在 STM32 的实现主要将其分为两种：①计数法；②测周法。

1）计数法

计数法频率测量的基本原理是在单位固定闸门时间内对计数脉冲进行计数，根据闸门时间和脉冲计数结果计算求出被测脉冲频率，如图 5-73 所示。计数闸门时间为 T，在闸门时间内的计数值为 N，则被测信号频率为 N/T。传统测频原理的闸门信号开启时刻与计数脉冲之间的时间关系不相关，即闸门时间不一定是被测信号周期的整数倍[9]。

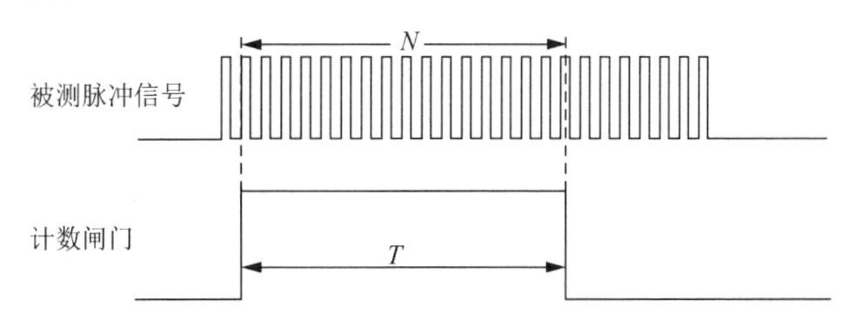

图 5-73　计数法测量频率时序图

2）测周法

测周期法又称计时法，是利用周期和频率之间互为倒数的关系，通过测量周期性矩形脉冲信号一个或多个周期的时间，取其一个周期的倒数即为该脉冲信号的频率[10]。通常做法是用单片机内部定时器去计时被测脉冲信号周期，测周法测量频率时序图如图 5-74 所示，使用定时器去计数外部脉冲，设计数器的计数周期为 T，由图可得 $T_X = NT$，采用测周法的误差主要取决于单片机内部时钟信号的精度和稳定性。当测量周期较长的脉冲信号（低频信号）时，由于时间相对较长，单片机的内部定时器计时相对比较准确，测量结果误差较小；相反，测量周期较短的脉冲信号（高频信号）时，所引起的误差就偏大。同时利用周期与频率之间的倒数关系，通过运算可将测量频率精确到小数部分。

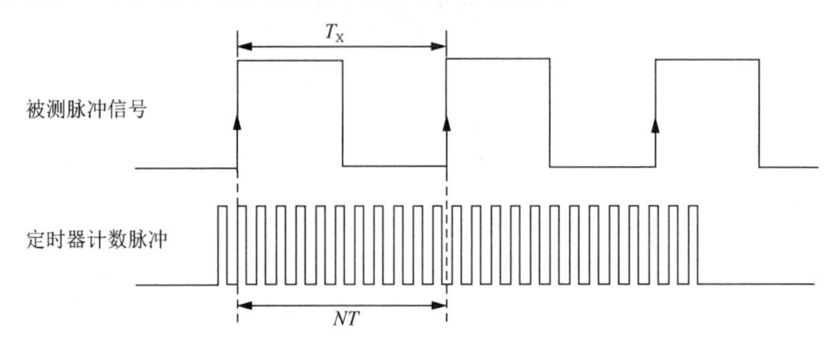

图 5-74　测周法测量频率时序图

3）±1 误差分析

利用计数法和测周法存在一个相同的问题，那就是测量结果中存在±1 误差。±1 误差主要都是由于在闸门时间内开始时的第一个脉冲和结束时的最后一个脉冲信号是否被记录，存在随机性而引起的，±1 误差的基本原理如图 5-75 所示。

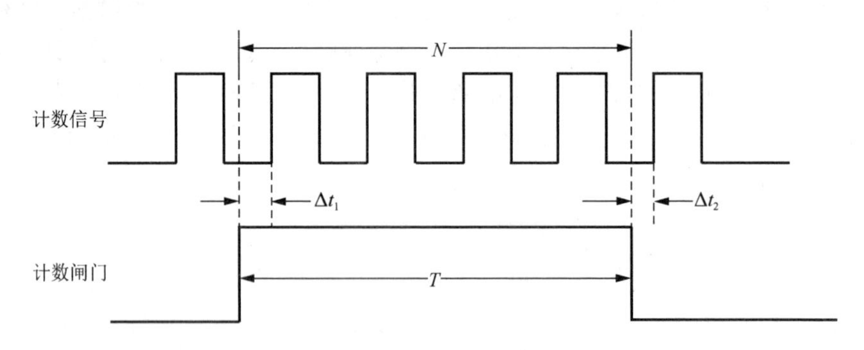

图 5-75　±1 误差示意图

利用计数法和测周法进行频率测量的基本原理都是在单位固定闸门时间内对计数脉冲进行计数，根据闸门时间和脉冲计数结果计算求出被测脉冲频率。其中，计数法是利用单片机内部定时器产生闸门时间，被测脉冲信号作为计数信号，测周法是由被测脉冲信号产生闸门时间，单片机内部时钟作为计数信号。如图 5-75

所示，计数闸门时间为 T，在闸门时间内计数值为 N，则计数信号频率为 N/T。由于传统测频原理的闸门信号开启时刻与计数脉冲之间的时间关系不相关，即闸门时间不一定是计数信号周期的整数倍。若计数信号的周期为 T_X，则计数结果为 $N = T / T_X$。

由于 T 和 T_X 这两个量不相关，T 不一定正好是 T_X 的整数倍，T 和 NT_X 之间一定有误差 $\Delta t_1 - \Delta t_2$，脉冲计数的最大绝对误差为 $\Delta N = \pm 1$，脉冲计数的最大相对误差为 $\Delta N / N = \pm 1 / N = \pm T_X / T$。

相对误差随着计数信号的频率降低（或被计数信号的周期增大）而增大，随着计数信号的频率增大（或被计数信号的周期减小）而减小。

综上所述，计数信号采用高频信号较好。因此，在计数法中，被测脉冲信号作为计数信号时，对高频被测脉冲信号的测量误差较小，测量值比较准确。在测周法中，被测脉冲信号作为闸门信号时，内部定时器时钟信号作为计数信号时，假定内部定时器时钟信号频率固定，相比较而言，被测脉冲信号的频率越低，测量误差越小，测量值越准确。

本次选用的微控制器 STM32F407 具有较高的时钟频率，定时器时钟最大可达 168M，因此可以使用测周法对信号频率进行测量，其最大误差不超过定时器时钟的一个周期。

3. 脉宽（占空比）测量

脉宽（占空比）即脉冲信号一个周期内高电平所占比例，若测得周期为 T 的脉冲信号一个周期内高电平持续时间为 T_S，则占空比 $P = T_S / T$。

脉宽（占空比）测量时序图如图 5-76 所示，脉宽（占空比）测量利用的是计时法，基本原理是用定时器去计数外部脉冲，设计数器的计数周期为 T，由图可得被测脉冲信号的高电平持续时间为 $T_S = N_S T$，被测脉冲信号的周期为 $T_X = N_X T$，则进一步可以得出占空比为 $P = T_S / T_X$。

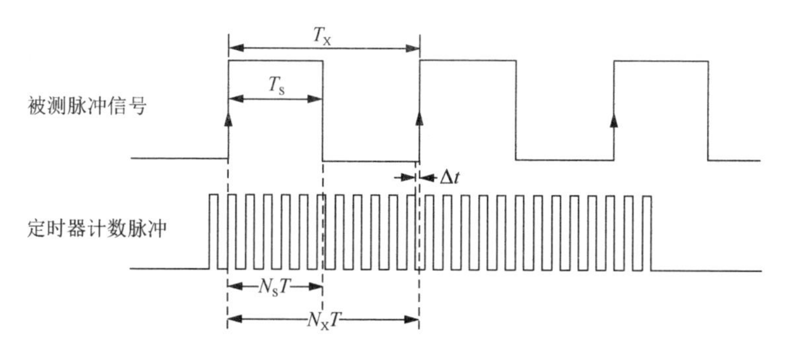

图 5-76 脉宽（占空比）测量时序图

4. 幅度测量

幅度测量主要有两种方法，高低电平分离法和边沿触发采集法。

（1）高低电平分离法，即给波形进行多次采样，得到的采样值一定不是唯一的值，通常会含有部分高电平值和部分低电平值，然后将低电平的值滤除，将高电平的值保留，最后得到的值就是幅值，这种方法处理过程繁杂，且误差相对较大。

（2）边沿触发采集法，即利用脉冲信号的上升沿去触发 ADC 进行对幅度信息的采集。因为脉冲整形电路存在较小的时延，所以通常的做法是先对原始脉冲信号进行整形放大，成为标准矩形脉冲，用矩形脉冲的上升沿去触发 ADC，然后再使用 ADC 对原始脉冲信号进行采集，但是这种做法仍然存在一定的问题。如图 5-77 所示，脉冲信号在由低电平信号向高电平信号转换的过程中存在上升时间Δt，如果 ADC 被触发后立即采集，有可能采集到的是幅度稳定之前的波动信号，对高频信号，波动时间短，测量误差较小，但对低频信号，波动时间长，可能存在较大的误差。

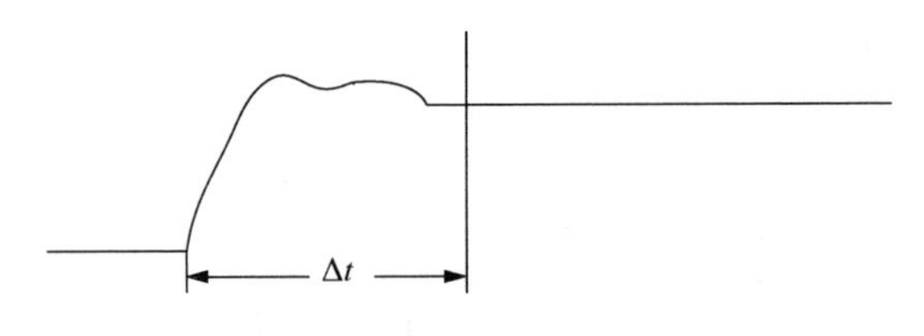

图 5-77　脉冲信号幅度测量图

比较两种方案可以发现，第一种方案需要对信号进行多次采样，并且之后要进行复杂的数据处理，过程复杂且效率低下。相比较而言，第二种方案采用上升沿触发后延时采样，这种方式只需要单次采样且不需要大量数据运算，因此选择第二种方案。

5. 宽带通道放大电路

方案一：用简单的比例放大电路放大小信号，大信号直接输入比较器，由于其带宽积太小，放大高频信号的时候衰减严重。

方案二：OPA2690 固定增益直接放大。因为待测信号频率范围广，电压范围大，所以选用宽带运算放大器 OPA2690，5V 双电源供电，对所有待测信号进行较大倍数的固定增益。因为待测信号范围为 0.1～10V，所以可以在放大器信号输入端加 1N4148 高速开关二极管对输入信号进行限幅，将其输入信号幅度限制在 3V[11]。

方案三：基于 VCA810 的程控增益控制。VCA810 是直流耦合、宽带、连续可变电压控制增益放大器。可以通过幅度测量得到幅值信息，然后根据幅值信息通过单片机内部 DAC 对 VCA810 进行反馈调节[12]。

综合考虑三种方案，第一种方案实现简单，但是对宽范围的幅度测量存在较大的误差。第二种方案全部采用硬件电路来实现，实现简单，可以满足要求。第三种方案采用程控增益，可以使运放输出稳定可调的信号，但其同时需要硬件和软件的支持，系统较复杂，综合比较，选取第二种方案。

6. 比较整形电路

在将原始信号放大后，需要将放大后的信号进行整形，使之可以适应单片机的端口电压。比较整形电路主要是比较器电路的设计，主要有以下几种方案。

方案一：采用单门限电压比较器，如图 5-78 所示。单门限电压比较器是一种比较典型的电压比较器，其主要原理是将比较器的一个输入端接 V_{ref} 参考电压，另一端接输入信号，当输入信号大于或小于 V_{ref} 时，输出信号会发生跳变。单门限的主要优点是结构简单，灵敏度高，但是其抗干扰能力差，由于当单门限比较器的输入电压中含有噪声或干扰电压时，其可能在门限电压处抖动，从而导致比较器输出不稳定。

方案二：采用迟滞电压比较器。顾名思义，迟滞电压比较器是一个具有迟滞回环传输特性的比较器，如图 5-79 所示，在反相输入单门限电压比较器的基础上引入正反馈网络，从而组成了具有双门限值的反相输入迟滞比较器，这种迟滞比较器又称施密特触发器。如将 V_i 与 V_{ref} 互换，就可组成同相输入迟滞比较器，由于正反馈作用，这种比较器的门限电压是随输出电压 V_o 的变化而改变的。它的灵敏度低一些，但抗干扰能力却大大提高了。

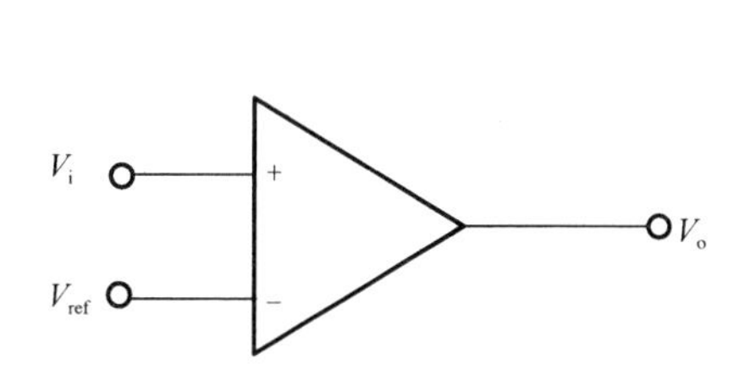

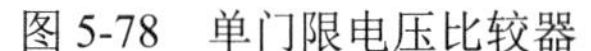
图 5-78　单门限电压比较器

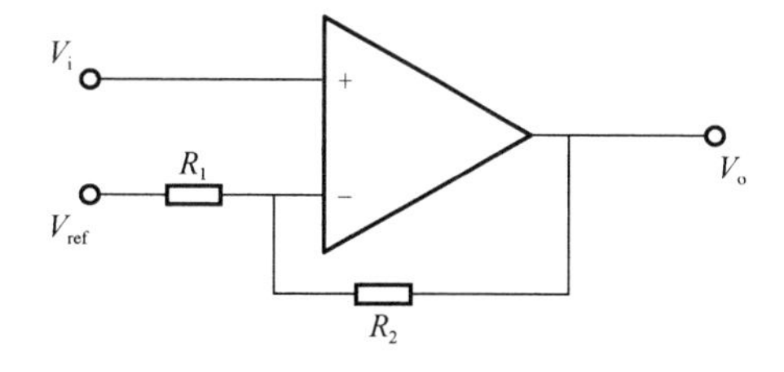

图 5-79　迟滞电压比较器

方案三：采用窗口电压比较器，如图 5-80 所示。电路由两个幅度比较器和一些二极管与电阻构成。高电平信号的电位水平高于某规定值 V_H 的情况，相当于比较电路正饱和输出。低电平信号的电位水平低于某规定值 V_L 的情况，相当于比较电路负饱和输出。该比较器有两个阈值，传输特性曲线呈窗口状，故称为窗口电压比较器。

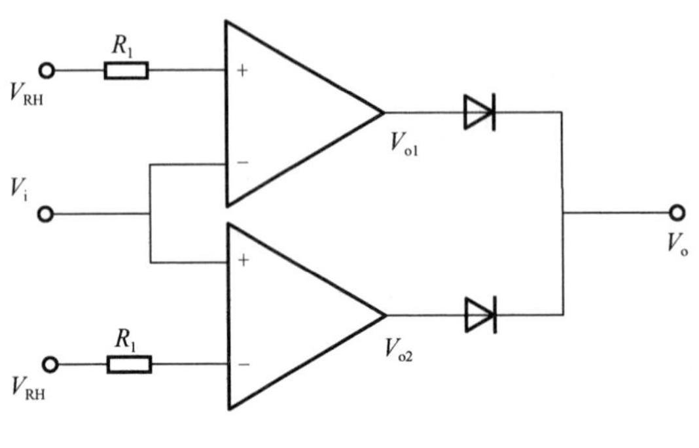

图 5-80　窗口电压比较器

设计中，需要将放大电路的输出波形整形为矩形波，因为单门限电路实现较为简单，所以选用单门限比较电路。系统设计方案如下。

从原理分析可以看出，单片机是整个脉冲测量仪的核心，是数字信号处理工具。输入单片机的信号必须是离散的数字信号或者脉冲信号[13]。因此，检测得到的正弦信号必须经过预处理变为单片机能准确识别的信号，即为周期性矩形脉冲信号。因此，需要对外部输入信号进行放大整形，再通过单片机放大整形后的脉冲信号进行捕获，计算频率和占空比。关于幅度测量，则直接通过单片机的 ADC 采集幅度信号，最终送至 LCD 液晶屏进行显示。系统设计原理图如图 5-81 所示。

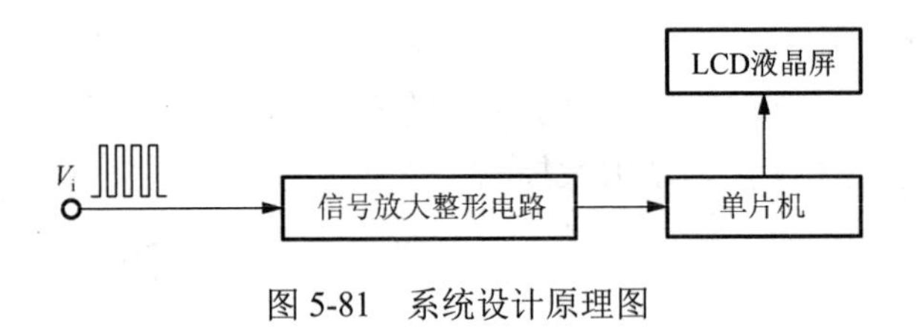

图 5-81　系统设计原理图

5.4.2　系统硬件设计

为了实现该脉冲信号测量仪的设计，其硬件结构从总体上可以分为三大部分：信号处理部分、信号采集部分及液晶显示部分。单片机部分主要负责脉冲信号的采集，由它完成对脉冲信号的计数和显示等，信号处理部分主要是对被测信号进行放大整形，将被测信号转化为单片机可以识别的脉冲信号，外部硬件结构还有 LCD 显示。

1. 放大整形电路设计

因为输入脉冲测量信号的幅度范围是 0.1～10V，所以需要设计前置放大整形电路，将信号调理为单片机可以识别的脉冲信号。

放大整形电路的主要结构包括由高速运放 OPA2690 组成的限幅放大电路和高速比较器 TLV3501 构成的单门限比较器电路，电路图如图 5-82 所示。

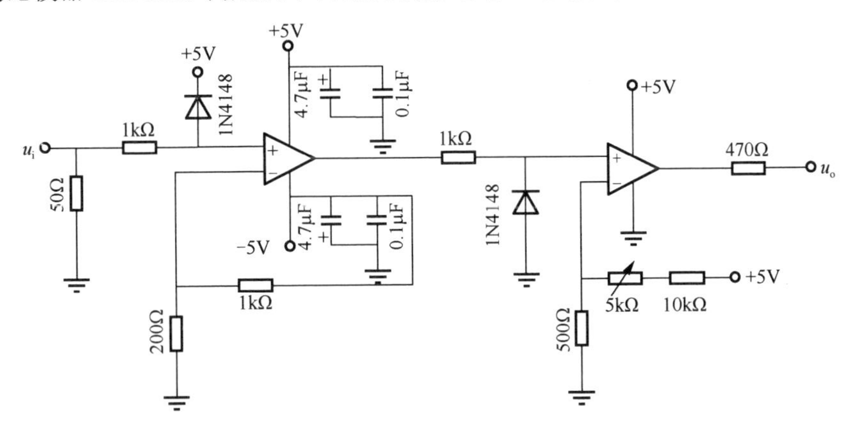

图 5-82 放大整形电路

因为高速比较器和后期 A/D 转换都需要 0～5V 电压，所以在输入 0.1～10V 电压信号后，需要有一个整压电路，使输入信号变为 0～5V，因此设计电路如图 5-82 所示，再对输入脉冲信号经过由高速运放 OPA2690 构成的限幅放大电路变为 0～5V 脉冲。其中，C_1 为 4.7μF 的电容，C_2 为 0.1μF 的电容，C_1 和 C_2 都为纹波电容，防止电流过冲对器件的损伤。0～5V 脉冲由 TLV3501 构成的比较电路输出 0～3V 的低压脉冲，送入单片机 STM32F407 进行 A/D 采样及频率占空比的测量显示。

2. 幅度测量电路设计

因为 STM32F407 具有内部 ADC，所以对脉冲幅度测量的基本原理是通过 ADC 对其幅度进行采集。同时因为输入信号最大幅度为 10V，单片机内部 ADC 最大量程为 3.3V，所以要对输入信号进行分频，分频之后再送入单片机内部 ADC。电路连接如图 5-83 所示。

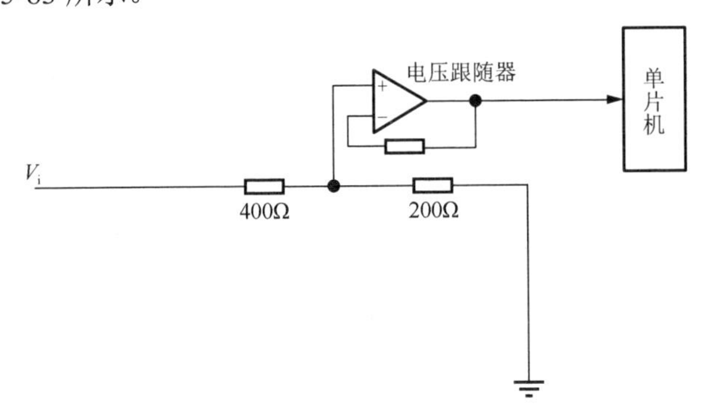

图 5-83 幅度测量电路

3. 微控制器硬件设计

控制模块采用 STM32 芯片。STM32 具有杰出的功耗控制及众多外设，设计时可充分利用其丰富的片上资源，大大节省了硬件的投资。利用 STM32 内置的 A/D 转换可对信号进行高速采集和处理，其自带的 USB 接口可对数据进行快速传输，以及通过电阻式彩色触摸屏 TFT 对相关数据进行实时显示等。系统具有设计结构简单、携带方便、低成本、低功耗、可靠性高等优点，适合实时现场操作，具有较高的应用价值。

系统采用 4.3 英寸的彩色液晶显示器实现本地实时检测，并提供良好的人机交互功能。利用 STM32F407 的 FSMC 模块控制液晶显示器，即将液晶作为外部存储设备来使用，配置好读写及控制信号的时序，指定指针即可实现对液晶的读写访问。利用这种方式，不仅简化了对液晶频的操作，只需指定读写数据指针方可完成操作，而且提高了访问速度，同时有效避免了用端口模拟时序访问液晶产生的“拉幕”现象。硬件电路与开发板的硬件连接如图 5-84 所示。

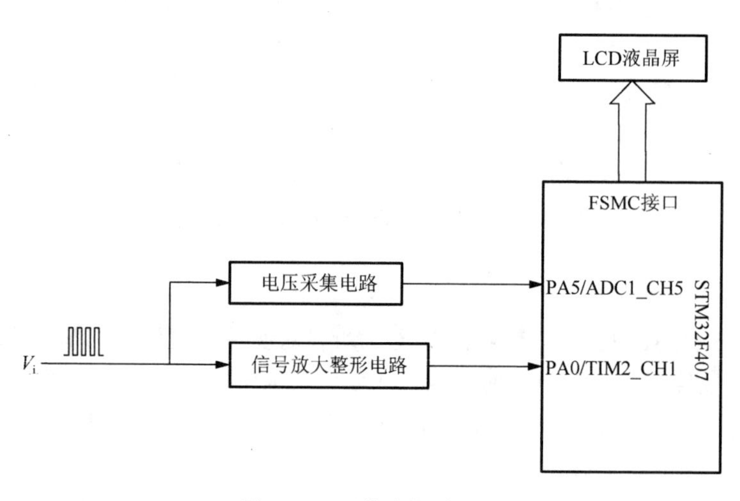

图 5-84　硬件连接原理图

如图 5-84 所示，微控制器的引脚 PA5 外接输入脉冲信号，PA5 引脚同时也是 ADC1 的通道 5，将 PA4 配置为 ADC 输入后，便可以测量外部脉冲信号的幅度。原始脉冲信号经过放大整形后送至微控制器的 PA0 引脚，PA0 同时也是定时器 2 的通道 1 引脚，将定时器 2 的通道 1 配置为输入捕获模式后，定时器便可以对外部脉冲进行捕获，从而利用测周法测出脉冲的频率和脉宽（占空比），并进一步将数据进行处理，最后通过 FSMC 接口发送至液晶显示屏进行显示。

5.4.3 系统软件设计

1. 软件设计概述

系统软件设计基于开发软件 Keil MDK 5.14，目前最新版本为 MDK 5.14，该版本使用 uVision5 IDE 集成开发环境，是目前针对 ARM 处理器，尤其是 Cortex M 内核处理器的最佳开发工具。

软件设计主要包括三部分，第一部分是频率和脉宽（占空比）的测量；第二部分是幅度的测量；第三部分是人机界面的显示。其中频率和脉宽的测量利用微控制器的定时器来实现，幅度的测量主要是利用微控制器的 ADC 对信号幅度进行测量。

2. 频率和脉宽（占空比）测量

1）STM32 定时器配置

STM32F407 具有多个定时器，本次设计用到了 STM32F407 的定时器 2，它具有以下特点。

（1）16 位（TIM3 和 TIM4）或 32 位（TIM2 和 TIM5）递增、递减和递增/递减自动重载计数器。

（2）16 位可编程预分频器，用于对计数器时钟频率进行分频（即运行时修改），分频系数介于 1～65536。

（3）多达 4 个独立通道，可用于：

① 输入捕获；

② 输出比较；

③ PWM 生成（边沿和中心对齐模式）；

④ 单脉冲模式输出。

（4）使用外部信号控制定时器且可实现多个定时器互连的同步电路。

（5）发生如下事件时生成中断/DMA 请求：

① 更新，即计数器上溢/下溢、计数器初始化（通过软件或内部/外部触发）；

② 触发事件（计数器启动、停止、初始化或通过内部/外部触发计数）；

③ 输入捕获；

④ 输出比较。

（6）支持定位用增量（正交）编码器和霍尔传感器电路。利用 STM32 定时器所具有的比较/捕获功能来进行频率和脉宽（占空比）的测量，实际使用的是 STM32 单片机的定时器 2，需要把定时器配置为 PWM 输入捕获模式，PWM 输入捕获模式的基本原理如图 5-85 所示。

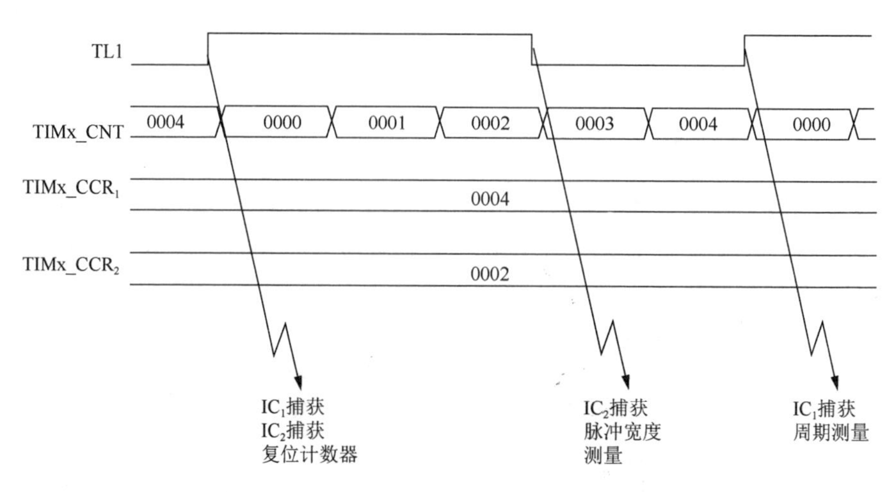

图 5-85　定时器 PWM 输入捕获模式原理图

2）PWM 输入模式介绍

在输入捕获模式下，当相应的 ICx 信号检测到跳变沿后，将使用捕获/比较寄存器（TIMx_CCRx）来锁存计数器的值。发生捕获事件时，会将状态寄存器（TIMx_SR）相应的 CCxIF 标志置 1，并可发送中断或 DMA 请求（如果已使能）。如果发生捕获事件时 CCxIF 标志已处于高位，则会将态寄存器（TIMx_SR）相应的重复捕获标志 CCxO 置 1。可通过软件向 CCxIF 写入 0 来给 CCxIF 清零，或读取存储在捕获/比较寄存器（TIMx_CCRx）中的已捕获数据，向 CCxOF 写入 0 后会将其清零。

3）发生输入捕获时

（1）发生有效跳变沿时，$TIMx\_CCR_1$ 寄存器会获取计数器的值。

（2）将 CC_1IF 标志置 1（中断标志）。如果至少发生了两次连续捕获，但 CC_1IF 标志未被清零，这样 CC_1OF 捕获溢出标志会被置 1。

（3）根据 CC_1IE 位生成中断。

（4）根据 CC_1DE 位生成 DMA 请求。

PWM 输入模式是输入捕获模式的一个特例，其实现步骤与输入捕获模式基本相同，主要存在以下不同之处。

（1）两个 ICx 信号被映射至同一个 TIx 输入。

（2）这两个 ICx 信号在边沿处有效，但极性相反。

（3）选择两个 TIxFP 信号之一作为触发输入，并将从模式控制器配置为复位模式。

定时器的配置主要包括以下操作：TIM2 时钟使能、初始化定时器参数、设置自动重装值、分频系数、计数方式等。PWM 输入捕获模式设置。

PWM 输入模式是输入捕获模式的一个特例，其实现步骤与输入捕获模式基本相同。首先，将定时器配置为触发复位模式，并从模式控制器配置为复位模式，复位模式可以使定时器检测到在脉冲上升沿时的复位计数器，并开始计数功能。其次，把两个 IC_X 信号映射至同一个 TIx 输入，这两个 IC_X 信号在边沿处有效，但极性相反。当脉冲信号出现上升沿和下降沿时，将使用 IC_X 对应的捕获/比较寄存器（TIMx_CCRx）来锁存计数器的值。最后，可以根据上升沿和下降沿对应的计数值来计算频率和占空比。

定时器内部结构图如图 5-86 所示。例如，可通过以下步骤对应用于 TI_1 的 PWM 的周期（位于 $TIMx\_CCR_1$ 寄存器中）和占空比（位于 $TIMx\_CCR_2$ 寄存器中）进行测量（取决于 CK_INT 频率和预分频器的值）。

（1）选择 $TIMx\_CCR_1$ 的有效输入：向 $TIMx\_CCMR_1$ 寄存器中的 CC_1S 位写入 01（选择 TI_1）。

（2）选择 TI_1FP_1 的有效极性（用于 $TIMx\_CCR_1$ 中的捕获和计数器清零）：向 CC_1P 位和 CC_1NP 位写入“0”（上升沿有效）。

（3）选择 $TIMx\_CCR_2$ 的有效输入：向 $TIMx\_CCMR_1$ 寄存器中的 CC_2S 写入 10（选择 TI_1）。

（4）选择 TI_1FP_2 的有效极性（用于 $TIMx\_CCR_2$ 中的捕获）：向 CC_2P 位和 CC_2NP 位写入“1”（下降沿有效）。

（5）选择有效触发输入：向 TIMx_SMCR 寄存器中的 TS 位写入 101（选择 TI_1FP_1）。

（6）将从模式控制器配置为复位模式：向 TIMx_SMCR 寄存器中的 SMS 位写入 100。

（7）使能捕获：向 TIMx_CCER 寄存器中的 CC_1E 位和 CC_2E 位写入“1”。

4）使能捕获和更新中断（设置 TIM2 的 DIER 寄存器）

因为要捕获脉冲信号的脉宽（占空比）和周期，所以脉冲信号对定时器计数器复位之后，第一次捕获是下降沿，第二次捕获是上升沿，同时，如果周期比较长，那么定时器就会溢出，对溢出必须做处理，否则结果会不准确。不过，由于 STM32F4 的 TIM2 是 32 位定时器，假设计数周期为 1μs，那么需要 4294s 才会溢出一次，这基本上是不可能的。这两件事，都在中断里面做，因此必须开启捕获中断和更新中断。

5）设置中断优先级，编写中断服务函数

因为要使用中断，所以在系统初始化之后，需要先设置中断优先级分组，系统默认设置都是分组 2。之后还需要设置中断优先级，中断优先级决定了多个中断同时发生时，中断函数执行的优先级。设置优先级完成后，还需要在中断函数中完成数据处理等关键操作，从而实现频率和脉宽（占空比）统计。中断服务函数中，在中断开始时要进行中断类型判断，在中断结束时要清除中断标志位。

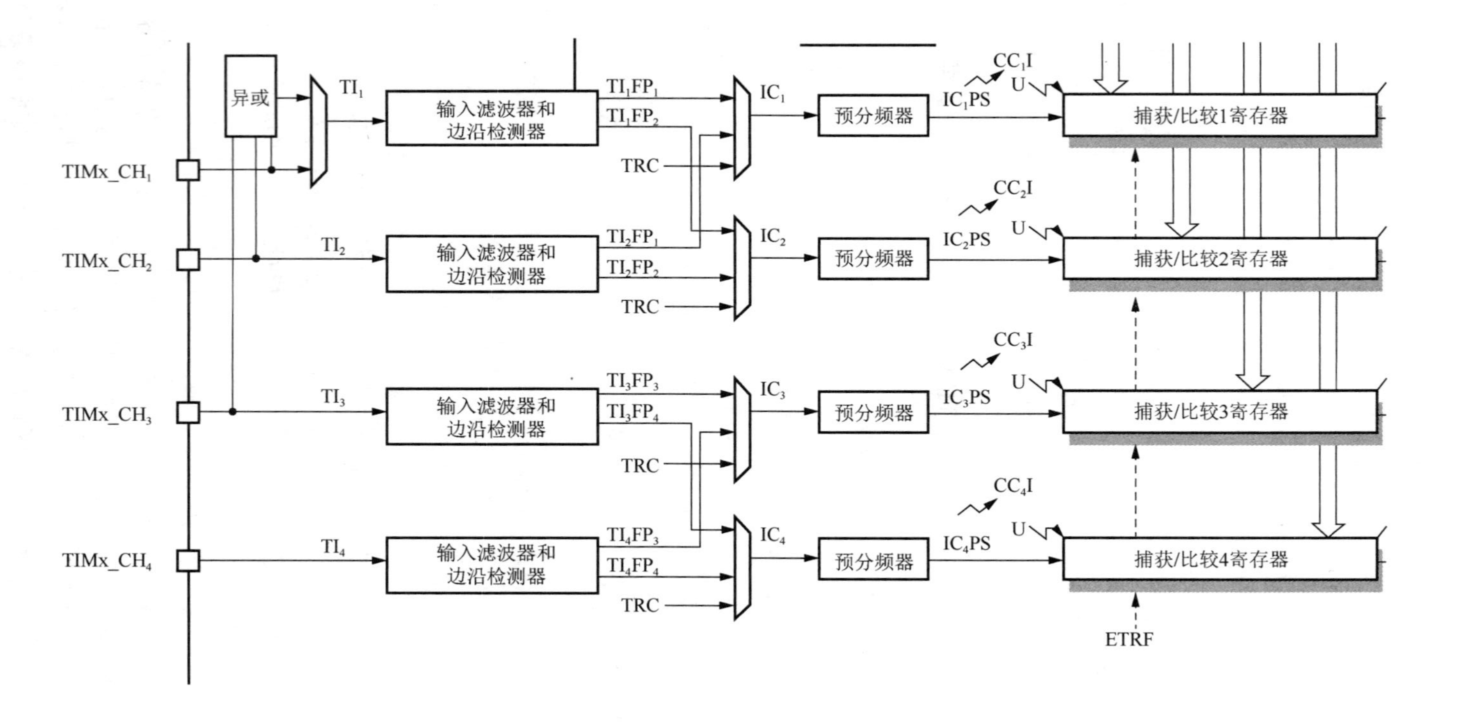

图 5-86　定时器内部结构图

5.4.4 频率和脉宽（占空比）测量软件设计

频率和脉宽（占空比）测量软件设计流程图如图 5-87 所示。

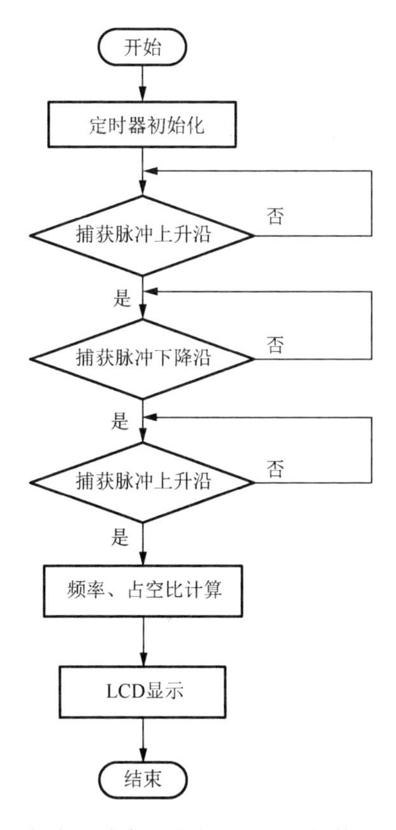

图 5-87 频率和脉宽（占空比）测量软件设计流程图

利用测周法对外部脉冲进行测量，其基本原理为第一步在系统初始化时初始化定时器，然后等待经过整形后的矩形脉冲，用脉冲的上升沿去触发复位定时器计数器；第二步等待捕获脉冲下降沿，捕获到下降沿以后再等待捕获脉冲信号下个周期的上升沿。第一次上升沿到下降沿的时间就是高电平持续时间，两次上升沿时间就是脉冲信号的周期，周期倒数为频率。

5.4.5 幅度测量

1. STM32 ADC 介绍

STM32F407 具有 12 位逐次趋近型模数转换器（ADC）。它具有多达 19 个复用通道，可测量来自 16 个外部源、2 个内部源和 V BAT 通道的信号。这些通道的 A/D 转换可在单次、连续、扫描或不连续采样模式下进行。ADC 的结果存储在一个左对齐或右对齐的 16 位数据寄存器中。

ADC 具有模拟看门狗特性，允许应用检测输入电压是否超过了用户自定义的阈值上限或下限，其具有以下特性。

（1）可配置 12 位、10 位、8 位或 6 位分辨率。

（2）在转换结束、注入转换结束以及发生模拟看门狗或溢出事件时产生中断。

（3）单次和连续转换模式。

（4）用于自动将通道 0 转换为通道“n”的扫描模式。

（5）数据对齐以保持内置数据一致性。

（6）可独立设置各通道采样时间。

（7）外部触发器选项，可为规则转换和注入转换配置极性。

（8）不连续采样模式。

（9）双重/三重模式（由具有两个或更多 ADC 的器件提供）。

（10）双重/三重 ADC 模式下可配置的 DMA 数据存储。

（11）双重/三重交替模式下可配置的转换间延迟。

（12）ADC 转换类型（参见数据手册）。

（13）ADC 电源要求：全速运行时为 2.4～3.6 V，慢速运行时为 1.8 V。

（14）ADC 输入范围：$-V_{\text{ref}} \leqslant V_{\text{i}} \leqslant +V_{\text{ref}}$。

（15）规则通道转换期间可产生 DMA 请求。

ADC 配置如下。

（1）开启 PA5 时钟和 ADC1 时钟，设置 PA5 为模拟输入。

（2）设置 ADC 的通用控制寄存器 CCR，配置 ADC 输入时钟分频，模式为独立模式等。

设计中，因为 ADC 的总线时钟为 84M，但是当 ADC 的采样时钟超过 36M 时，采样数据会发生比较大的失真，所以需要对总线时钟进行分频，为了满足最大时钟频率不超过 36M 的要求，这里对 ADC 总线时钟进行 4 分频，使得 ADC 采样时钟为 24M。

（3）初始化 ADC 参数，设置 ADC1 的转换分辨率、转换方式、对齐方式以及规则序列等相关信息。

ADC 的转换分辨率是指采样数据位数，可配置 12 位、10 位、8 位或 6 位分辨率。因为 STM32F407 采用的是逐次趋近型模数转换器，所以当具有较高转换分辨率时，采样周期比较长；相反，当具有较低的转换分辨率时，采样周期比较短。设计中要把 ADC 的触发模式设置为中断线触发，边沿触发设置为上升沿触发，这样内部 ADC 在检测到外部脉冲信号的上升沿时就会启动 ADC 进行一次采样。

2. 幅度测量软件设计流程

幅度测量的软件设计原理图如图 5-88 所示，测量脉冲幅度的基本原理是利用 STM32 内部 ADC 对外部脉冲信号幅度进行测量。其中 ADC 使用的是外部触发模式，即脉冲信号每出现一次上升沿，ADC 对脉冲信号进行一次采样，之后再对采样到的幅度信息进行处理送到 LCD 显示。

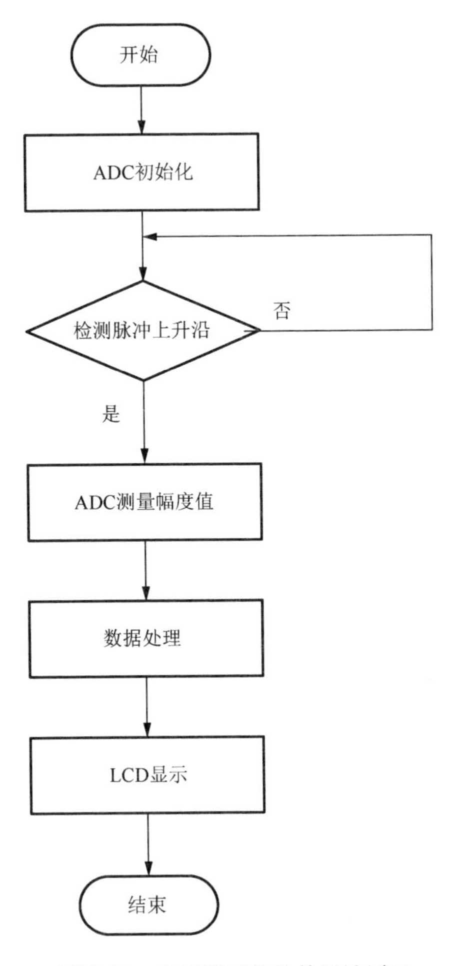

图 5-88　幅度测量的软件设计原理

5.4.6 人机界面软件设计

人机界面，又称用户界面或使用者界面，是人与计算机之间传递、交换信息的媒介和对话接口，是计算机系统的重要组成部分。它实现信息的内部形式与人类可以接受形式之间的转换，凡参与人机信息交流的领域都存在着人机界面。

1. FSMC 静态存储器接口介绍

STM32F407 或 STM32F417 系列芯片都带有 FSMC 接口，ALIENTEK 探索者 STM32F4 开发板的主芯片为 STM32F407ZGT6，是带有 FSMC 接口的。

FSMC，即灵活的静态存储控制器，能够与同步或异步存储器和 16 位 PC 存储器卡连接，STM32F4 的 FSMC 接口支持 SRAM、NAND FLASH、NOR FLASH 和 PSRAM 等存储器。

STM32F4 的 FSMC 将外部设备分为两类：NOR/PSRAM 设备和 NAND/PC 卡设备。他们共用地址数据总线等信号，且具有不同的 CS 以区分不同的设备，本次设计用到的 TFTLCD 就是用 FSMC_NE4 作片选，其实就是将 TFTLCD 当成 SRAM 来控制。

为什么可以把 TFTLCD 当成 SRAM 设备用？首先了解一下外部 SRAM 的连接，外部 SRAM 的控制一般有地址线（如 $A_0 \sim A_{18}$）、数据线（如 $D_0 \sim D_{15}$）、写信号（WE）、读信号（OE）和片选信号（CS），如果 SRAM 支持字节控制，那么还有 UB/LB 信号。而 TFTLCD 的信号包括 RS、$D_0 \sim D_{15}$、WR、RD、CS、RST 和 BL 等，其中真正在操作 LCD 的时候需要用到的只有 RS、$D_0 \sim D_{15}$、WR、RD 和 CS。其操作时序和 SRAM 的控制完全类似，唯一不同就是 TFTLCD 有 RS 信号，但是没有地址信号。TFTLCD 通过 RS 信号来决定传送的数据是数据还是命令，本质上可以理解为一个地址信号。例如，把 RS 接在 A_0 上面，那么当 FSMC 控制器写地址 0 的时候，会使得 A_0 变为 0，对 TFTLCD 来说，就是写命令。而 FSMC 写地址 1 的时候，A_0 将会变为 1，对 TFTLCD 来说，就是写数据。这样，就把数据和命令区分开了，他们其实就是对应 SRAM 操作的两个连续地址。当然 RS 也可以接在其他地址线上，探索者 STM32F4 开发板是把 RS 连接在 A_6 上面。STM32F4 的 FSMC 支持 8/16/32 位数据宽度，这里用到的 LCD 是 16 位宽度，因此在设置的时候，选择 16 位宽就可以了。

2. 人机界面软件设计流程

人机界面软件设计的主要目的是为了在 LCD 显示屏上进行测量数据的显示，包括脉冲信号的频率、脉宽（占空比）和幅度。人机界面软件设计流程如图 5-89 所示。

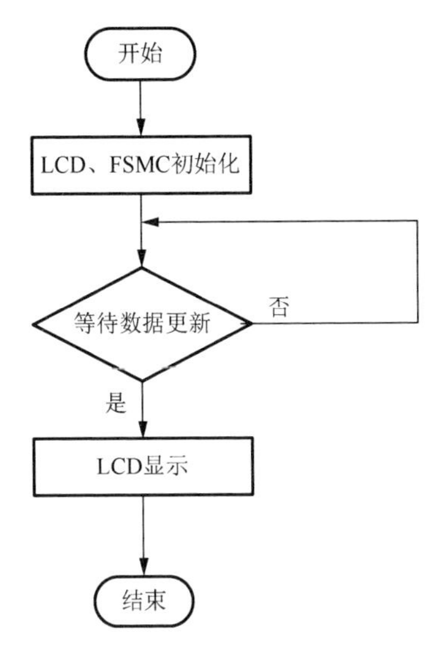

图 5-89　人机界面软件设计流程图

5.4.7　系统调试结果分析

1. 频率测量

使用函数信号发生器产生一个频率为 10Hz～2MHz 的脉冲信号，幅度为(5±0.1)V 标准矩形脉冲信号，测量值与标准值如表 5-4 所示。

表 5-4　频率测量结果

标准值/Hz	测量值/Hz	误差/%
10	9.999	0.01
50	49.997	0.006
100	99.995	0.005
500	499.988	0.0024
1k	999.998	0.002
5k	5k	<0.002
20k	20k	<0.002
100k	100k	<0.002
500k	500k	<0.002
1M	1.0M	<0.002
2M	2.0M	<0.002

2. 脉宽（占空比）测量

脉宽（占空比）测量结果如表 5-5 所示。

表 5-5 脉宽（占空比）测量结果 （单位：%）

频率 \ 占空比/%		10	20	30	40	50	60	70	80
10Hz	测量值	9.9	19.9	29.9	39.9	50	59.9	69.9	79.9
	误差绝对值	1	0.5	0.33	0.25	0	0.17	0.14	0.13
100Hz	测量值	9.9	19.9	29.9	39.9	50	59.9	69.9	79.9
	误差绝对值	1	0.5	0.33	0.25	0	0.17	0.14	0.13
10kHz	测量值	10	20	30	40	50	60	70	80
	误差绝对值	0	0	0	0	0	0	0	0
1MHz	测量值	9.9	20.2	30	40	50	59.5	70.2	79.7
	误差绝对值	1	1	0	0	0	0.83	0.29	0.38
2MHz	测量值	9.9	19.9	29.8	39.8	49.8	59.8	69.85	79.8
	误差绝对值	1	0.5	0.67	0.5	0.4	0.33	0.21	0.25

3. 幅度测量

使用函数信号发生器产生一个幅度为 0.1～10V 的脉冲信号，（占空比：50%，*f*：1kHz）显示幅值与实际幅值如表 5-6 所示。

表 5-6 幅度测量结果

实际幅值/V	0.1	0.3	0.5	1	2	3	4	5
显示幅值/V	0.098	0.286	0.475	0.955	1.985	3.045	4.026	5.089
误差的绝对值/%	2	4.67	5	4.5	0.75	1.5	0.65	0.18

4. 测量结果分析

本设计基本完成了所要求的设计指标并有所发挥。频率计测量范围为 10Hz～2MHz，测量误差≤0.01%，并且完成了对幅度和占空比的测量，误差均在 5%之内。

测量结果出现了一定误差，该误差主要出现在低频情况下和信号幅值微小的情况下。频率较低时，误差主要来源于比较器的特性。高速比较器在低频下易抖动，不够稳定，造成了结果的飘移。待测信号幅值微小时，由于采取较低门限的单门限比较器，抗抖动能力较差，外界的扰动会造成测量结果出现偏差。

5.5 基于 STM32 超声波测风速风向仪的设计

随着这几年新能源的不断兴起，风能也开始被广泛应用，因此对风电传感器的要求和需求也日益提升。传统的机械式风速仪与风向仪是分离的，虽然其结构简单、价格低廉，但是有旋转件存在磨损损耗，易被风沙损耗，易受冰冻、雨雪干扰，需定期维护。这样使接收的信号不够精确，且效率低下。目前现有的机械式风速风向仪存在以下缺点。

（1）常规测风仪，如风杯、风向标式、螺旋桨带尾翼式，由于需要机械转动，设备能耗大，寿命短。

（2）在有风沙、有腐蚀的环境中，机械式风速风向仪轴承使用寿命降低、精度差。

（3）不易测定瞬时风速。

（4）强风会给风机设备带来损害，需要准确可靠的风速、风向数据便于系统及时控制机组。

在风速、风向的检测方法中，因为传统机械式风速仪的测量部分是旋转部件[14]，所以损耗大、寿命短，同时不易测定瞬时风速，随着器件的摩擦阻力变大，会因老化造成仪器的精度变低。目前，对于超声波风速风向的测量较为常用的方法是时差法[15]。本研究利用超声波时差法来实现风速风向的测量。声音在空气中的传播速度，会和风向上的气流速度叠加，若超声波的传播方向与风向相同，它的速度会加快；反之，它的速度会变慢。因此，在固定的检测条件下，超声波在空气中传播的速度可以和风速函数对应，通过计算即可得到精确的风速和风向。声波在空气中传播时，它的速度受温度的影响很大，风速仪检测两个通道上的两个相反方向，因此温度对声波速度产生的影响可以忽略不计。

利用超声波来测风速和风向能很好地避免机械式风速风向仪的缺点，同时超声波风速风向仪逐渐发展成高性能、高精度、智能化的测量仪表[16]。其应用便利、精确，在很多领域都能灵活运用，广泛应用于城市环境监测、风力发电、气象监测、桥梁隧道、航海船舶、航空机场、各类风扇制造业、需要抽风排气系统的行业等。工艺制作简单，便于操作，市场推广潜力大。

5.5.1 系统概述

1. 背景及研究意义

随着环境与空气质量的下降，特别是目前雾霾给人类带来的困扰，人工影响天气的尺度将会越来越大，与此同时，环境因素便成为如何推进社会发展、保证人民生活水平的重中之重。如何准确地测量这些因素，并且改善它们就成为全人类的一大难题。

风速测量在工农业生产和科学实验中都有着广泛的应用，如风力发电和农作物培育，特别是在气象领域，风速风向的测量更是具有举足轻重的地位。在飞机起飞和降落时，风对飞机的影响也是不可忽视的。操作者必须依据风的大小和方向，对螺旋桨的进动性进行修正，以保证飞机的平稳安全飞行。在现代化战争中，风对武器性能的发挥也有着至关重要的影响，如狙击步枪的射击，狙击手要能准确估算出当时的风速风向，并大致计算出风速风向对子弹弹道的影响，才能准确命中目标。

风能利用也已经成为解决全球能源问题的重要方案之一。目前我国的风力发电事业正在逐步开展，风能资源的调研是建立风电场所必须做的一项工作。风能资源的储藏取决于这一地区风速的大小和有效风速的持续时间。为了对建立风电场的地点和风能进行评估，决策风能开发的可能性、规模和潜在的能力，就要在一些点上安装测风仪器，并将数据记录下来作为参考。

2. 国内外研究现状

风速测量常用的仪表有杯状风速计、皮托管风速仪、翼状风速计、热敏风速计、激光多普勒测速仪和超声波风速计。杯状风速计和翼状风速计使用方便，但由于其惰性和机械摩擦阻力较大，只适合于测量风速较大时的风速值。压力风速仪的代表仪器为皮托管风速仪，其工作原理是利用风压与风速的平方成正比这一特性，来测量风在流动时的风速值。皮托管可以很容易获得差压信号，但需要压力传感器将其转换成电信号。对于低于 10m/s 的风速，会使管内压力过小，无法精确测量，因此皮托管风速仪的测量适用于 40～100m/s[17]。皮托管风速计结构简单、制造方便并且价格便宜，但是它属于单点、定常的接触式测量，测风速时需要同时测出流体的密度，而流体的密度随温度的变化而变化，在低风速段，灵敏度较低。热线风速表是通过测量电阻的散热情况来测量风速的，加热形状一般为细金属丝或球体小电阻，通常为铂、钨或铂铑合金等材料。电阻的散热率越高，风速就会越快，与风速的平方根有关。通常在加热电流恒定时，测量加热体的温度，可以计算出风速[18]。热敏风速计是利用热敏探头的一种风速测量仪器，其工作原理是根据空气流动带走热元件上的热量，借助一个调节器件保持该热元件的温度恒定，此时调节电流和流速成正比。这种测量方法需要人工的干预，而且此仪表在测量湍流时，由于来自各个方向的气流同时冲击这个热元件，会影响测量结果的准确性。激光多普勒测速仪采用的是非接触式测量，对流场无干扰，空间分辨率高，能满足点测量的要求，但是其测量系统的组成较为复杂，并且实验流场需要透光，而且价格昂贵、成本高昂。现阶段常采用基于超声波传播速度受风速影响因而增减原理制成的超声波风速仪，与其他各类仪表相比，其优势在于安装简单，维护方便；不需要考虑机械磨损，精度较高；不需要人为的参与，可完全实现智能化。

超声波可用于对流体的测量，是由于超声波在传播过程中会加载流体的速度等因素，当顺着流体传播时，合速度变大使在同样距离传输时，时间小于没有流体流动时的时间；相反，则大于没有流体流动时的时间，根据这两个时间便可分离得到流体的流速。利用超声波进行测量已经有将近一百年的历史，德国人吕特根于 1928 年提出了两个声信号时差法测量流速的可能性，但由于当时的科学技术无法实现，这个理论只停留在理论上，没有实现。三十年代初，相位差流量计首次被研制出来。五十年代早期，美国根据“鸣环”时差法，研制出了世界上第一台超声波流量计，但是这种流量计存在反应迟钝、测量周期长等缺点，并且当循环测量流量时，抗干扰能力极差，因此系统的稳定性和可靠性都很差。在七十年代中期，随着电子技术的飞速发展，特别是大规模集成电路和超大规模集成电路的发展，高精度的时间差测量成为一件可实现的事情，因此也使得超声波流量计的稳定性和可靠性得到了初步的保证。与此同时，为了消除温度引起的声速变化对测量结果的影响，科学技术者提出了频差法、锁相频差法等方法。该类方法测量周期短，响应速度快，而且测量结果和环境温度没有任何关系，使得该种流体测量仪能广泛应用于各种温度环境。八十年代初，基于超声波的测量技术出现了新的方法，像射束位移法、多普勒法和相关噪声法等，与此同时，随着微电子技术和计算机技术的不断发展，引起了仪器仪表的根本性变革，以计算机技术为核心，同时把计算机技术和检测技术有机地结合起来，达到了仪器仪表的新时期——智能仪器仪表时期。智能仪器仪表不仅提高了测量的精度，而且在稳定性和可靠性方面都有明显的提高。同时，智能仪器仪表解决了传统的仪器仪表不易解决或不能解决的问题，近十年来，随着数字电子技术和高集成度芯片的产生和高速信号处理理论的诞生，为超生测量技术的发展提供了新的发展契机，使得超生测量在高速和高精度测量方面提供了广阔的天地。

从国内外超声波流体测量技术的发展来看，国外的一些科研和工程机构对这项课题有了较长时间的研究，到现在也已经形成较为成熟的产品。如今，在超声流量计对气体流量测量这方面，英国的 Danniel 公司、荷兰的 Instromet 公司和美国的 Controlotrno 公司都做了大量的实验，并取得了较好的效果，因此这些公司的销售额也排在世界的前几位。在超声流量测量方面，日本也有很大的优势，尤其是在提高仪器测量精度、消除管道传播时间和反应速度方面有独到之处。相比来看，我国的超声流量计的研制工作起步比较晚，但是在广大科技工作者的努力下，国产的超声流量计已经批量生产并投入使用，在风速测量领域，国内比较先进的是上海华岩仪器设备有限公司生产的 2D 超声波测风仪，国外比较先进的是意大利 DeltaOHM 公司生产的 HD2003 超声波测风仪。

5.5.2　系统理论分析与计算

1. 确定风速

本系统是由四个超声波测距模块呈十字形交叉对接组成，图 5-90 所示为超声波模块分布图，十字分别对应东、南、西、北四个方向。根据目前的超声波反射装置内的通道的设置，规划路径是平行式、V 形、Z 形、U 形和并行式等[19,20]，本设计采用十字平行安装。在东西和南北两条直线上分别放置一对超声波测距模块，这样可以在计算风速时很好地把声速消掉，从而解决了超声波在不同环境中，声速不同所带来的误差问题。测量时，将超声波换能器成对放置，两个换能器交替进行收发、发收操作，通过检测超声波在两个方向的传播的时间差得到流体速度[21]。超声波测速原理是通过固定距离（S）来测量从发送到接收的脉冲时间，利用公式求得风速，即

$$\frac{S}{V_{声}-V_{风}}=T_1 \tag{5-11}$$

$$\frac{S}{V_{声}+V_{风}}=T_2 \tag{5-12}$$

式中，T_1、T_2 分别是同一方向上的两个超声波测距模块的测量时间。

解式（5-11）和式（5-12）得 $V_{风}=\frac{1}{2}\left(\frac{S}{T_2}-\frac{S}{T_1}\right)$，从而分别测得东西和南北方向的风速。

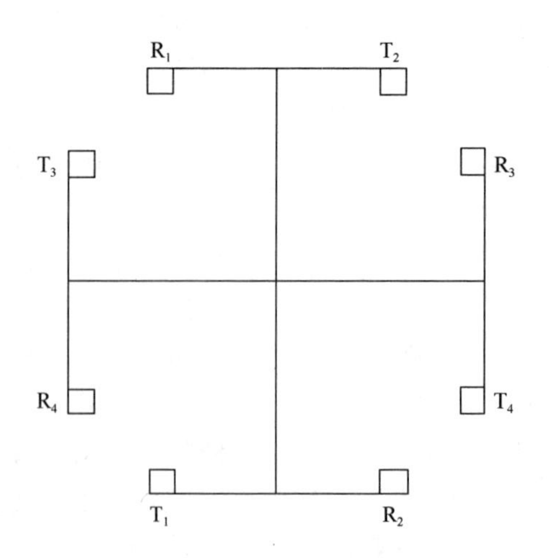

图 5-90　超声波模块分布图

2. 确定风向

首先对每一个超声波模块指定一个方向，当东西或者南北方向有一个测得的风速为零时，说明只有一个方向有风，此时对比接收端的脉冲时间，时间小者所指定的方向即是风向。当两个方向有风速时，实际的风速和风向是由两个风速合成的，具体的合成如下。

设两个方向的风速分别为V_1和V_2，则实际风速$V_{风}=\sqrt{V_1^2+V_2^2}$。

风向的判断方法如下：首先通过比较南北方向的时间大小，确定时间小者（T_1）为南向或者北向；然后同理确定另一时间小者（T_2）为东向或者西向，以此定下基方向；然后根据反正切值求出具体角度θ，具体计算公式为$\theta=\arctan（T_1/T_2）$，由此可得精确风向。

风速与风向合成示意图如图 5-91 所示。

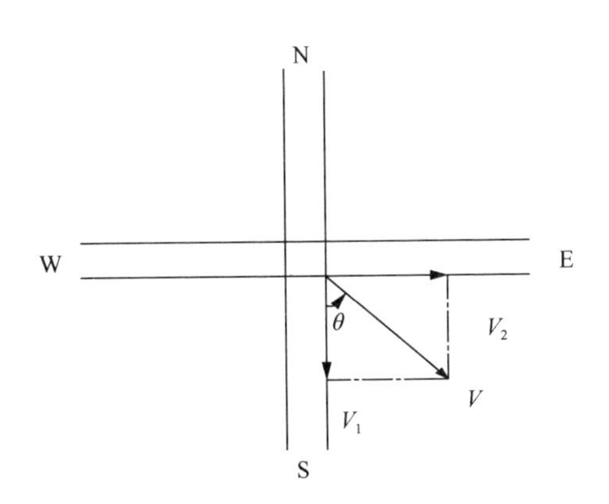

图 5-91 风速与风向合成示意图

5.5.3 系统整体方案设计

本系统的主要技术指标为发射器发射出长约 6mm，频率约 40kHz 的超声波信号，超声波发送与接收模块距离为 20cm。本系统主要由单片机 STM32、四组超声波测距模块、电压转化电路和外置风扇等几部分组成。当单片机给一个脉冲后，经过转化电路将 3V 电压转化成可以驱动超声波模块正常工作的 5V 电压，超声波模块启动后，用风扇吹向超声波测距模块，发射模块发出的超声波就会发生偏移，从而使接收模块接收到的超声波发生变化，此模块将这些变化传输给处理器，处理器经过识别处理之后，会显示对应的风速、风向等数据。最后，读取数据并记录，超声波测风速的系统完成一次测试。由于距离一定，顺风与逆风的时间分别为 T_2 和 T_1，这样可以用两个式子联立得到风速，且与超声波传播速度无关，而超声波的传播速度主要受温度影响，因此本设计也基本消除了环境温度对测量结果的影响[22]。系统原理框图如图 5-92 所示，超声波风速仪功能框图如图 5-93 所示。

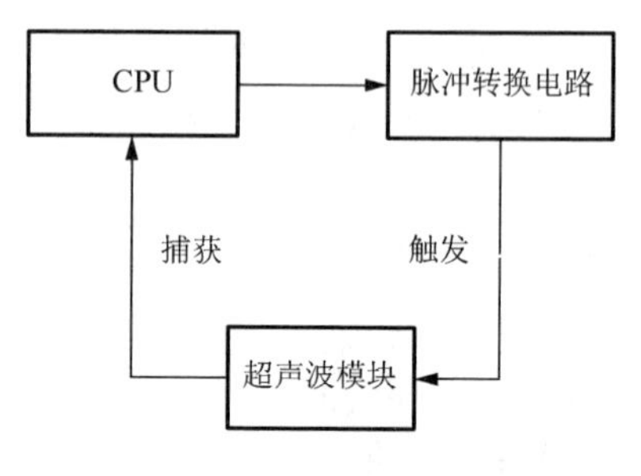

图 5-92　系统原理框图

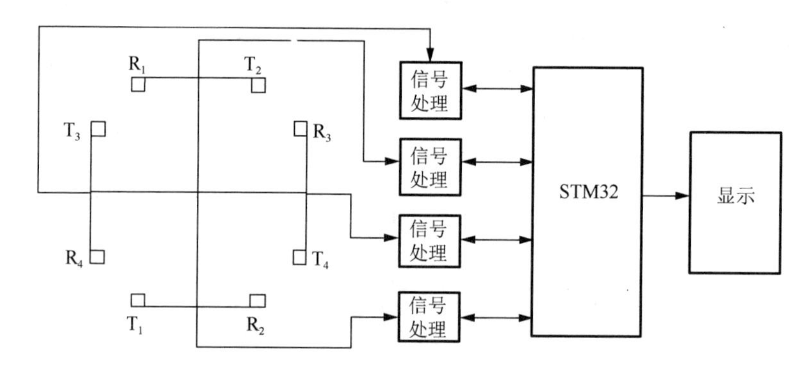

图 5-93　超声波风速仪功能框图

如图 5-93 所示，将四组超声波模块两两分别位于东西和南北干线，呈十字架形状。这四组超声波发射与接收模块中，R 表示接收模块，T 表示发射模块，与其型号相匹配的发射和接收模块分别在其对面的垂线上。因为风速在真空中的速度为 340m/s，但由于湿度、气压、温度等各种环境的影响，所以导致速度不一定是 340m/s，这样可以得到风速的大小，顺风传播与逆风传播经过相同距离所需的传播时间不同，只要分别测量出两个方向的传播时间，便可推导出顺风和逆风的传播速度，进而得到空气的流动速度[23]。通过两个坐标，就可以测量出任意方向吹来风的风向和经过超声波发射和接收模块之间的时间，最后将这些数据传输给处理器，进行识别计算后，将风向和风速显示到 LCD 屏幕上。

5.5.4　系统硬件电路设计

1. 选用 STM32F4 单片机

STM32F4 单片机是内核为 CortexTM-M4 高性能微控制器，其优点是兼容能力强，集成了新的 DSP 和 FPU 指令，168MHz 的高速性能使得数字信号控制器应用和快速的产品开发达到了新的水平，提升了控制算法的执行速度和代码效率。它拥有多重 AHB 总线矩阵和多通道 DMA，支持程序执行和数据传输并行处理，数据传输速率非常快。210DMIPS@168MHz 采用了 ST 的 ART 加速器，超低电压为 1.8～3.6V V_{DD}，在某些封装上，可降低至 1.7V 全双工 I2S12 位 ADC 为 0.41us 转换/2.4Msps（7.2Msps 在交替模式）高速 USART，速度可达 10.5Mbits/s 高速 SPI，可达 37.5Mbits/sCamera 接口，可达 54M 字节/s。因此，此款单片机性价比很高，能大大提高系统精度和速率，是最合适之选。

2. 脉冲转化电路

当输入信号为 0V 时，三极管处于截止状态，输出信号为 5V；当输入信号为 3.3V 时，三极管导通，输出信号为 0V。脉冲转化电路图如图 5-94 所示。

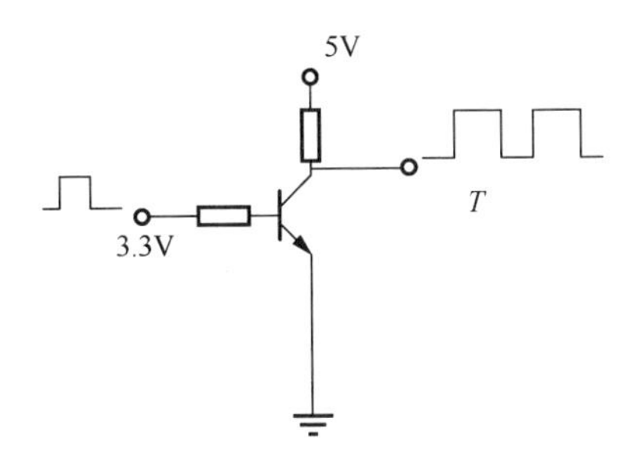

图 5-94 脉冲转化电路图

3. 超声波测距模块

超声波测距模块的基本参数如下：工作电压为 4.5～5.5V；功耗电流最小为 1mA，最大为 20mA；谐振频率为 40kHz；探测距离为 4mm～4m，误差为 4%。超声波测距是借助超声波冲回波渡越时间法来实现的。设超声波脉冲由传感器发出到接收所经历的时间为 t，超声波在空气中的传播速度为 c，则从传感器到目标物体的距离 D 可用下式求出：$D=ct/2$。基本原理为经发射器发射出长约 6mm，频率约 40kHz 的超声波信号，此物体被信号反射回来用接收头接收，接收头实质上是一种电效应的换能器，它接收到信号后产生 mV 级的微弱电压信号。其原理框图及电路图如图 5-95 和图 5-96 所示。

如图 5-97 所示为超声波时序图，超声波模块采用 IO 触发测距，提供至少 10μs 的高电平信号后，模块自动发送 8 个 40kHz 的方波，自动检测是否有信号返回，一旦检测到有回波信号，则输出回响信号。当有信号返回时，通过 IO 输出一个高电平，高电平持续的时间就是从超声波发射端到接收端的时间，超声波从发射到返回的时间得到后，测试距离=高电平时间×声速。本次研究东西、南北两个超声波模块采取延时 5μs 相继发出 10μs 的 TTL 高电平脉冲，这样大大减少了信号的干扰，如果同时发出高电平脉冲，超声波模块对应的接收端可能接受的不仅仅是对应的发射端信号，很容易受到干扰。

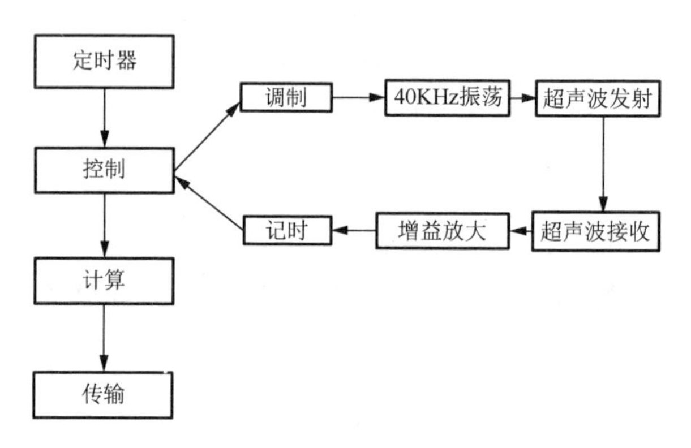

图 5-95　超声波模块原理框图

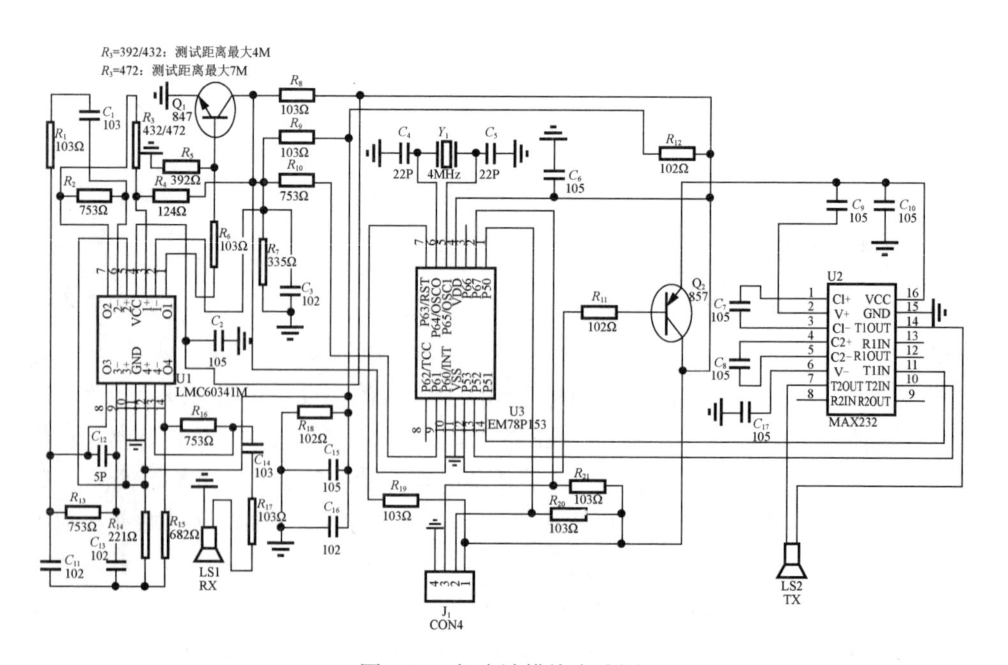

图 5-96　超声波模块电路图

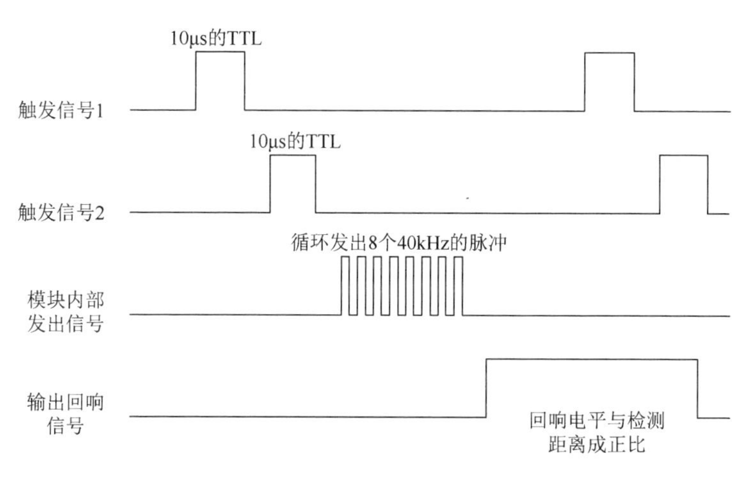

图 5-97 超声波时序图

5.5.5 系统软件设计

1. 基础配置

对于超声波测风速与测风向程序的编写，首先需要对定时器通道进行各种配置，总体上先对 TIM2 定时器通道 1 进行配置，TIM3 定时器通道 3 进行配置，TIM5 定时器通道 1、通道 3 进行配置，总共 4 对通道。而对于输入捕获测量高电平脉宽的原理，假定定时器工作在向上计数模式，比如在 t_1～t_2，就是需要测量的高电平时间。测量方法如下：首先设置定时器通道 x 为上升沿捕获，这样到 t_1 时刻，就会捕获到当前的 CNT 值，然后立即清零 CNT，并设置通道 x 为下降沿捕获，这样到 t_2 时刻，又会发生捕获事件，得到此时的 CNT 值，记为 CCRx2。这样，根据定时器的计数频率，就可以算出 t_1～t_2 的时间，从而得到高电平脉宽。

如图 5-98 所示为输入捕获脉宽测量原理图，在 t_1～t_2，可能产生 N 次定时器溢出，这就要求对定时器溢出做处理，防止高电平太长，导致数据不准确。如果定时器多次溢出，在 t_1～t_2，CNT 计数的次数等于 N×ARR+CCRx2，有了这个计数次数，再乘以 CNT 的计数周期，即可得到 t_2～t_1 的时间长度，即高电平持续时间，这就是输入捕获的原理。

STM32F4 的定时器，除了 TIM6 和 TIM7，其他定时器都有输入捕获功能。STM32F4 的输入捕获，简单地说就是通过检测 TIMx_CHx 上的边沿信号，在边沿信号发生跳变（如上升沿/下降沿）的时候，将当前定时器的值（TIMx_CNT）存放到对应的通道的捕获/比较寄存器（TIMx_CCRx），完成一次捕获。同时还可以配置捕获时是否触发中断/DMA 等。

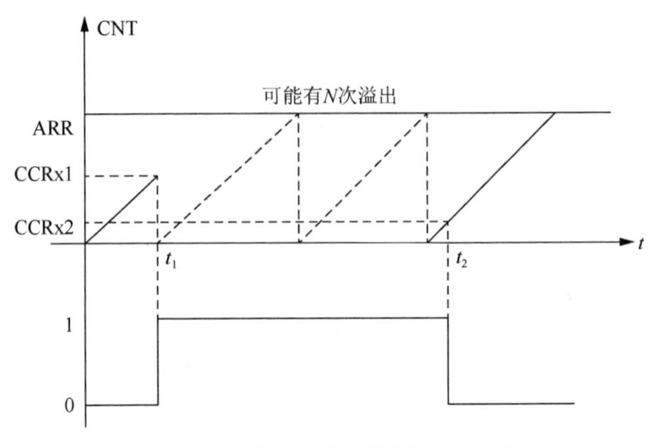

图 5-98　输入捕获脉宽测量原理图

对于输入捕获的步骤，TIM2 定时器、TIM3 定时器、TIM5 定时器是一样的，以 TIM2 定时器为例，通道的配置为开启 TIM2 时钟，配置 PA5 为复用功能（PA5），并开启下拉电阻。要使用 TIM2，必须先开启 TIM5 的时钟。要捕获 TIM2_CH1 上面的高电平脉宽，先配置 PA5 为带下拉的复用功能，同时为了让 PA0 的复用功能选择连接到 TIM2，设置 PA5 的复用功能为 AF2，即连接到 TIM2 上面。这里使用的是定时器 TIM2 的通道 1，因此可以从 STM32F4 对应的数据手册查看到对应的 IO 口为 PA5。在开启 TIM5 的时钟之后，要设置 ARR 和 PSC 两个寄存器的值来设置输入捕获的自动重装载值和计数频率。这在库函数中是通过 TIM_TimeBaseInit 函数实现的，定时器分频为 TIM_CKD_DIV1，计数模式为向上计数模式。

设置 TIM5 的输入捕获参数，开启输入捕获。TIM2_CCMR1 寄存器控制输入捕获 1 和 2 的模式，包括映射关系、滤波和分频等。这里需要设置通道 1 为输入模式，且 IC1 映射到 TI1（通道 1）上面，并且不使用滤波（提高响应速度）器。如图 5-99 所示为 TIM2 时钟输入捕获步骤流程图，TIM3 与 TIM5 输入捕获步骤流程图与其类似。

同时对于参数设置结构体 TIM_ICInitTypeDef 的定义理解，参数 TIM_Channel 用来设置通道，设置通道 1 为 TIM_Channel_1。参数 TIM_ICPolarity 是用来设置输入信号的有效捕获极性，这里设置为 TIM_ICPolarity_Rising，上升沿捕获。同时库函数还提供了单独设置通道 1 捕获极性的函数。通道 1 为上升沿捕获，同时对于其他三个通道也有一个类似的函数，使用的时候一定要分清楚使用的是哪个通道该调用哪个函数，格式为 TIM_OCxPolarityConfig()。参数 TIM_ICSelection 用来设置映射关系，可以配置 IC1 直接映射在 TI1 上，选择 TIM_ICSelection_DirectTI。参数 TIM_ICPrescaler 用来设置输入捕获分频系数，这里不分频，因此选中 TIM_ICPSC_DIV1，还有 2、4、8 分频可选。参数 TIM_ICFilter 设置滤波器长度，这里不使用滤波器，因此设置为 0。

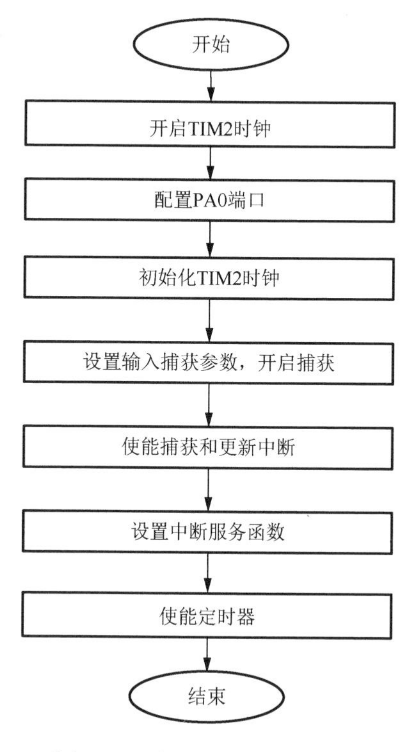

图 5-99　输入捕获步骤流程图

之后就是使能捕获和更新中断（设置 TIM2 的 DIER 寄存器），因为要捕获的是高电平信号的脉宽，所以第一次捕获是上升沿，第二次捕获是下降沿，必须在捕获上升沿之后，设置捕获边沿为下降沿。同时，如果脉宽比较长，那么定时器就会溢出，对溢出必须做处理，否则结果就不准了。不过，由于 STM32F4 的 TIM2 是 32 位定时器，假设计数周期为 1μs，那么需要 4294s 才会溢出一次，这基本上是不可能的。这两件事，都在中断里面做，因此必须开启捕获中断和更新中断，这里使用定时器的开中断函数 TIM_ITConfig，即可使能捕获和更新中断。

最后就是设置中断优先级，因为编写中断服务函数要使用中断，所以在系统初始化之后，需要先设置中断优先级分组，这里的方法跟前面讲解一致，调用 NVIC_PriorityGroupConfig()函数即可，系统默认设置都是分组 2。设置中断优先级的方法前面多次提到这里不做讲解，主要是通过函数 NVIC_Init()来完成。设置优先级完成后，还需要在中断函数中完成数据处理和捕获设置等关键操作，从而实现高电平脉宽统计。在中断服务函数中，跟以前的外部中断和定时器中断实验一样，在中断开始的时候要进行中断类型判断，在中断结束的时候要清除中断标志位。

中断服务函数中，TIM2 定时器通过通道 1 进行捕获，TIM3 定时器通过通道 3 进行捕获，TIM5 定时器通过通道 1、通道 3 进行捕获，基本是一样的，watch[0]=0 为还没有捕获的状态，watch[0]=1 为捕获到上升沿的状态，watch[0]=2 为未捕获到下降沿的状态，然后将捕获到的下降沿时间与上升沿时间做差之后，即为脉宽的宽度。对于捕获到的时间要进行 5 次取平均来得到时间 L[0]、L[1]、L[3]、L[4]，最后再对中断标志位进行清除。

2. 风速测量

计算风速时把声速消掉，从而解决了超声波在不同环境中，声速不同所带来的误差问题。超声波测速原理是通过固定距离（S）来测量从发送到接收的脉冲时间，利用式（5-11）与式（5-12）求得风速。

由于距离一定，顺风与逆风的时间分别为 T_2 和 T_1，这样可以用两个式子联立得到风速。因为风速在真空中的速度是 340m/s，但由于湿度、气压、温度等各种环境的影响，速度不一定是 340m/s，这样就可以得到风速大小。如图 5-100 所示为测风速流程图。

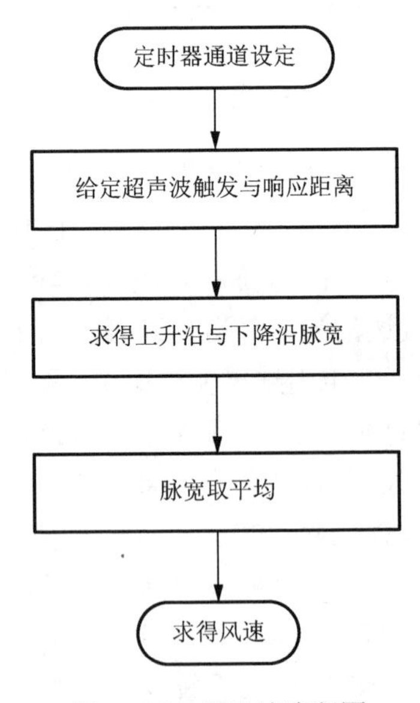

图 5-100　测风速流程图

首先是定时器通道设定，对 TIM2 定时器进行通道 1 的配置，TIM3 定时器进行通道 3 的配置，TIM5 定时器进行通道 1、通道 3 的配置，总共 4 对通道配置完成后，给定超声波触发与响应距离，设定为 30cm，然后再根据上升沿定时器的数值与下降沿定时器的数值求得脉宽并取平均，两式联立求得风速，消去声速。

3. 风向测量

测风向流程图如图 5-101 所示，设定南北方向为 1，东西方向为 0，以 wspeed[0]代表从东向西的风速，如果其为正且南北方向无风时，代表东风，如果其为负值且南北方向无风时，代表西风。以 wspeed[1]代表从南向北的风速，如果其为正且东西方向无风时，代表南风，如果其为负值且东西方向无风时，代表北风。

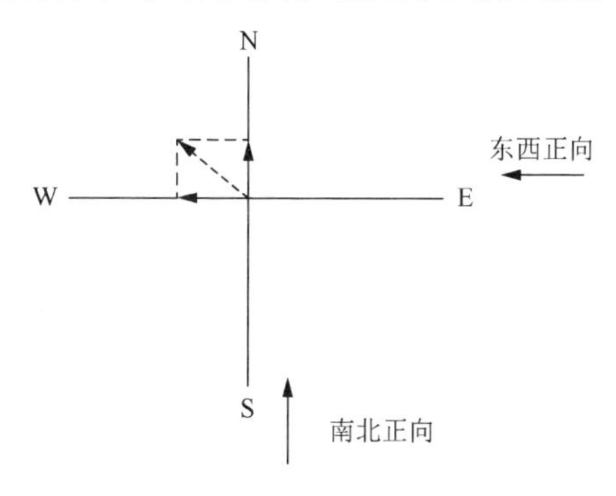

图 5-101 测风向流程图

而对于不在正方向的风，当 wspeed[0]为正时，若 wspeed[1]为正，则为东偏南风；若 wspeed[1]为负，则为东偏北风。以此类推，当 wspeed[0]为负时，若 wspeed[1]为正，则为西偏南风；若 wspeed[1]为负，则为西偏北风。如图 5-102 为超声波风速风向仪显示屏界面。

```
timediff  is :827.7261us

timediff  is :815.9761us

timediff  is :841.3817us

timediff  is :838.2023us


wind direction:North by east 71
wind speed :1.1983m/s
```

图 5-102 超声波风速风向仪显示屏界面

5.5.6 测试条件与测试结果分析

随着传感器和单片机控制技术的不断发展，非接触式检测技术已被广泛应用于多个领域。目前，典型的非接触式探测方法有超声波探测、CCD 探测、雷达探测和激光探测等。其中，CCD 探测具有使用方便、无须信号发射源、同时获得大量的场景信息等特点，但视觉测距需要额外的计算开销。雷达探测具有全天候工作，适合于恶劣的环境中进行短距离、高精度测距的优点，但容易受电磁波干扰。激光探测具有高方向性、高单色性、高亮度、测量速度快等优势，尤其是对雨雾有一定的穿透能力，抗干扰能力强，但其成本高、数据处理复杂。与前几种探测方式相比，超声波探测可以直接测量近距离目标，纵向分辨率高，适用范围广，方向性强，并具备不受光线、烟雾、电磁干扰等因素影响，且覆盖面较大等优点。但是，超声波传播波速不恒定，超声波在介质中的传播速度随周围环境（温度、压力等）的变化而变化，其中温度的影响最为明显。常温下，超声波的传播速度为 340m/s，温度每升高 1℃，声速增加约为 0.6m/s，因此超声波探测时一般采用温度补偿的方法，即在数据处理中对超声波传播速度进行实时温度补偿。

并且，回波信号幅值随传播距离增大呈指数规律衰减，使得接收传感器接收到的回波信号随着测量距离的增大而大幅度减小，给回波前沿的准确定位带来困难，造成测量精度降低。在回路上串入自动增益调节环节（AGV），使得电路放大倍数随着测量距离的增大而相应增加，可有效解决该问题。

在此项设计中，通过对向的超声波探测来解决不同条件下超声波波速受影响的问题。下面就几个对超声波有较大影响的外界条件进行试验，可观察设计受外界条件的影响大小。接下来是在不同条件下测得的数据结果对比。

1. 不同温度下的数据结果对比

在 23℃与 13℃下测量数据结果的对比如表 5-7 和表 5-8 所示。

表 5-7　23℃下的数据　　（单位：m/s）

条件 风速（m/s） 组	1	2	3	4	4	平均值
温度 23℃ 气压 740mmHg 相对湿度 50%	风向/（°）	北偏西 68				
	0.4479	0.4314	0.4190	0.4377	0.4092	0.4290
	风向/（°）	北偏东 34				
	0.4472	0.4342	0.4217	0.4099	0.4352	0.4296

表 5-8　13℃下的数据　　（单位：m/s）

条件 风速（m/s） 组	1	2	3	4	4	平均值
温度 13℃ 气压 740mmHg 相对湿度 50%	风向/（°）	北偏西 43				
	0.4379	0.4321	0.4233	0.4351	0.4080	0.4273
	风向/（°）	北偏东 67				
	0.4412	0.4212	0.4223	0.4012	0.4311	0.4234

注：1mmHg=1.33322×10^2Pa

2. 不同气压下的数据结果对比

在气压 740mmHg 与 700mmHg 下测量数据对比如表 5-9 和表 5-10 所示。

表 5-9 气压 740mmHg 下的数据 （单位：m/s）

条件 风速（m/s） 组	1	2	3	4	4	平均值
温度 23℃ 气压 740mmHg 相对湿度 50%	风向/（°）	北偏西 68				
	0.4479	0.4314	0.4190	0.4377	0.4092	0.4290
	风向/（°）	北偏东 34				
	0.4472	0.4342	0.4217	0.4099	0.4352	0.4296

表 5-10 气压 700mmHg 下的数据 （单位：m/s）

条件 风速（m/s） 组	1	2	3	4	4	平均值
温度 23℃ 气压 700mmHg 相对湿度 50%	风向/（°）	北偏西 26				
	0.4213	0.4321	0.4113	0.4341	0.4080	0.4214
	风向/（°）	北偏东 54				
	0.4212	0.4112	0.4223	0.4322	0.4312	0.4236

3. 不同相对湿度下的数据结果对比

在相对湿度 50%与 70%下的数据结果对比如表 5-11，表 5-12 所示。

表 5-11 相对湿度 50%下的数据 （单位：m/s）

条件 风速（m/s） 组	1	2	3	4	4	平均值
温度 23℃ 气压 740mmHg 相对湿度 50%	风向/（°）	北偏西 68				
	0.4479	0.4314	0.4190	0.4377	0.4092	0.4290
	风向/（°）	北偏东 34				
	0.4472	0.4342	0.4217	0.4099	0.4352	0.4296

表 5-12 相对湿度 70%下的数据 （单位：m/s）

条件 风速（m/s） 组	1	2	3	4	4	平均值
温度 23℃ 气压 740mmHg 相对湿度 70%	风向/（°）	北偏西 35				
	0.4213	0.4112	0.4230	0.4311	0.4180	0.4209
	风向/（°）	北偏东 78				
	0.4312	0.4221	0.4130	0.4132	0.4420	0.4243

由以上测量结果分析可得误差的数量级为 10^{-3}，因此，测得的风速及风向结果比较准确。设计的超声波测风速风向仪具有以下特点和优点。

（1）超声波风速仪因为没有机械接触，所以稳定性、寿命提高很多，而且不受自然条件限制，实现了风向的自动测量。

（2）在有风沙、有腐蚀的环境中，超声波风速仪不受自然条件限制，精度依然很高。

（3）不同环境下均能测定瞬时风速。

（4）能在常规测风仪无法测量的恶劣自然环境中，无人管理下长期工作。与现有技术相比，具有突出的实质性技术和显著的进步。

该设计已广泛应用于工农业生产中，包括气象监测、环境监测、风力发电、现代农业、桥梁隧道、船舶航海和航空机场等领域。

设计完成以后经过测试，最终的实际效果基本符合条件。在接通电源以后，超声波测量系统开始工作，显示屏上开始显示测量所得的风速和风向，并且不断刷新测量结果，与实际的风速和风向对比，基本一致。

在测试超声波时，遇到的最大问题就是干扰，干扰对信号的接收有很大的影响。因此，在测试时，超声波整体要远离易反射物体，由于这些物体距离较近时会产生很多的反射波，如桌面的反射波会与电波信号混淆在一起，导致接收模块无法接收到正确的超声波信号，从而导致超声波信号不稳定。

针对干扰的问题，本设计也从信号处理电路着手去尽量减少干扰对信号接收产生的影响，利用对向的超声波模块，使接收时的超声波信号达到最优，特意对电路进行了改进以增强稳定性。另外，为了确保接收到的时间的准确性，在程序设计方面也增加了帧校验模块，判断 1min 内接收到的 3 帧数据是否相同，若相同，则校正；若不相同，则继续接收信号直到符合条件为止。

本设计还有很多需要完善的地方，如抗干扰方面，超声波接收模块收到正确时间的耗时还是比较长的，并且在不断刷新，现在只能做到取一个比较稳定的数值作为测量结果，这是需要改进的地方。

5.6　高精度数据采集系统

5.6.1　系统概述

过套管电阻率测井采用低频激励在油井套管内侧注入电流，通过测量套管上三个测量电极间的微小电压降获取泄漏地层电流，达到测量地层电阻率的目的。过套管测井信号测量电压数量级在微伏级，差分后的有效电压数量级在纳伏级。数据采集系统的精度直接关系到过套管电阻率测井的有效性。

根据过套管电阻率测井原理，要获得地层信息，需要得到三个测量电极之间的两个差分电压ΔU_1、ΔU_2，泄漏电流ΔI和参考电位V_{ref}四个物理量的值。首先要将每路输入信号调理到适合采集的范围内，再进行数据采集，然后再对采集到的四组数据进行处理。因此，采集系统要完成四路信号的调理、采集和传输，是过套管电阻率测井仪器的核心部分。

泄漏电流在毫安级（10^{-3}A），三个测量电极之间的直接测量电压在微伏级（10^{-6}V），差分电压在纳伏级（10^{-9}V），测量信号非常微弱，有用信号通常被噪声所淹没。这对信号采集系统的精度提出了非常高的要求。因此，对数据采集系统有以下几个方面的要求。

（1）对经超低噪声前置放大电路放大后的信号进行调理，获得低噪声的差分放大信号，使其达到A/D采集电路的输入信号条件。

（2）选取高精度低噪声的ADC，制定合理的采集方案，完成四路信号高精度采集。

（3）采用合理的数字降噪方法和信号检测方法，使得检测信号量级能够达到纳伏级。

5.6.2 系统整体方案设计

为了满足过套管电阻率测井仪的要求，数据采集系统包括信号调理、24bit同步采集、DSP控制和数据传输四部分。数据采集系统总体设计方案如图5-103所示。

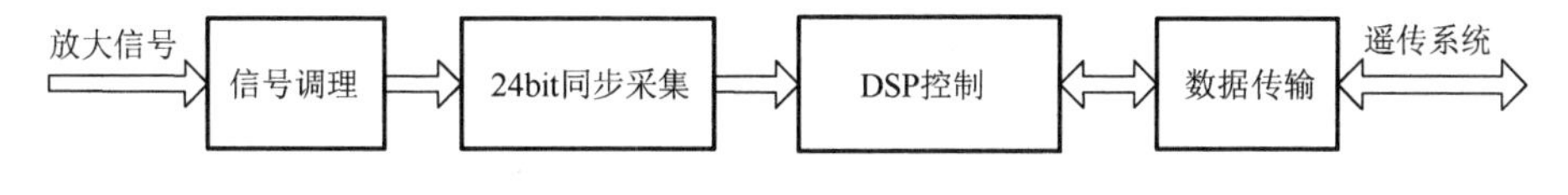

图5-103 数据采集系统总体设计方案框图

1. 信号调理电路

经过超低噪声前置放大器的放大和滤波处理，测量信号的量级已经达到了适合A/D采集的范围，为单端信号。为了满足ADC输入信号为差分的要求，必须对放大信号进行调理，将单端信号转为差分信号。

2. ADC的选择和采集方案

ADC的转换精度是采集系统的主要决定因素，而ADC的转换精度主要是由分辨率和转换误差来决定的。为了检测纳伏级信号，采集系统选取TI（德州仪器）公司生产的采用Δ-Σ技术的24位高分辨率A/D转换器ADS1271进行A/D转换。为了四路信号的采集过程互不干扰，采集电路设计为四个相同的数据采集通道，每个通道采集一路信号。为了避免采样信号的随机相位给信号处理结果带来误差，采用同一个 DSP 处理器控制实现四个通道信号的严格同步采集，ADC 和 DSP 处理器采用同步串行通信方式。这样，数据采集系统采用四个串行数据输出的 ADC 实现多路信号采集，用一个 DSP 处理器实现采集系统的控制，以及多路信号高精度数据采集。数据采集系统框图如图 5-104 所示。

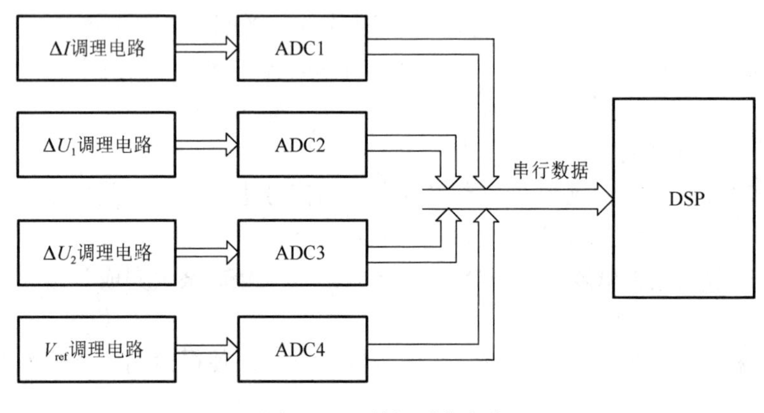

图 5-104　数据采集方案

除了选取较高转换精度的 ADC，制定合理的采集方案，还需要保证采集系统参考电压和供电电源的足够稳定，减小环境变化对 ADC 的影响。

3. 数据降噪处理方法

过套管电阻率测井仪在几千米油井深处工作，由于石油井下环境的影响，以及测井仪器强电的影响（大电流极性发转和测量仪器移动），测量电极的信号会引入很多种噪声，如白噪声、热噪声、由采样时钟抖动引起的相位噪声、测量仪器移动突变噪声以及由量化误差引起的量化噪声等。硬件电路设计中使用很多技术来减小噪声，电源线上的滤波电路、参考电压信号线上加旁路电容、模拟地和数字地分离、精心设计电路板走线等，但数据采集系统总会带来噪声。为了避免趋肤效应的影响，过套管电阻率测井仪器的激励源为3Hz 的正弦信号。根据奈奎斯特（Nyquist）采样定理，理论上在无噪声条件下，采样频率 $f_s \geqslant 6\text{Hz}$ 即可保证采样信号可以无失真地恢复出原始信号。为了进一步抑制数据采集系统的噪声，提高整个采集系统的测量精度，采集系统采用了过采样技术和采样积分/平均技术。

1）过采样技术

过采样是指以远远高于奈奎斯特采样频率的频率对模拟信号进行采样。由信号采样量化理论可知，若输入信号的最小幅度大于量化器的量化阶梯$\varDelta$，并且输入信号的幅度随机分布，则量化噪声的总功率是一个常数，与采样频率 f_s 无关，在 0～$f_s/2$ 的频带范围内均匀分布。因此，量化噪声电平与采样频率成反比，提高采样频率，可以降低量化噪声电平，而基带是固定不变的，因而减少了基带范围内的噪声功率，提高了信噪比。图 5-105 所示为不同采样频率下量化噪声的分布，它清楚地显示了采样频率与噪声电平的关系。f_{s2} 远远大于 f_{s1}，其基带内的量化噪声功率小很多。

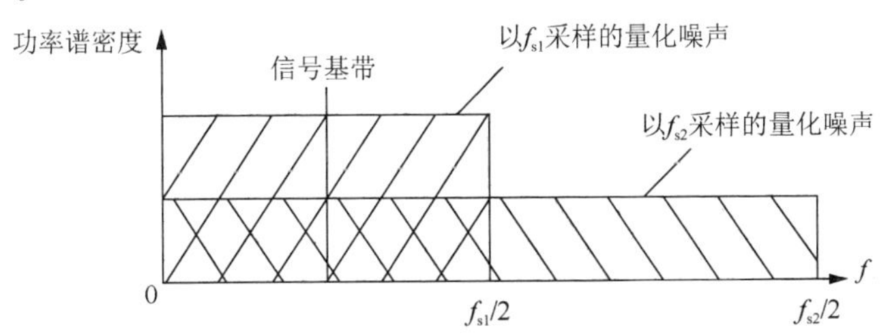

图 5-105 不同采样频率下量化噪声的分布

原信号模拟域频谱 $X_c(\mathrm{j}\varOmega)$ 如图 5-106（a）中的实线所示。$\varOmega_N$ 是有用信号的最高频率，更高频的分量是噪声。抗混叠模拟低通滤波器频率响应如图 5-106（a）中虚线所示。事实上，它很难做到锐截止，而是在 $\varOmega_C$ 以上才将噪声衰减到可以忽略不计。

模拟低通滤波器输出为 $x_a(t)$，其模拟域频谱 $X_a(\mathrm{j}\varOmega)$ 如图 5-106（b）所示。在 $\varOmega_N \sim \varOmega_C$ 频率范围内的噪声未能衰减到可以忽略不计的程度。

用采样周期 T 对 $x_a(t)$ 采样，其中 T 满足

$$\frac{2\pi}{T}-\varOmega_C>\varOmega_N \tag{5-13}$$

得到数字信号，其数字域频谱 $X(\mathrm{e}^{\mathrm{j}\omega})$ 如图 5-106（c）中实线所示。式（5-13）的存在保证：虽然数字域频谱可能发生混叠，但不会影响 $|\omega|<\omega_N=\varOmega_N T$ 范围内的有用信号。若选取 T 满足 $\pi/(MT)=\varOmega_N$（其中 M 为整数，称为过采样率），则混叠的部分可以用截止频率为 π/M 的理想锐截止数字滤波器滤除。数字滤波器的频谱如图 5-106（c）中虚线所示。

把数字滤波器输出信号进行 M 倍减采样，得到信号 $x_d(n)$，其数字频谱为 $X_d(\mathrm{e}^{\mathrm{j}\omega})$。则 $X_d(\mathrm{e}^{\mathrm{j}\omega})$ 相当于把 $X(\mathrm{e}^{\mathrm{j}\omega})$ 处于数字滤波器通带内的频谱保留，并在频率轴拉伸 M 倍，如图 5-106（d）所示。$x_d(n)$ 相当于对 $x_a(t)$ 以 $T_u=MT$ 为采样周期进行采样。可见，通过对滤波结果进行 M 倍减采样，使过采样方法与传统方法相比不会增加后续信号处理数据量。

众所周知，锐截止数字滤波器要比锐截止模拟滤波器容易实现得多，其稳定性、精度、相位特性等也好得多。以数字滤波来代替模拟滤波，这就是过采样技术的核心价值所在。过采样可以降低数据采集的量化误差，并且过采样率 M 每增大 4 倍，在量化噪声意义上就相当于把 A/D 转换器件位数增加 1 位。

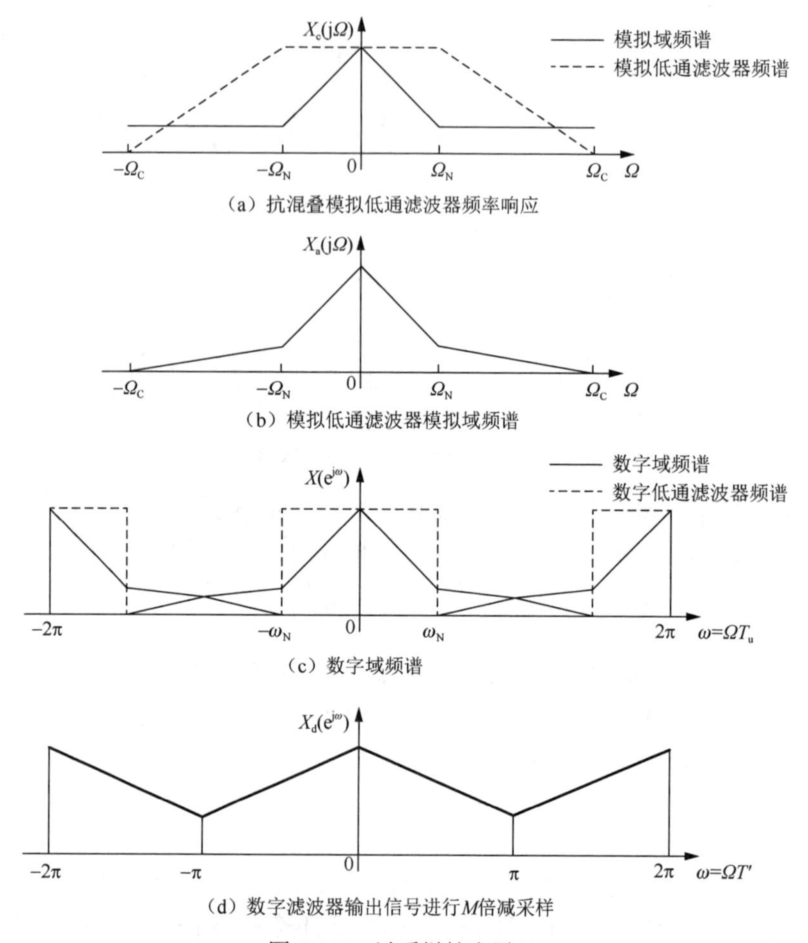

（a）抗混叠模拟低通滤波器频率响应

（b）模拟低通滤波器模拟域频谱

（c）数字域频谱

（d）数字滤波器输出信号进行M倍减采样

图 5-106　过采样技术原理

理论表明，对于满量程正弦输入信号，理论信噪比为

$$\mathrm{SNR}=(6.02N+1.76)\mathrm{dB} \tag{5-14}$$

而对于过采样，信噪比为

$$\mathrm{SNR}=(6.02N+1.76+10\lg R)\mathrm{dB} \tag{5-15}$$

式中，N 为量化的比特数；R 为过采样比。可见采用过采样，信噪比提高了 $(10\lg R)\mathrm{dB}$ 。

假设一个给定的信号在处理过程中要达到 70dB 的 SNR，按上面的公式至少要有 12bit 的变换器分辨率（满幅度正弦波和理想变换器），在测量中噪声频带为 0～$f_s/2$Hz。若采用 8 倍频带采样（图 5-107），可以看到实际的信号只占 1/4 频带空间，而噪声在频带内均匀地扩散，若用数字滤波器过滤样值信号，可以除去大约 3/4 的噪声，增加 4dB 或 6dB 的信噪比，这种有效增加的信噪比称为处理增益，是通过采样获得的。

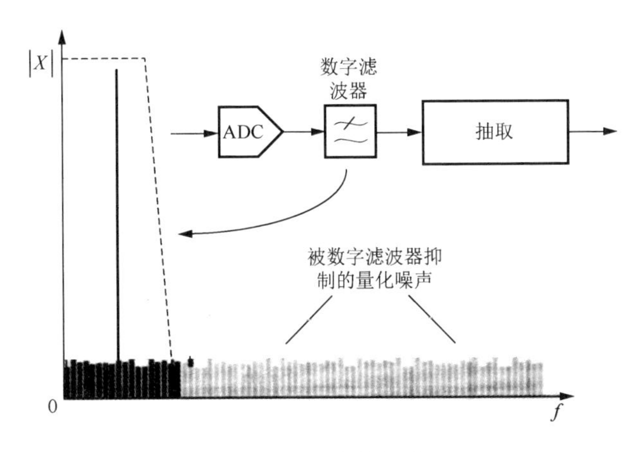

图 5-107 过采样和量化噪声

一个简单的最大处理增益公式可以容易地推导出来，即

$$处理增益（dB）=10\lg（采样频率/2\times信号带宽） \tag{5-16}$$

理论上，如果过采样倍数足够大，通过数字滤波，就可以用低位量化达到高分辨率的目的。每增加一位分辨率（信噪比增加 6dB），过采样倍数 R 就需要增加 4 倍。

过套管电阻率测井采集系统利用了过采样技术，以 32kHz 的采样信号对 3Hz 的有用信号进行采样，从而大大提高了信噪比。

2）采样积分/平均技术

采样积分/平均算法就是利用噪声信号是随机的，其均值为零的特性，对同一样点进行多次采样累加或平均来压制噪声，从而提高信噪比。

采样信号经 m 次测量并积分，是线性相加的，信号积分值为平均值的 m 倍；而随机噪声是无规则起伏的，应按矢量相加和均方根值平均，噪声积分值为平均值的 $\sqrt{m}$ 倍，故 m 次测量信噪比公式为

$$(\mathrm{SNR})_\mathrm{o}=\frac{ms}{\sqrt{mN^2}}=\sqrt{m}\,\frac{s}{N}=\sqrt{m}(\mathrm{SNR})_\mathrm{i} \tag{5-17}$$

则信号改善比为

$$\mathrm{SNIR}=\frac{(\mathrm{SNR})_\mathrm{o}}{(\mathrm{SNR})_\mathrm{i}}=\sqrt{m} \tag{5-18}$$

若信号频率为 3Hz，采样频率为 32kHz，采样长度为 32K，在该采样长度内对输入信号进行采样，得到 N 个采样点，在采样频率远远大于信号频率的情况下，对每 32 个采样点进行累加，则得到累加平均后的采样信号为

$$x(n)=\frac{1}{32}\sum_{m=0}^{31}x(32n+m)=\frac{1}{32}\sum_{m=0}^{31}A\sin[2\pi f(32n+m)/f_\mathrm{s}] \tag{5-19}$$

累加平均后，等效为信号采样频率降低了 32 倍，但由于噪声的零均值特性，

累加平均后，噪声大大降低，而信号幅度几乎不变，因此信噪比得到了明显提高，如图 5-108 所示。

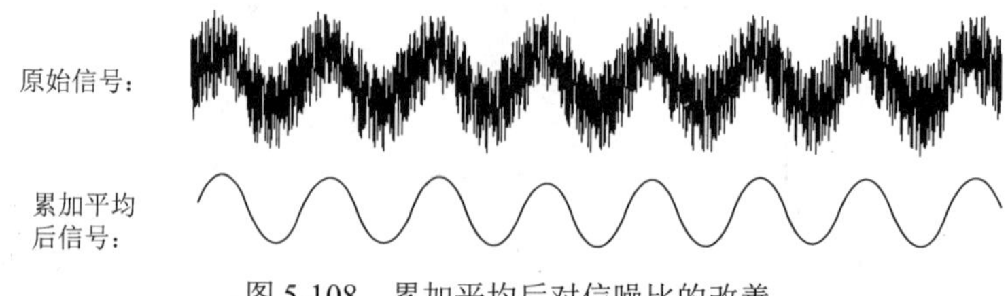

图 5-108　累加平均后对信噪比的改善

根据式（5-19）可知，当累加长度为 $m=32$ 时，信噪比的改善为

$$\mathrm{SNIR}=\frac{(\mathrm{SNR})_\mathrm{o}}{(\mathrm{SNR})_\mathrm{i}}=\sqrt{32}=5.66 \tag{5-20}$$

5.6.3　系统硬件电路设计

四通道 24 位高分辨率数据采集系统如图 5-109 所示。差分输入放大器 THS4130 具有低噪声、超低失真度的特点，其等效输入噪声为 $1.3\mathrm{nV}/\sqrt{\mathrm{Hz}}$ 、失真度为 0.000022%。模拟输入信号经过 THS4130 后以全差分方式连接到 ADS1271。四片 ADS1271 构成的菊花链连接到 DSP 处理器 ADSP-2189M 的同步串行口 SPORT0 上，ADSP-2189M 通过 USB2.0 接口与计算机相连，可以方便地进行采集模块的调试。参考电压基准为 ADS1271，提供精密的 2.5V 参考电压，同步采样电路保证采样信号与激励信号同步。

图 5-109 中，ΔU_1、ΔU_2 为经前置放大器与调理电路调理后的套管一阶电位差；ΔU_R 为激励电流经过电流取样电阻后取样电阻两端的电压值；V_ref 为参考电位。

1. 信号调理电路

为使输入信号适合信号采集电路进行采集，必须设计信号调理电路。ADS1271 要求输入信号为$-V_\mathrm{ref}$～$+V_\mathrm{ref}$（过套管电阻率测井采集系统中 V_ref 为 2.5V）的差分信号，而超低噪声前置放大器输出信号为−5～+5V 的双极性单端信号，因此信号调理电路需要设计单端转差分电路及幅度调节电路，以满足 ADC 对输入信号的要求。另外，由于地理环境、天气等因素的影响，套管上的信号不是一个固定的值，输入信号有微小变化则会引起前置放大器输出巨大变化，而且要保证精确测量，必须使被测信号在测量满量程的 1/3～2/3 处，因此需要设计程控增益电路。

1）程控增益电路

设计程控增益 1 倍挡和 10 倍挡，通过下发命令实现挡位切换，电路采用运放加模拟开关的方式实现。利用运算放大器构成两个放大倍数不同的反相比例放大电路，通过模拟开关的切换实现不同增益，实现方法如图 5-110 所示。

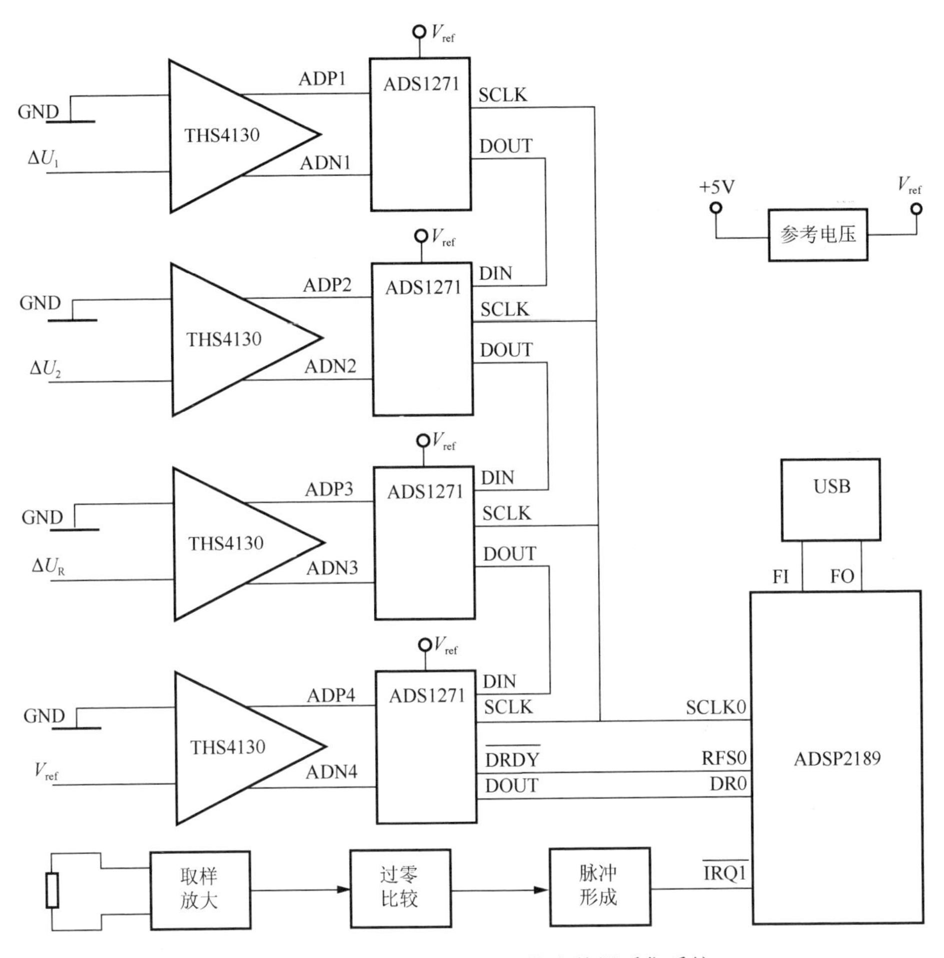

图 5-109　四通道 24 位高分辨率数据采集系统

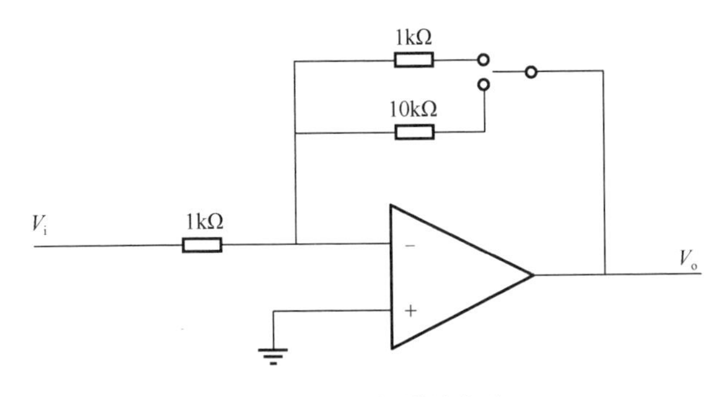

图 5-110　程控增益电路

2）单端转差分电路

单端转差分芯片选用 ADS1271 推荐芯片 THS4130。采用该芯片实现单端转差分有两种方式：全差分运放连接方式和抗混叠滤波连接方式。由于过套管电阻率测井的有用信号频率仅为 3Hz，而前级放大未使用宽带放大器，电路中的高频成分极少。若电路本身产生高频噪声，则使用抗混叠滤波器也无法解决；系统的 ADC 采用Δ-Σ 结构，采样频率远高于有用信号，对抗混叠滤波要求较低。因此，采用全差分连接方式实现单端信号到差分信号的转换，如图 5-111 所示。

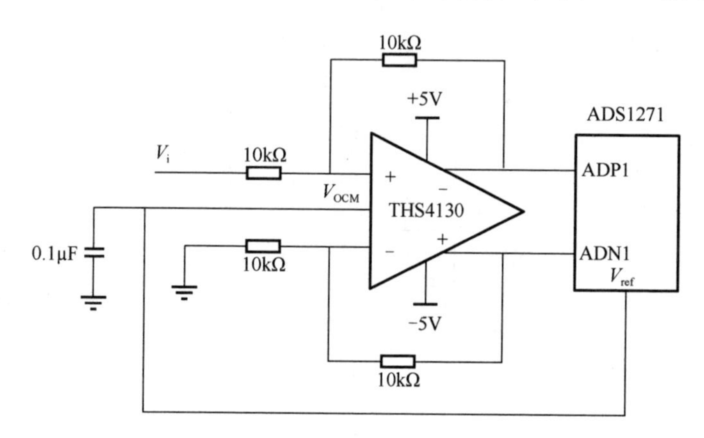

图 5-111　全差分连接方式

2. 24 位Δ-Σ ADC

过套管电阻率测井对数据采集系统的动态范围、分辨率和输出信噪比的要求很高，采集系统选用了采用Δ-Σ 技术的 24 位高分辨率 A/D 转换器 ADS1271 进行 A/D 转换。

ADS1271 是目前 TI 公司采样速率最高的单通道真 24 位Δ-Σ A/D 转换器之一，具有高速、高分辨、低功耗三种工作模式。高速模式下转换速率可达 105k/s，高分辨率模式下输出信噪比可达 109dB，低功耗模式下耗散功率仅 35mW。ADS1271 数据输出采用串行接口方式，具有 SPI 和 frame sync 两种串行接口方式。工作模式和串行接口方式由模式控制引脚 MODE 和串行接口格式控制引脚 Format 进行设置，可通过硬件跳线设置，也可由微处理器通过 I/O 口编程控制，接口非常简单。

过套管微弱信号检测数据采集采用 24 位Δ-Σ A/D 转换器 ADS1271 构成四个信号输入通道，由 ADSP2189M 控制四个通道同步采样，ADS1271 与 ADSP2189 通过串行接口传输转换数据。ADS1271 采用 16.384MHz 的采样时钟和串行口同步时钟。ADS1271 在高速、高分辨和低功耗三种工作模式下的数据输出速率 f_{DATA} 与采样频率 f_{CLK} 的关系如表 5-13 所示。

表 5-13 ADS1271 数据输出速率 f_{DATA} 与采样频率 f_{CLK} 的关系（f_{CLK}=16.384MHz）

MODE 引脚	工作模式	f_{CLK}/f_{DATA}	数据速率 f_{DATA}（kSPS）
MODE=0	高速	256	64
悬空	高分辨率	512	32
MODE=1	低功耗	512	32

考虑过套管电阻率测井信号采集高分辨率是关键技术要求，本系统设计 ADS1271 工作在高分辨率模式，因此数据速率为 32k/s。

3. ADC 参考电压

ADC 的电源和参考电压对于 ADC 的转换精度也有至关重要的影响，因此必须保证工作电源和参考电压有足够高的稳定度。ADS1271 工作电源有+5V、+3.3V 和+1.8V 三组，采集系统提供+5V 和-5V 双极性电源，剩余的两组电源同时也是 DSP 的工作电源。

ADS1271 参考电压选择 TI 公司的 REF5025-HT，提供+2.5V 参考电压，其工作温度为-55～210℃，满足系统高温设计。参考电压芯片 REF5025-HT，其温度漂移为 20ppm/℃，噪声为 $3uV_{pp}$ / V，输出电流为 ±7mA 。由 REF5025-HT 组成的 ADC 参考电压的电路如图 5-112 所示。

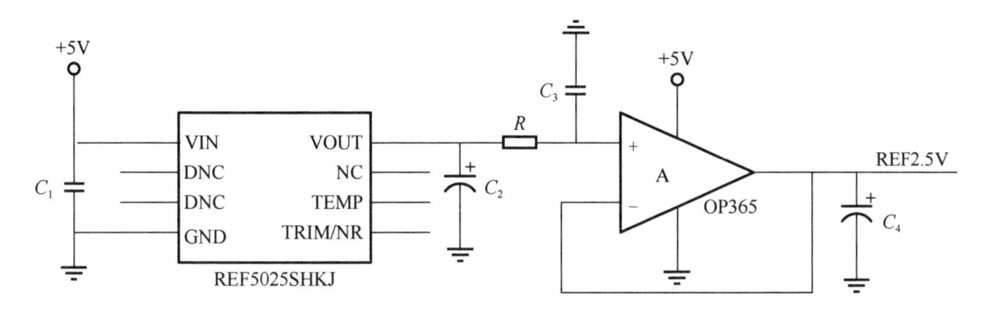

图 5-112 ADC 参考电压电路原理图

ADS1271 和 THS4130 都需要参考电压+2.5V，为了提高参考电压的输出电流，在 REF5025-HT 输出端增加一级电压跟随电路，提高输出电流的能力。电压跟随电路由高精度运放 OP365 组成，OP365 是 TI 公司推出的轨到轨高精度运放，工作温度为-40～+125℃，共模抑制比为 100dB（最小值），电压偏置为 100μV，输入电流偏置为 0.2pA，噪声为 $4.5\text{nV}/\sqrt{\text{Hz}}$ 。OP365 作为参考电压电路的跟随器，既保证了 ADC 参考电压的稳定度，又提高了 ADC 参考电压电路的驱动能力。

4. 菊花链连接的四路 A/D 转换器

ADS1271 串行接口方式支持菊花链，极大地简化了多片 ADS1271 与 DSP 微处理器的串行接口，只需使用微处理器一个支持 SPI 方式的串口，即可实现多通道同步数据采集，四片 ADS1271 组成的菊花链如图 5-113 所示。

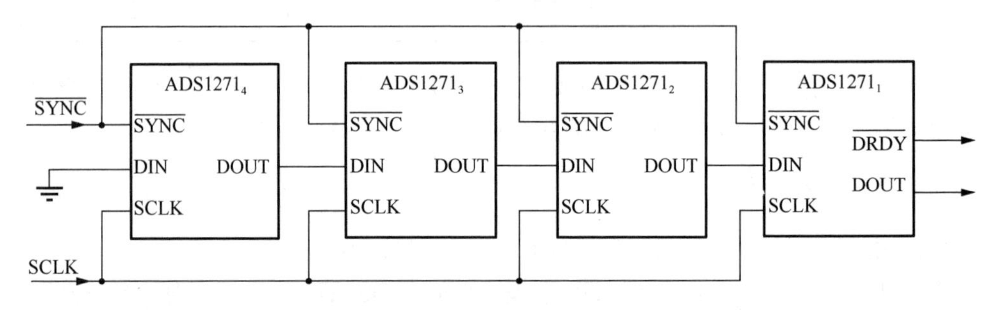

图 5-113　四片 ADS1271 组成的菊花链

在图 5-113 的连接方式下，四片 ADS1271 的转换结果将从最右边一片 ADS1271 的 DOUT 串行输出，最后一片地 DIN 接地，菊花链中所有的器件使用相同的串行时钟 SCLK。在 SPI 方式菊花链工作模式下，有的 ADS1271 采用都同步到同一个外部同步控制信号 $\overline{SYNC}$ 的方式，可实现多片 ADS1271 的同步采样。串行接口工作时序波形如图 5-114 所示。

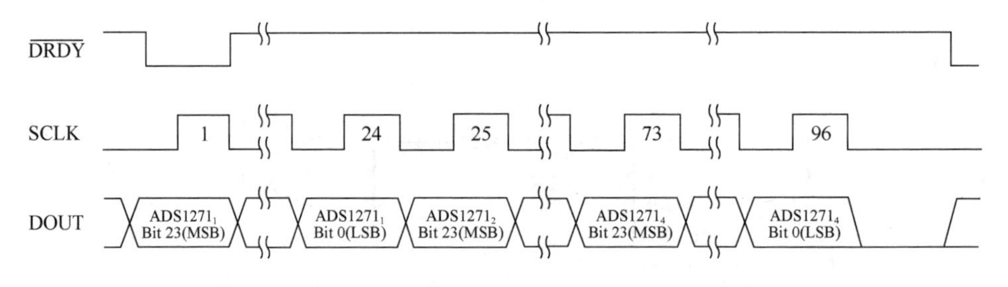

图 5-114　SPI 菊花链工作模式下多片 ADS1271 的串行接口时序

5. ADS1271 与 ADSP2189 的串行接口

ADS1271 与 ADSP2189 串行通信采用外部位同步时钟 16.384MHz。ADS1271 的 $\overline{DRDY}$ 作为 SPORT0 的 RFS0，SCLK 接 SCLK0，DOUT 接 DR0。ADS1271 工作模式由 MODE 引脚状态决定，由 ADSP2189 的 FL2 控制，软件设置 FL2 为逻辑高电平，因此 ADS1271 工作于高精度模式，采样速率为 32k/s。ADS1271 的串行口工作模式由 FORMAT 引脚状态决定，FORMAT 接地，ADSP1271 串行口工作方式为 SPI 方式。

ADSP2189为16位DSP，串行口数据位最多为16位，不能直接从ADS1271直接读取24位串行数据。为了与ADS1271的24位串行接口相连，设置ADS1271工作于SPI串行接口方式，设置ADSP2189的串行口SPORT0工作于24通道模式，每个通道数据位为8位，利用3个通道将24位串行数据分为3个8位数据读入DSP，通道0、1、2为第1个模拟输入通道的24位转换结果，通道3、4、5为第2个模拟输入通道的24位转换结果，通道6、7、8为第3个模拟输入通道的24位转换结果，通道9、10、11为第4个模拟输入通道的24位转换结果。在此配置下SPORT0控制寄存器控制位设置为

SLEN0=7， INVRFS0=1， MCE0=1， MCRE0=3F

为了节约ADSP的内存空间，接收到的3个8位数据经过移位相加，占用两个内存单元。ADS1271和ADSP2189采用16.384MHz串行时钟进行高速数据传输，即使ADS1271工作在高精度模式下，本系统也具备扩展到8个模拟输入通道的能力。ADS1271的$\overline{\text{DRDY}}$作为ADSP2189 SPORT0的接收FRAME同步信号RFS0，由于$\overline{\text{DRDY}}$低电平有效，而默认的RFS0高电平有效，因此RFS0的极性需要反转，通过SPORT0控制寄存器进行设置。ADSP2189的SPORT0多通道串行接收时序如图5-115所示。

6. 硬件同步采样

同步采样包含两个含义：一是指对四个模拟输入通道同步采样，即四个模拟通道的采样时刻在时间轴上是对齐的；二是指采样信号与激励信号同步，即每次采样信号的初相位相同。

同步采样使得每次采样得到的四个通道采样信号波形初相位相同，消除了采样信号的随机相位给后续数字信号处理带来的误差。

本系统的同步采样采用硬件电路来实现，减少了软件的复杂度，提高了同步的精度。其硬件结构框图及同步信号产生如图5-116所示。

5.6.4 系统软件设计

当系统收到采集命令时，在DSP的控制之下，采集芯片ADS1271进行采集，DSP将采集的数据读出，进行相关的数据处理。采集过程流程图如图5-117所示。

采集命令的处理是用中断的方式实现的。中断源为采样同步信号，连接在DSP的IRQ1上，一旦中断到达，同步标志位置“1”，DSP启动A/D转换；否则，同步标志位为“0”，井下系统继续等待同步信号到来。

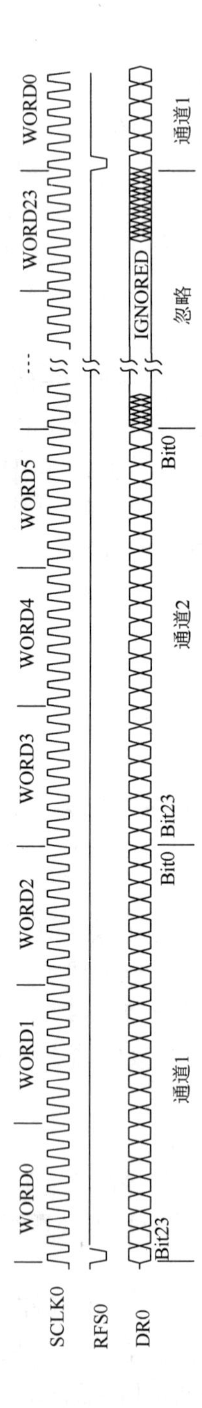

图 5-115　ADSP2189 的 SPORT0 多通道串行接收时序

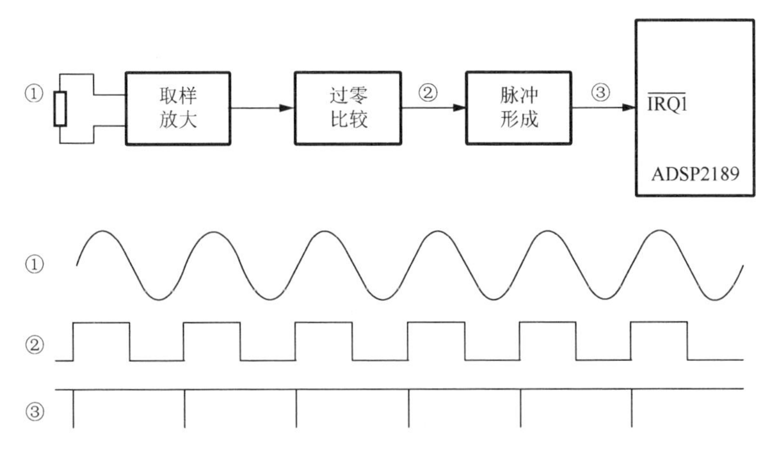

图 5-116　同步信号产生电路结构框图

A/D 转换的结果也是通过中断服务程序接收的，中断使用串口 0 接收中断，将串口 0 自动缓存控制寄存器（automatic cache control register）设置为自动发送模式，即可将采集到的数据传给接收寄存器 RX0，而后 DSP 会自动将数据接收到接收缓存区 rbuf 中。在数据接收过程中，每接收到一组数据，就直接对该数据进行累加运算，直到累加次数达到 32 次，再重新开始累加，其流程图如图 5-118 所示。

图 5-118 中，在 rbuf 中为 3 个 8 位字，是根据串口接收时序将串口 0 配置为 24 通道的多通道工作模式。由于 A/D 转换器为 4 通道 24 位数据，可等效为 12 通道 8 位数据，故将串口数据长度设为 8，使能通道为 0～11，这样存储到 rbuf 中的每 3 个通道构成一个 A/D 采集通道所采值，即通道 0、1、2 为第一个 A/D 采集通道的 24 为转换结果，通道 3、4、5 为第二个 A/D 采集通道的 24 位转换结果，通道 6、7、8 为第三个 A/D 采集通道的 24 位转换结果，通道 9、10、11 为第四个 A/D 采集通道的 24 位转换结果。为了节约 DSP 的内存空间，接收到的 3 个 8 位数据经过移位相加，占用两个内存单元存放到 bbuf 中，组合的方法是高 8 位前填 8 位符号位构成一个 16 位数，低 8 位与中间 8 位组合构成一个 16 位数。当串口 0 接收中断返回后，在主程序中判断采样结束标志是否等于“1”，若等于，进行数据处理、组帧及发送；否则，继续进行采样。

累加平均算法的实现较为简单，只需将采集时运算所得的 32 次累加结果向右平移 5 位（25=32）即可。

5.6.5　数据采集系统调试结果分析

采用安捷伦 33220A 函数信号发生器在室温环境下，过套管电阻率对数据采集系统进行了实验室测试。

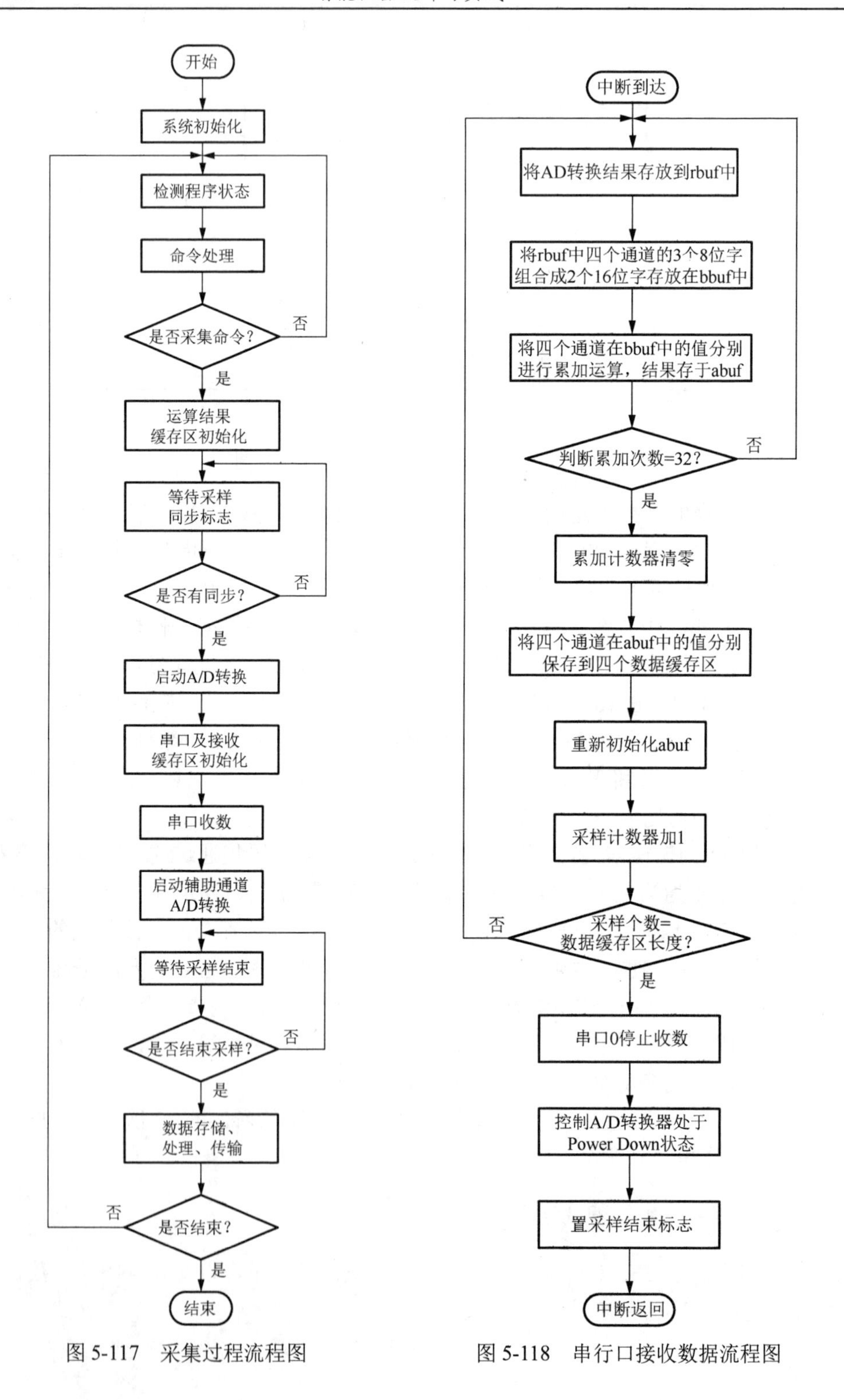

图 5-117　采集过程流程图

图 5-118　串行口接收数据流程图

1. 稳定性测试

图 5-119 所示为采集系统的四个采集通道稳定性测试结果。其中，通道 1 为一阶电位差ΔU_1采集通道，通道 2 为一阶电位差ΔU_2采集通道，通道 3 为电流取样ΔU_R采集通道，通道 4 为参考电位 V_{ref}采集通道。

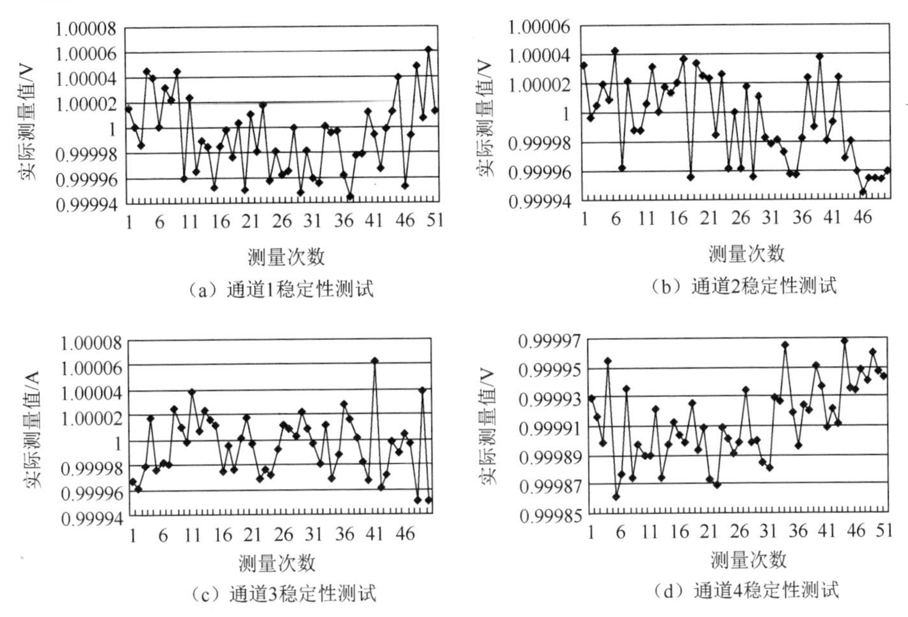

（a）通道1稳定性测试　（b）通道2稳定性测试

（c）通道3稳定性测试　（d）通道4稳定性测试

图 5-119　数据采集系统稳定性测试

参考俄罗斯 ECOS-31-7 过套管电阻率测井仪的技术指标：对于套管上的直接测量信号ΔU_1和ΔU_2分辨到 50nV，ΔI 分辨到 100μA，V_{ref}分辨到 50μV。超低噪声前置放大器对套管上的一阶电位差的放大倍数为 4500 倍，因此采集模块测量放大后一阶电位差信号分辨率至少应达到 200μV；调理板设计ΔI 和 V_{ref}均放大 3.5 倍，因此采集模块测量放大后的电流取样和电压参考至少分别应达到 350μA 和 175μV。由图 5-119 可以看出，通道 1 的分辨率在 120μV 以内；通道 2 的分辨率在 110μV 以内；通道 3 的分辨率在 120μA 以内；通道 4 的分辨率在 120μV 以内。完全满足仪器对采集模块的技术指标要求。

2. 线性度测试

图 5-120 所示为数据采集系统线性度测试结果。通过线性拟合，通道 1 的拟合公式为$y=1.0004x-0.0005$，通道 2 的拟合公式为$y=0.9997x-0.0002$，通道 3 的拟合公式为$y=0.9991x+5\times10^{-5}$，通道 4 的拟合公式为$y=1.0004x-0.0004$。将不同输入信号的多次测量结果与线性拟合公式求得理论值比较，得出系统最大

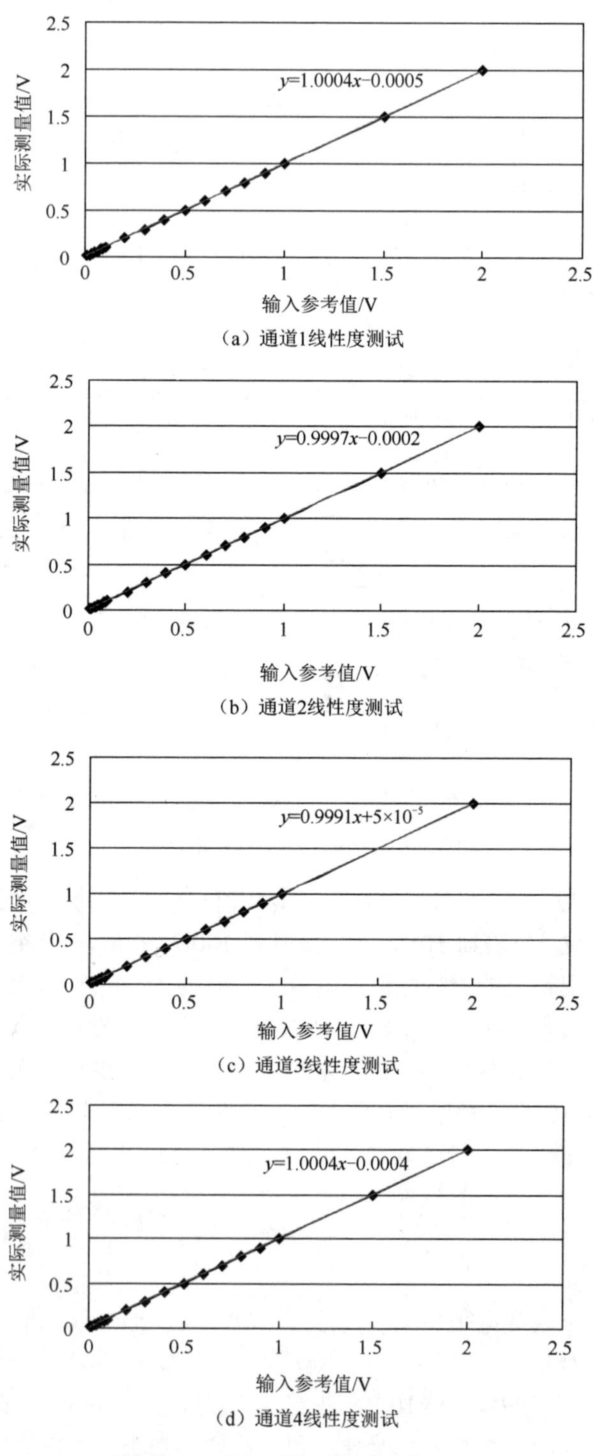

图 5-120　数据采集系统线性度测试

非线性误差为±2.63%，采集电路完全满足测量电路非线性误差≤±5%的要求，系统线性良好。

过套管电阻率测井仪数据采集系统采用ADSP2189对四路独立的采集通道进行同步采样控制，采用Δ-Σ技术的24位高分辨率A/D转换器ADS1271进行A/D转换。在数据降噪处理上，采用了过采样和累加平均技术。进行的实验室测试实验结果表明，数据采集系统的稳定性和线性度都达到了过套管电阻率测井仪器的要求。

5.7 基于DDS技术的超低频信号源系统设计

5.7.1 系统概述

超低频信号源主要是为过套管电阻率测井技术项目而设计的研究。过套管电阻率测井技术是在套管井内通过向套管内注入大电流（由于测井电缆的限制一般不超过6A），测量0.6m套管上的微小电压降，从而估计泄漏到目标地层的电流，通过计算地层电阻率，从而确定目标地层的含油情况[24]。测井是在井下套管内进行，由于套管是良导体，激励信号频率过高会产生趋肤效应现象，致使测量无法进行，因此要求测井信号源的频率非常低（通常在1Hz左右）[25,26]。该测井技术直接测量信号的量级为μV级，有用信号的量级为nV级，系统要求信号采集系统具有检测nV级信号的能力，激励信号的频率稳定度直接影响后续测量的精度[27,28]，因此要求信号具有较高的频率稳定度。

一般来说，信号发生器可分为模拟振荡式和数字合成式两类，其中模拟振荡式信号发生器输出的信号频率精度和稳定度较差，该设计不适合采用。直接数字频率合成（digital direct frequency synthesis，DDS）技术是第三代数字合成技术，该技术是从相位概念出发直接合成所需波形的一种频率合成技术[29]。它是以一个固定频率精度的时钟作为参考时钟源，通过数字信号处理技术产生一个频率和相位可调的输出信号。DDS技术的特点如下。

1）高的频率分辨率和相位分辨率

频率分辨率的高低与相位累加器、参考时钟频率有关，只要相位累加器的位数足够长，参考时钟频率合适，就可以达到较高的频率分辨率。

2）宽频率范围

根据采样定理，理论上DDS输出频率范围为0～$0.5f_C$，其中f_C是参考时钟频率。但实际上，工程中可实现的DDS输出频率的上限为$0.4f_C$。对于本设计来说，需要产生较低频率的信号，DDS可以完全满足。

3）频率稳定度

DDS 输出频率稳定度分为长期频率稳定度和短期频率稳定度。长期频率稳定度是指信号在规定外界条件下，在一定的时间（年、月、日）内工作频率的相对变化，它与所选用的参考源的长期频率稳定度相同。短期频率稳定度主要指各种随机噪声造成的瞬时频率或相位起伏，即相位噪声。为了提高输出信号的频率稳定度，本设计从以下方面考虑：首先 DDS 参考时钟源选用频率稳定度高的温补晶振或恒温晶振，选择性能优良的 DDS 芯片；其次增加电路的抗干扰设计等，从而在一定程度上减少相位噪声提高短期频率稳定度。

本项目所设计的信号源采用 DDS 技术产生正弦信号，输出信号频率范围为 0.1～15Hz，输出电压范围为-300～+300V，输出电流范围为-6～+6A，输出最大功率约 4000W。

5.7.2 DDS 基本原理

下面以产生正弦信号的DDS技术来说明DDS的基本原理。设有一个频率为 f 的余弦信号 $S(t)$，公式为

$$S(t)=\cos(2\pi ft) \tag{5-21}$$

现以采样频率 f_S 对该信号进行采样，得到离散序列，公式为

$$S(n)=\cos(2\pi fnT_C) \quad n=0，1，2 \tag{5-22}$$

式中，$T_C=1/f_C$ 为采样周期。式（5-22）所对应的相位序列为

$$\Phi(n)=2\pi fnT_C \quad n=0，1，2 \tag{5-23}$$

该相位序列的显著特性就是线性，即相邻样值之间的相位增量是一常数，且仅与信号频率 f 有关，相位增量为

$$\Delta\Phi(n)=2\pi fT_C \tag{5-24}$$

频率 f 与参考源频率 f_C 之间满足关系为

$$\frac{f}{f_C}=\frac{K}{M} \tag{5-25}$$

式中，K 和 M 为两个正整数。相位增量为

$$\Delta\Phi(n)=2\pi\frac{K}{M} \tag{5-26}$$

由式（5-26）可知，若将 2π 的相位均匀量化为 M 等份，则频率为 $f=(K/M)\cdot f_C$ 的余弦信号以频率 f_C 采样后，其量化序列的样本之间的量化相位增量为一个不变值 K。根据以上原理，如果用不变量 K 构造一个量化序列，即

$$\Phi(n)=nK \tag{5-27}$$

然后完成$\Phi(n)$到另一序列$S(n)$的映射，即有$\Phi(n)$构造序列为

$$S(n)=\cos[\frac{2\pi}{M}\Phi(n)]=\cos(\frac{2\pi}{M}\cdot nK)=\cos(2\pi fnT_{\mathrm{C}}) \tag{5-28}$$

式（5-28）是连续时间信号$S(t)$经采样频率为f_{C}采样后的离散时间序列。根据采样定理，当

$$\frac{f}{f_{\mathrm{C}}}=\frac{K}{M}<\frac{1}{2} \tag{5-29}$$

时，$S(n)$经低通滤波器平滑后，可唯一恢复出$S(t)$。

可见，通过上述变换，不变量K将唯一地确定一个单频模拟信号$S(t)$，即

$$S(t)=\cos(2\pi\frac{K}{M}f_{\mathrm{C}}t) \tag{5-30}$$

该信号输出频率为

$$f=\frac{K}{M}\cdot f_{\mathrm{C}} \tag{5-31}$$

式（5-31）就是DDS的方程，在实际的DDS中，一般取$M=2^N$，N为正整数，于是DDS方程可写成

$$f=\frac{K}{2^N}\cdot f_{\mathrm{C}} \tag{5-32}$$

常见的DDS器件主要由相位累加器、波形存储器ROM、D/A数模转换器和低通滤波器（LPF）构成[29]，如图5-121所示。其中K为频率控制字，f_{C}为时钟频率，N为相位累加器的字长，D为ROM数据位数及D/A转换器的字长。相位累加器在时钟f_{C}的控制下以步长K进行累加，输出N位二进制码作为波形ROM的地址，对波形ROM进行寻址，波形ROM输出的幅码$S(n)$经D/A转换器变成阶梯波$S(t)$，再经低通滤波器平滑后就可以得到合成的信号波形了。合成的信号波形形状取决于波形ROM中存放的幅码，因此使用DDS可以产生任意波形。

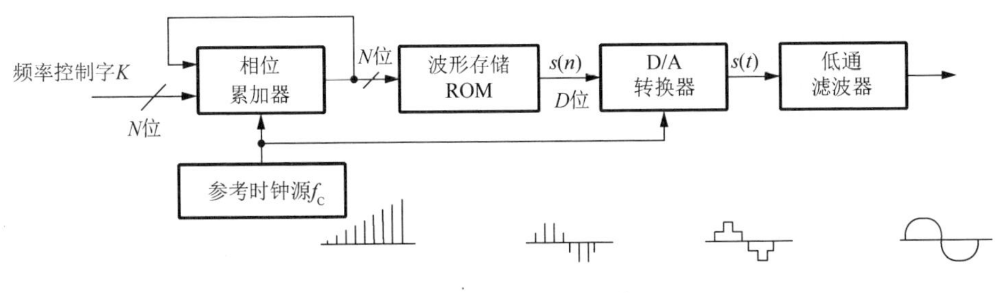

图5-121 DDS基本结构

5.7.3 系统整体方案与工作原理

信号源系统框图如图 5-122 所示。整个系统由单片机控制系统、DDS 信号源、信号输出调理模块、信号采集模块、液晶显示模块、USB/UART 模块、功率放大模块、键盘输入模块以及电源系统模块九部分组成，单片机控制系统是整个信号源系统的核心[25]。DDS 信号源与单片机之间通过 SPI 接口连接，DDS 信号源在单片机指令的控制下可输出相位可调正弦波、三角波以及方波信号；信号输出调理模块主要对 DDS 信号源输出信号进行滤波、隔离、放大等，使信号满足功率放大的要求；信号采集模块主要用于对输出信号进行采集，以便于对输出信号的幅度和频率进行监控；液晶显示模块主要实现信号源波形、信号参数（频率和幅度）、测量参数等的显示；USB/UART 模块是一个通信接口，主要实现上位机和信号源系统的连接；键盘输入模块主要功能为信号源参数（频率和幅度）输入设置等；电源系统模块为 DDS 信号源系统提供 2 组独立±12V，1 组+5V，1 组+3.3V，1 组±300V 的电源。

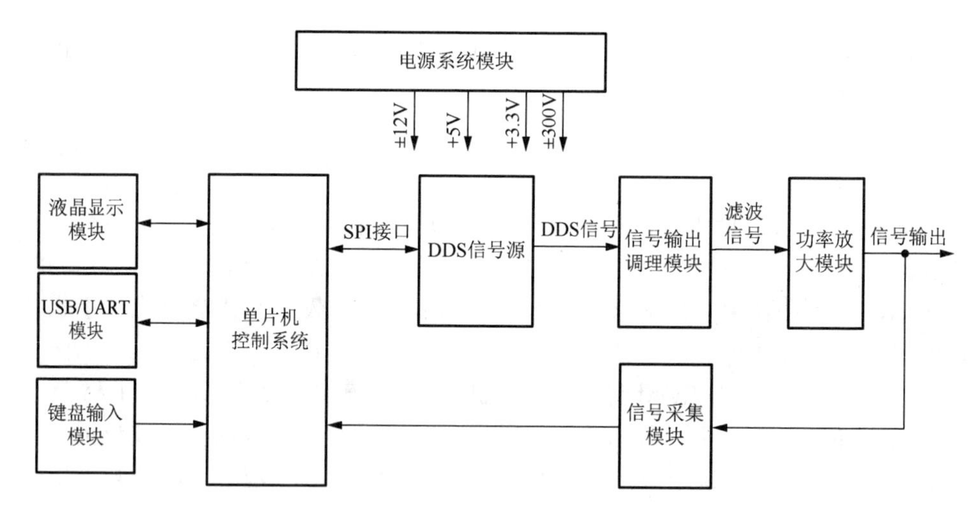

图 5-122 信号源系统框图

5.7.4 系统硬件电路设计

1. 电源电路设计

电源产生电路如图 5-123～图 5-125 所示。在图 5-123 中，2 组独立±12V 和 1 组±300V 的电源直接由开关电源模块产生，2 组±12V 电源分别为输出隔离、调理以及采集调理电路供电；±300V 直流电源为功率放大模块供电，总功率约为 4000W，属高压大功率直流电源。图 5-124 和图 5-125 分别利用 7805 和 1117-3.3

两个电源芯片产生+5V和+3.3V电压，其中+5V主要给仪表放大器和液晶显示模块供电，+3.3V主要给单片机和DDS芯片供电。

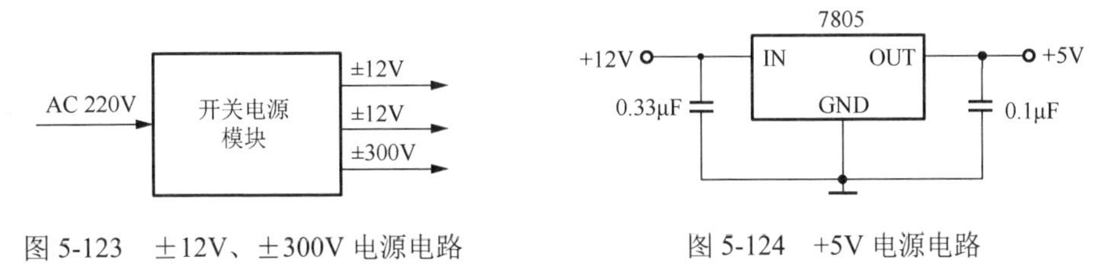

图5-123 ±12V、±300V电源电路

图5-124 +5V电源电路

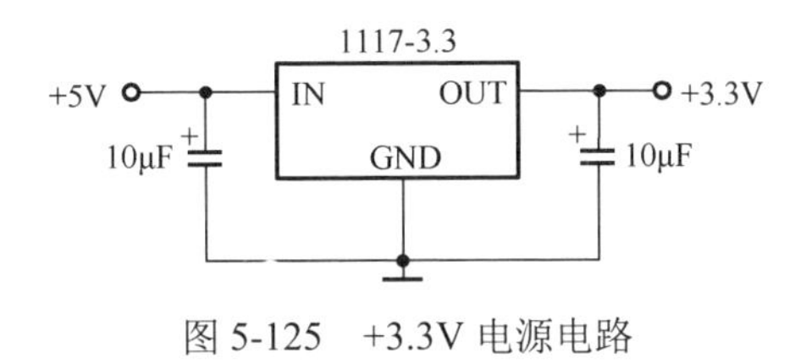

图5-125 +3.3V电源电路

2. DDS信号源接口电路设计

DDS信号源接口电路如图5-126所示，单片机C8051F020与DDS芯片AD9834之间通过SPI总线连接（其中74HCT244为驱动芯片），单片机设置为SPI主模式，其中FSY（FSYNC）为同步信号，SCK（SCLK）为时钟信号，MOSI（SDA）为单片机输出命令信号，DDS_RES（RESET）为DDS芯片的复位信号。DDS芯片的时钟（MCLK）由温度补偿时钟芯片DS32KHZ提供，AD9834通过IOUT和IOUTB输出差分电流信号，电流信号通过200Ω和20pF组成的网络被转换成差分电压信号，最后差分电压信号通过仪表放大器AD620转换为单端电压输出信号。

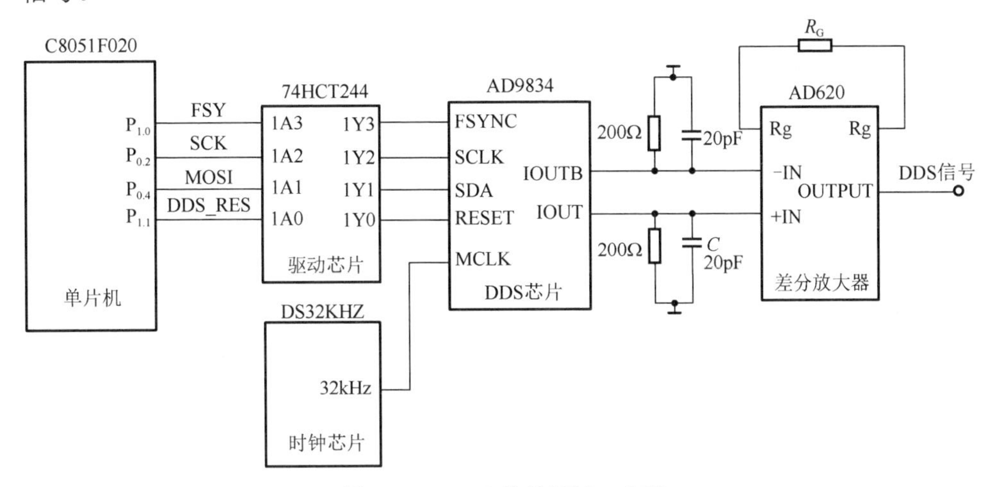

图5-126 DDS信号源接口电路

3．调理输出电路

DDS 输出信号中通常包含一定的谐波噪声，这里选择二阶低通滤波器抑制噪声，实现信号的调理输出，其电路如图 5-127 所示。运算放大器采用低噪声 TL084，二阶低通滤波器的截止频率约为 160Hz，滤波之后的信号通过反相比例放大器组成，调理输出信号输出范围在-12～+12V 以内，调理后的正弦信号直接送至功率放大模块。

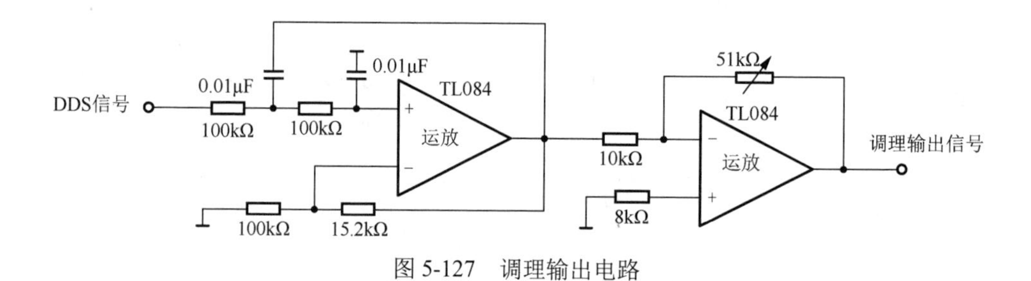

图 5-127　调理输出电路

4．信号采集调理电路设计

信号采集的目的是为了监控输出信号的电压和电流，整个信号源系统输出电压范围为-300～+300V，电流-6～+6V，因此采集信号必须经过隔离调理，才能进行 A/D 采样。电流检测调理电路如图 5-128 所示，电压检测调理电路如图 5-129 所示。在图 5-128 中，在信号源输出线上串联一个小电阻，将电流信号转换成电压信号，该电压通过仪表放大器 AD620 进行差分放大，然后经过二阶低通滤波器对信号进行滤波，为防止大电流对控制器的影响，选择低频特性较好的隔离放大器 ISO124 进行信号隔离（输出和输入供电电源独立），隔离输出信号通过加法电路将输出信号转换成单极性信号（V_{ref}为由单片机提供的参考电压，电压约为+2.45V），单极性信号输入到单片机模拟管脚 AIN0，利用单片机内部集成的 A/D 转换器转换。在图 5-129 中，通过电阻分压将大电压转换成小电压，小电压信号依次通过二阶低通滤波、隔离、加法电路，随后信号输入单片机模拟管脚 AIN1。

5．USB/UART 模块电路设计

USB/UART 转换的目的为实现上位机和信号源系统的通信，采用转换芯片 CP2102 实现该功能，其接口电路如图 5-130 所示。单片机通过串口 0 与芯片 CP2102 连接，CP2102 的输出接口（VBUS，D+，D−，GND）与 USB 端口相连接，该接口是信号源的预留接口。

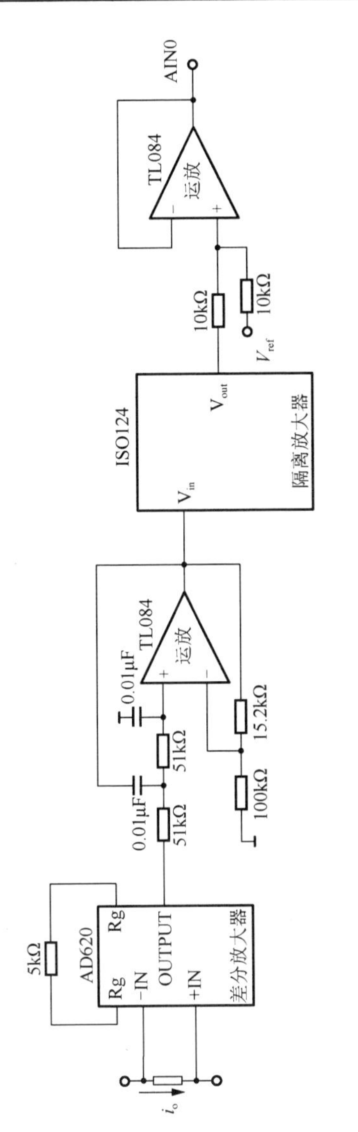

图 5-128　电流检测调理电路

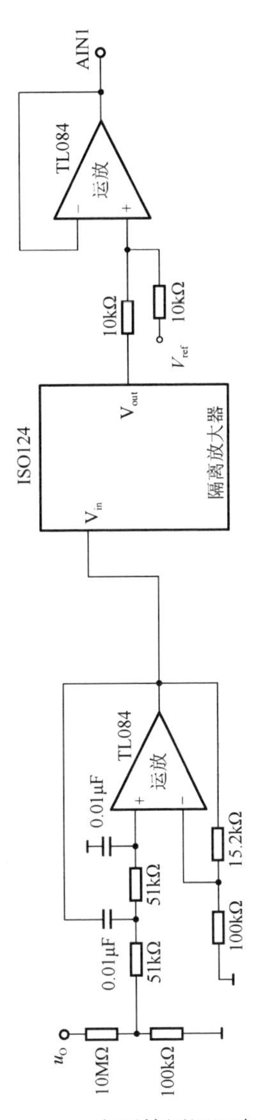

图 5-129　电压检测调理电路

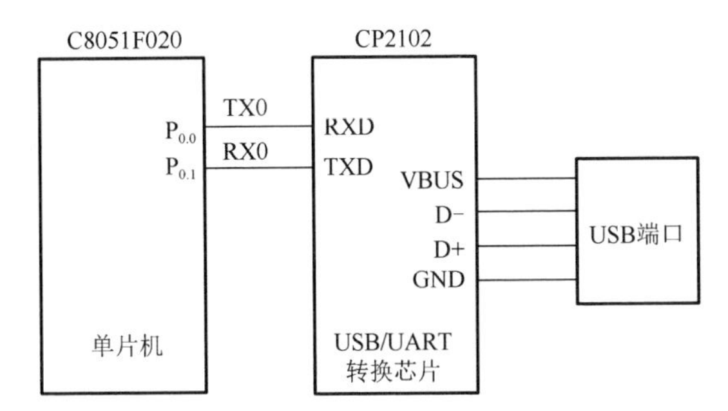

图 5-130　USB/UART 接口电路

6. 液晶显示接口电路设计

液晶显示模块主要显示信号源输出信号的波形、输出信号的频率、输出信号的幅度、输出信号的电流以及整个箱体的温度，液晶显示模块与单片机之间的接口如图 5-131 所示，其中 LCD_WR 为液晶显示模块的写信号，与单片机输出管脚 $P_{1.3}$ 连接；LCD_RD 为液晶显示模块的读信号，与单片机输入管脚 $P_{1.4}$ 连接；LCD_CS 为液晶显示模块的片选信号，与单片机输出管脚 $P_{1.5}$ 连接，LCD_A0 为液晶显示模块的命令/数据选择信号，与单片机输出管脚 $P_{1.6}$ 连接；LCD_CMD/DATA 为液晶显示模块的命令/数据写入端口，与单片机输出端口 P_4 连接，实现命令/数据的操作。

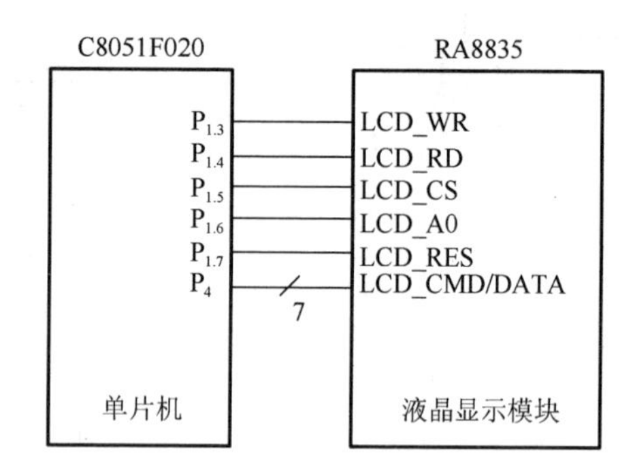

图 5-131　液晶显示接口电路

5.7.5 系统软件设计

1. 主控软件设计

1）主控软件功能

主控软件主要实现系统硬件的初始化（单片机初始化和液晶显示器的初始化）、键盘扫描、输入频率数据解析、频率命令发送、电压和电流采集控制与数据处理、正弦波形及信号源参数（电压、电流、频率和温度等）液晶显示更新等功能。

2）主控软件流程

主控软件流程图如图 5-132 所示，系统开机后首先进行单片机初始化，完成单片机的端口配置以及有关寄存器数值的写入，液晶模块的初始化包括完成液晶模块复位、液晶显示器清屏及初始化，接着单片机通过 SPI 接口发送给 DDS 默认频率值，使信号源以初始频率产生正弦信号，液晶设计界面显示包括波形绘制和参数显示（频率、电压、电流和温度等）。以上过程属于整个信号源系统的前期过程，后续程序一直循环进行键盘扫描，DDS 输出频率更新，液晶界面更新，输出电压、电流以及箱体温度信号采集和信号幅度检测，液晶界面电压电流幅度更新等。

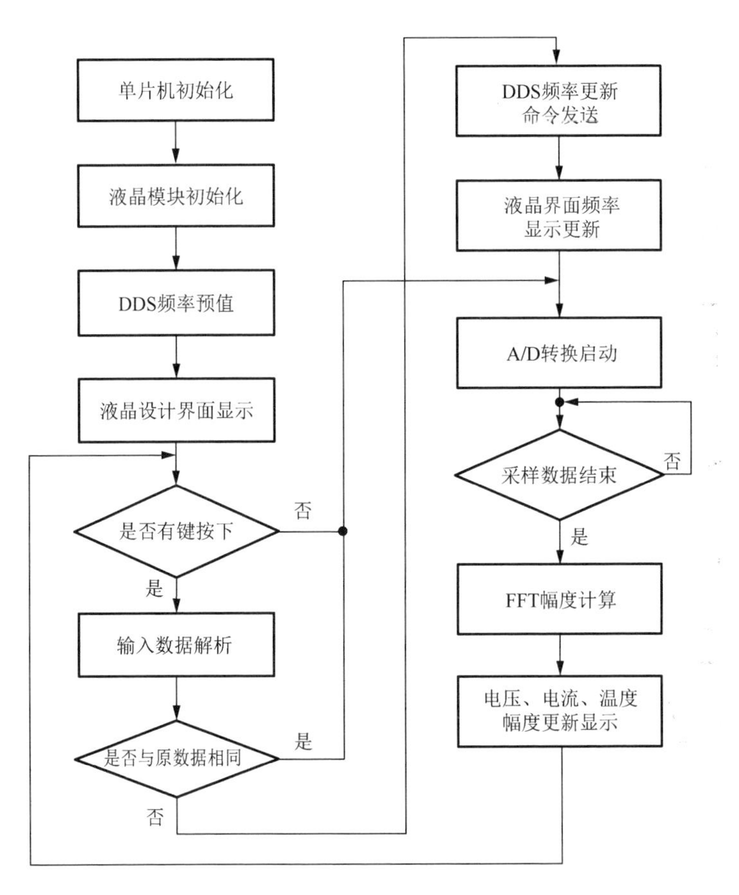

图 5-132 主控软件流程图

2. DDS 信号控制软件设计

1）DDS 控制寄存器介绍

AD9834 可通过 SPI 接口进行控制，其控制时序如图 5-133 所示，其中 FSYNC 为帧同步信号，SCLK 为时钟信号，SDATA 为写入数据，每次数据写入为两个字节。

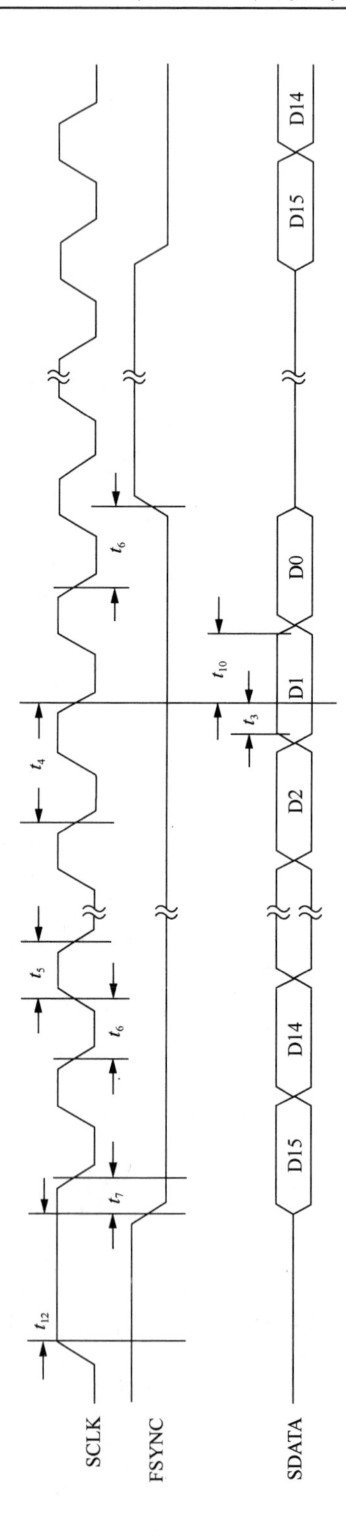

图 5-133　AD9834 控制时序图

用户只要将数据写入控制寄存器，实现 DDS 芯片的控制，控制寄存器位功能如表 5-14 所示。

表 5-14 AD9834 控制寄存器功能

DB15	DB14	DB13	DB12	DB11	DB10	DB9	DB8
0	0	B28	HLB	FSEL	PSEL	PIN/SW	RESET
DB7	DB6	DB5	DB4	DB3	DB2	DB1	DB0
SLEEP1	SLEEP12	OPBITEN	SIGN/PIB	DIV2	0	MODE	0

其中 DB15、DB14 为标志位，当 DB15DB14=00 时为控制寄存器，其他值为选择频率寄存器或相位寄存器；DB13（B28）为配置数据写入的方式位；DB12（HLB）为控制写入寄存器的数据是低 14 位或高 14 位，和 DB13（B28）配合使用；DB11（FSEL）为频率寄存器选择位，与 DB9（PIN/SW）、管脚 FSELECT 配合使用；DB10（PSEL）为相位寄存器选择位，与 DB9（PIN/SW）、管脚 PSELECT 配合使用；DB8（RESET）为复位位，与 DB9（PIN/SW）、管脚 RESET 配合使用；DB7（SLEEP1）为控制内部时钟位；DB6（SLEEP12）为控制 D/A 转换器电源位；DB5（OPBITEN）为控制方波输出位；DB4（SIGN/PIB）为控制内部比较器位；DB3（DIV2）为控制方波输出位；DB2 为保留位，必须设置为 0；DB1（MODE）为控制输出波形位；DB0 为保留位，必须设置为 0。详细资料请参阅 AD9834 的数据手册。

2）编程步骤

输出信号频率 f_o 为

$$f_o = \frac{f_{MCLK}}{2^{28}} \times \text{FREQREG} \tag{5-33}$$

式中，f_{MCLK} 为 AD9834 的时钟频率；FREQREG 为写入 28 位频率寄存器的值。

（1）计算写入频率寄存器的值。根据需要产生的信号频率，计算写入频率寄存器的值。例如，要产生 1kHz 的信号，DDS 采用 16.384MHz 晶振，那么写入频率寄存器的值为

$$\text{FREQREG} = \frac{2^{28} \times 10^3}{16.384 \times 10^6} = (16384)_{10} = (100000000000000)_2 = (0004000)_{16} \tag{5-34}$$

以下举例以产生 1kHz 信号为例。

（2）AD9834 初始化。AD9834 的初始化复位除了不改变控制寄存器、频率寄存器和相位寄存器的值以外，其他内部寄存器全部置位为 0。复位可以通过以下几种方式，如表 5-15 所示。

表 5-15　AD9834 器件复位

RESET 管脚	RESET 位	PIN/SW 位	结果
0	X	1	禁止复位
1	X	1	复位
X	0	0	禁止复位
X	1	0	复位

其中 RESET 管脚是 AD9834 的一个外部引脚，RESET 位、PIN/SW 位分别是控制寄存器的 DB8、DB9 位。例如，可以利用软件复位，写入控制寄存器的数据为 0000 0001 0000 0000，就可以实现 AD9834 芯片复位。

（3）写数据到寄存器。确定要写入数据的方式：通过设置控制寄存器中 D15D14=00，表示数据写入控制寄存器；通过设置 B28（D13）=1，表示 28 位数据可以连续写入频率寄存器，默认先写入低 14 位频率字，再连续写入高 14 位频率字到频率寄存器中；通过设置 B28（D13）=0，表示 28 位数据分两次写入频率寄存器，此时配合 HLB 的值使用（当 HLB=1 时允许高 14 位频率字写入频率寄存器，当 HLB=0 时允许低 14 位频率字写入频率寄存器）。因此，写入控制寄存器的数据可以为 0010 0000 0000 0000，表示设置连续写 28 位频率字。

AD9834 的片内有 2 个频率寄存器，即为 FREQ0 和 FREQ1，因此要确定具体将频率控制字写入 FREQ0 还是 FREQ1。通过设置 D15D14 的值来进行选择，当 D15D14=01 表示 14 位的频率字将写入 FREQ0；当 D15D14=10 表示 14 位的频率字将写入 FREQ1，以写入频率寄存器 FREQ0 为例，写入方式为

写入低 14 位数据为 0100 0000 0000 0000，表示将低 14 位频率字写入 FREQ0；

写入高 14 位数据为 0100 0000 0000 0001，表示将高 14 位频率字写入 FREQ0。

（4）选择频率数据源。这一步确定数据是从 FREQ0 还是从 FREQ1 输出的，可以通过设置控制寄存器的设置，具体选择见表 5-16。

表 5-16　频率寄存器选择

FSELECT	FSEL	PIN/SW	选择频率寄存器
0	X	1	FREQ0
1	X	1	FREQ1
X	0	0	FREQ0
X	1	0	FREQ1

其中 FSELECT 表示 AD9834 的一个输入管脚；FSEL 和 PIN/SW 分别为控制寄存器的 DB11 和 DB9 位。因为以上的 28 位频率控制字写入寄存器 FREQ0，所以要选择数据源为 FREQ0。这里采用软件控制选择，写入控制寄存器的数据为 0000 0000 0000 0000，表示选择 FREQ0 为数据源。

3）DDS 信号控制软件功能

DDS 信号控制软件主要完成新频率命令的获取，频率命令的解析以及频率数据的组帧和发送等功能。

4）DDS 信号控制流程

DDS 信号控制软件主要完成新频率命令的解析，将频率转换成要写入频率寄存器的 28 位数据，然后进行频率数据帧发送，分别以 DDS 芯片复位，28 位数据连续写入控制，28 位数据写入以及选择频率数据源 4 个步骤完成，如图 5-134 所示。

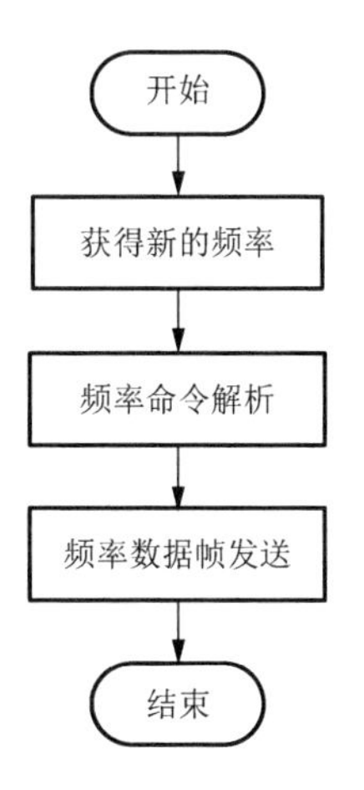

图 5-134　DDS 信号控制流程图

3. 信号监控采集软件设计

1）信号监控采集软件功能

信号监控采集软件主要实现信号源输出电压、输出电流以及箱体温度的采集和处理，根据检测结果，更新液晶显示器的显示数据。

2）信号监控采集软件流程

为监控信号源工作情况，需对信号源输出电压、输出电流以及箱体温度进行采集，整个信号源采集监控流程图如图 5-135 所示。首先要对 A/D 转换初始化配置，实现转换速率、采样率、采样通道和采样点数等的配置，然后启动 A/D 转换，转换结果数据存储在 A/D 中断程序中完成。待所有采集数据完成后，对采集的数据进行处理，电压和电流数据采用 FFT 计算获得幅度，温度信号通过累加平均获得温度值，处理结束后，将新的信号源参数发送至液晶显示器，以更新液晶显示的显示结果。

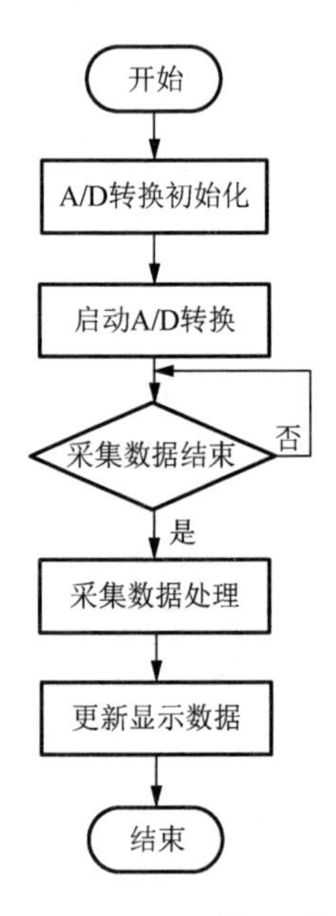

图 5-135　信号监控采集软件流程图

4. 液晶显示软件设计

1）液晶显示软件功能

液晶显示软件主要实现正弦波形、信号参数（输出电压、电流、频率）以及信号源箱体温度等的显示，方便使用者对信号源的工作状态进行判断。

2）液晶显示软件流程

液晶显示软件流程图如图 5-136 所示，信号源系统通上电后，液晶模块要依次进行复位、初始化等准备工作，接着显示器将显示设计界面，显示预值参数和波形，当输出频率有变化时，更新频率数据，不断刷新输出信号的波形，更新电压、电流和温度等参数。

基于 DDS 技术设计了超低频信号源硬件系统，编写了相关软件，实现信号的产生、调理、监控、多参数显示等功能。整个信号源使用操作简单，性能稳定，满足过套管电阻率测井仪器的研制要求，达到设计目的。

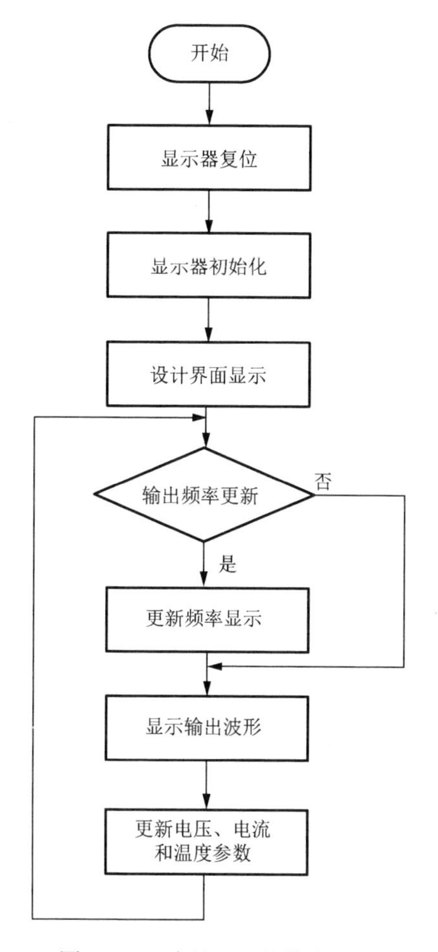

图 5-136 液晶显示软件流程图

5.8 微振动检测系统设计

5.8.1 系统概述

微振动检测系统可铺设于厂房、栅栏、道路等敏感地带，实时检测由人员、动畜等闯入而引起的振动，根据振动量来判定是否有人员、动畜等进入或者非法闯入，从而及时通知安保人员采取相应措施，保护人员财产的安全。在实际中，该系统也可以和视频监控系统组合使用，相互补充，共同提高监控水平。本实例将基于单片机和 MEMS 加速度传感器进行微振动检测系统的设计。

5.8.2 MEMS 传感器振动检测技术

MEMS 加速度传感器能够用来测量快速变化或相对稳定的加速度。当加速度传感器处于振动状态时，可以很容易测量各种作用力导致的振动频率和幅度；当加速度传感器处于稳定状态（也就是没有平行或垂直方向上的加速度）时，其上施加的只有重力，重力方向和加速度传感器轴心之间的夹角就是倾角，可以从任意起始方向测得。MEMS 加速度传感器非常适合于一般的倾角和振动测量应用，与各种专用的倾角和振动测量模块相比，用基于 MEMS 技术的加速度传感器测量倾角的最大优势是体积小巧、成本低，由于内置信号处理和温度传感电路，其电路应用更加灵活，而且线性度和分辨率完全满足很多测量要求。

本系统所选择的 MEMS 传感器 ADXL344 是一款多功能三轴、数字输出、低 MEMS 加速度计，可选择测量范围和带宽，以及可配置的内置运动检测，使得该器件适合多种应用的加速度检测。该器件具有高达 10000g 的抗冲击能力，宽工作温度范围（−40～+85°C），使用户能在非常苛刻的环境下使用加速度计。传感器采用高分辨率（13 位）测量加速度，测量范围达-16～+16g，数字输出数据为 16 位二进制补码格式，可通过 SPI（3 线或 4 线）或 I2C 数字接口访问。ADXL344 可以在倾斜检测应用中测量静态重力加速度，还可以测量运动或冲击导致的动态加速度。该器件提供多种特殊检测功能，如活动和静止检测功能检测、敲击检测功能（检测任意方向的单击和双击动作）、自由落体检测功能检测（器件是否正在掉落）。集成式存储器管理系统采用 32 级先进先出（FIFO）缓冲器，可用于存储数据，从而将主机处理器负荷降至最低，并将降低整体系统功耗。

5.8.3 系统整体方案与工作原理

微振动检测系统总体结构如图 5-137 所示。整个系统主要由上位机（计算机）总体控制，通过上位机可实现所有子系统的在线参数配置、命令下发、数据接收、状态查询（报警次数、子系统编号等）记录等功能[30]，上位机和下位机之间通过 USB 接口连接。子系统内部硬件结构相同，各个子系统之间采用 232 接口进行连接，实现数据的全双工（双向）通信。子系统内部由单片机控制系统、MEMS 传感器、串口/232 接口芯片以及电源系统模块组成。电源系统对子系统提供+5V、+3.3V 以及+2.5V 三种电源，分别对串口/232 接口芯片、单片机以及 MEMS 传感器供电。单片机通过 SPI 接口实现对 MEMS 传感器的控制，可实现参数配置、振动数据接收等。各个子系统之间的距离由 232 传输距离所确定，子系统的个数可根据预警地带的长度而确定。

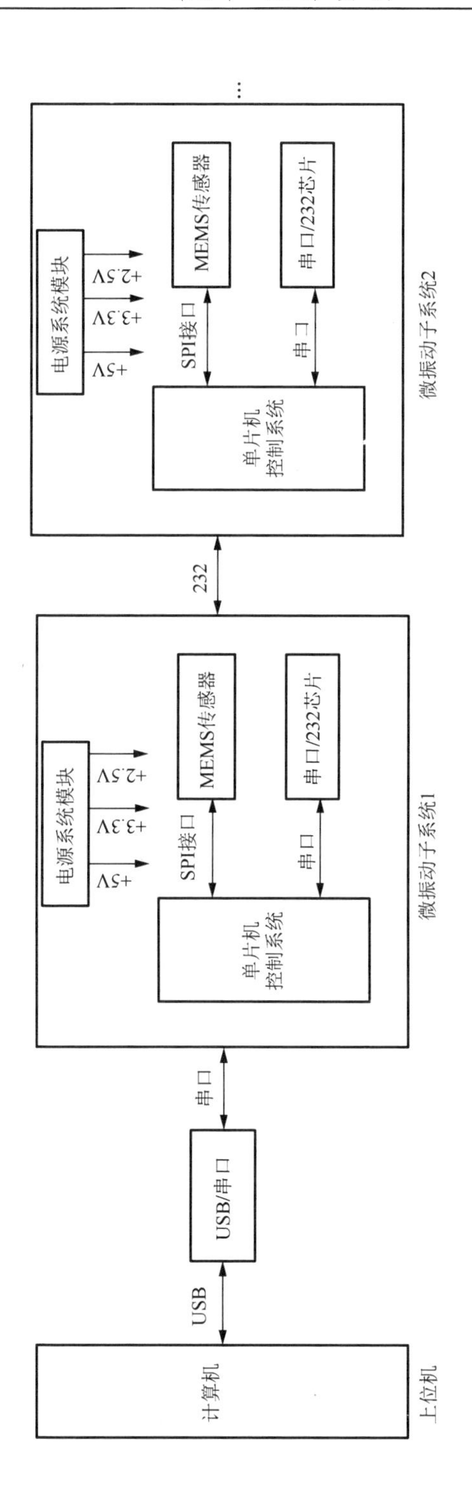

图 5-137 微振动检测系统总体结构框图

5.8.4 系统硬件电路设计

1. 电源电路设计

在电源系统中，+5V 电源是由开关电源模块所提供的，该开关电源模块交流输入范围较宽，为 36～220V，电路如图 5-138 所示，该+5V 电源直接对串口/232 芯片进行供电。子系统中，+2.5V 电源产生电路如图 5-139 所示。采用 1117-2.5 芯片产生+2.5V 电源，其电路如图 5-139 所示，该+2.5V 电源直接对 MEMS 传感器供电。

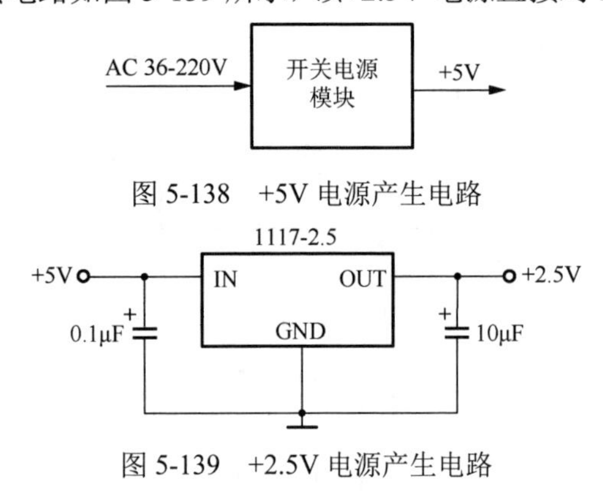

图 5-138 +5V 电源产生电路

图 5-139 +2.5V 电源产生电路

2. MEMS 传感器接口设计

系统中采用 ADXL344 型 MEMS 传感器实现微弱振动信号的检测，ADXL344 与单片机 C8051F020 接口如图 5-140 所示。这里 SCK、MISO、MOSI 以及 $\overline{CS}$ 信号构成四线 SPI 接口，单片机配置为主 SPI 工作方式，MEMS 传感器为从 SPI 工作方式。时钟信号 SCK 由单片机提供（输出），MISO 为传感器输出给单片机的数据信号，MOSI 为单片机控制传感器的命令信号，$\overline{CS}$ 为单片机输出的片选信号（低电平有效），INT0 和 INT1 为传感器输出的中断信号，单片机获得中断信号后，可立即读取最新的振动数据。

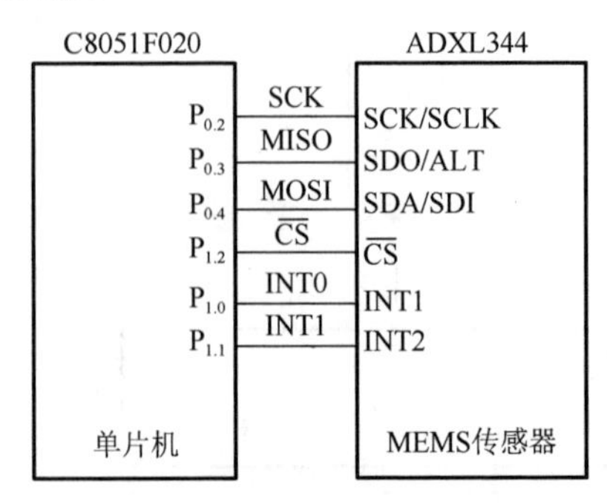

图 5-140 MEMS 传感器接口设计

3. 串口转232接口设计

系统中选用MAX232芯片实现双路串口与232接口的转换，MAX232与单片机接口如图5-141所示。单片机串口0发射口（TX0）与MAX232发射输入口（T1 IN）连接，串口0接收口（RX0）与MAX232接收输出口（R1 OUT）连接，串口1发射口（TX1）与MAX232发射输入口（T2 IN）连接，串口1接收口（RX1）与MAX232接收输出口（R2 OUT）连接。

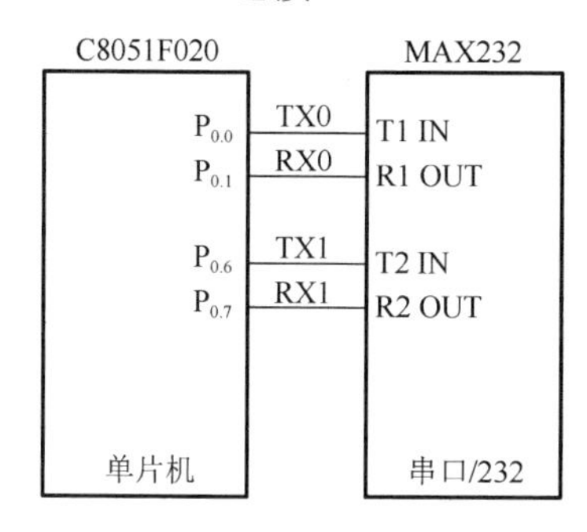

图5-141 单片机与MAX232接口设计

4. 子系统之间接口设计

子系统之间采用标准232接口连接，具体接口如图5-142所示。子系统n的232接口1（单片机串口0）与子系统n−1的232接口2（单片机串口1）连接，子系统n的232接口2（单片机串口1）与子系统n+1的232接口1（单片机串口0）连接。总体来看，各子系统可近似看成串联连接方式。

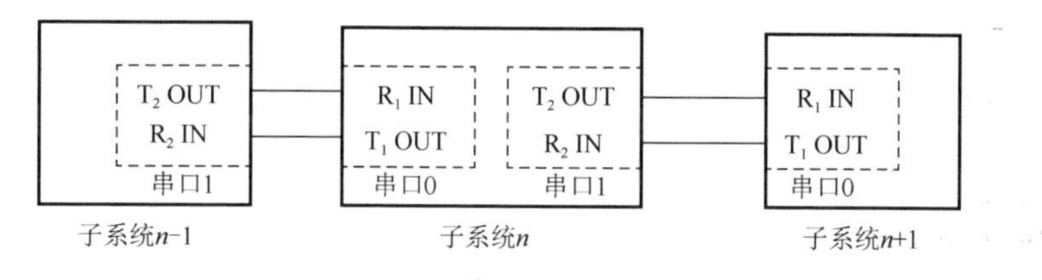

图5-142 子系统之间接口设计

5.8.5 系统软件设计

1. ADXL344传感器配置软件设计

1）ADXL344传感器寄存器介绍

本设计所选MEMS传感器ADXL344是一款多功能三轴、数字输出、低MEMS加速度计。可选择测量范围和带宽，具有10～13位分辨率的多用途加速度计，芯片内置运动检测功能实现单击、双击、活动、静止、方向和自由落体检测等功能，详细功能参考 ADXL344 器件手册。从程序控制角度来说，控制传感器的过程就是通过程序读或写寄存器的过程，ADXL344 主要寄存器如表 5-17 所示。

表 5-17　ADXL344 主要寄存器

寄存器名称	寄存器地址	读写类型（R/W）	复位值	功能描述
DEVID	0x00	R	0xE6	器件 ID
THESE_TAP	0x1D	R/W	0x00	敲击阈值
OFSX	0x1E	R/W	0x00	*X* 轴偏移
OFSY	0x1F	R/W	0x00	*Y* 轴偏移
OFSZ	0x20	R/W	0x00	*Z* 轴偏移
DUR	0x21	R/W	0x00	敲击持续时间
Latent	0x22	R/W	0x00	敲击延迟
Window	0x23	R/W	0x00	敲击窗口
THRESH_ACT	0x24	R/W	0x00	运动阈值
THRESH_INACT	0x25	R/W	0x00	非运动阈值
TIME_INACT	0x26	R/W	0x00	非运动时间
ACT_INACT_CTL	0x27	R/W	0x00	使能控制运动/静止
TAP_AXES	0x2A	R/W	0x00	单击/双击轴控制
BW_RATE	0x2C	R/W	0x0A	速率及功耗控制
POWER_CTL	0x2D	R/W	0x00	省电控制
INT_ENABLE	0x2E	R/W	0x00	中断使能控制
INT_MAP	0x2F	R/W	0x00	中断映射控制
DATA_FORMAT	0x31	R/W	0x00	数据核实控制
DATAX0	0x32	R/W	0x00	*X* 轴数据 0
DATAX1	0x33	R/W	0x00	*X* 轴数据 1
DATAY0	0x34	R/W	0x00	*Y* 轴数据 0
DATAY1	0x35	R/W	0x00	*Y* 轴数据 1
DATAZ0	0x36	R/W	0x00	*Z* 轴数据 0
DATAZ1	0x37	R/W	0x00	*Z* 轴数据 1

2）传感器数据的读写

在子系统内，单片机通过四线 SPI 接口方式对 ADXL344 传感器进行读写操作，其操作时序如图 5-143 和图 5-144 所示，其中 $\overline{CS}$ 为单片机提供的片选信号（低电平有效），SCLK 为单片机提供的时钟信号（下降沿时数据更新，上升沿时进行采样），SDI 为单片机发送的命令/数据（传感器接收的命令/数据），SDO 为传感器发出的数据（单片机接收的数据）。

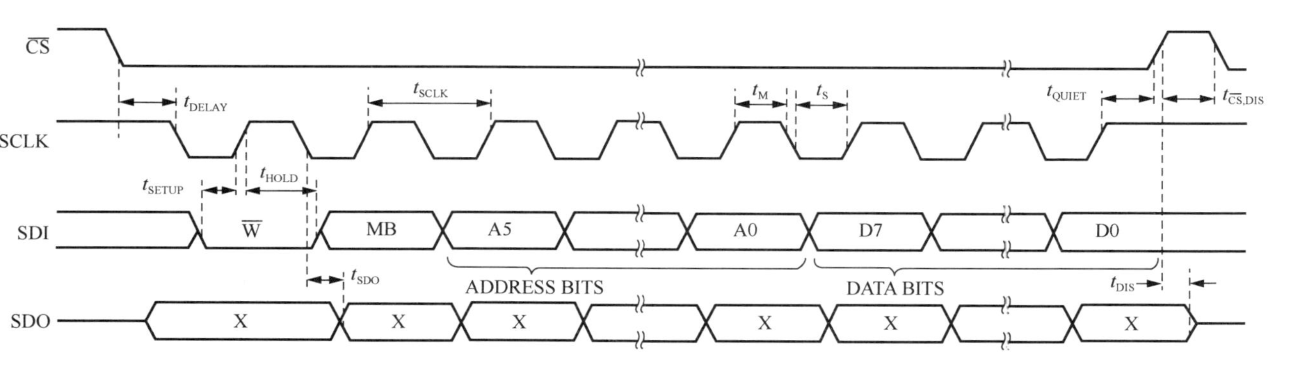

图 5-143　ADXL344 写操作时序

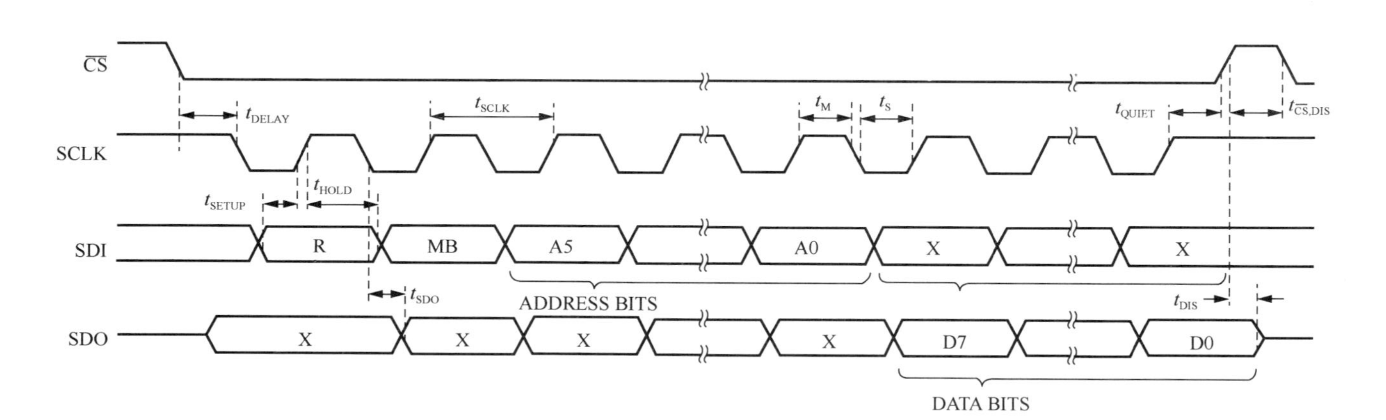

图 5-144　ADXL344 读操作时序

写操作命令格式为/W+MB+寄存器地址（A5～A0）+数据（D7～D0），其中/W 为写选择位（/W=0），MB 为单字节或多字节模式选择位（MB=1 时写操作为多字节写入；MB=0 时写操作为单字节写入模式），写操作时通过 SDO 的输出数据被忽略。读操作写入命令格式为 R+MB+寄存器地址（A5～A0）+任意数据，其中 R 为读选择位（R=1）。写命令之后，单片机要通过写入任意数据，SDO 将输出有效数据，该数据被单片机接收存储。

3）MEMS 传感器配置软件功能

传感器参数配置通过依次写入具体功能寄存器命令来实现，数据速率及功耗模式、传感器数据输出格式、省电特性等控制，只有正确配置传感器，才能实现设计的功能。

2. 主要系统指令设计

整个系统通过上位机来进行控制，当子系统接到上位机命令后，子系统要返回握手命令。为校验传输数据，设计增加校验字节（校验字节为下发或上传命令的异或结果，长度为一个字节）。

1）ID 编码配置命令

整个振动检测系统是由各个子系统串联连接构成的，在实际中，每个子系统将对应确定的地理位置。当新系统初次上电后，上位机可采用配置 ID 命令对子系统进行自动 ID 编号，该 ID 编号将与地理位置一一对应。上位机下发命令由命令头 0xBB、初始 ID0x0001（两个字节）以及校验字节三部分组成，当第一个子系统接到该命令后，配置自身 ID 编号为 0x0001，并更新下发命令中的 ID 编号为 0x0002，重新计算校验字节后，顺序下发至第二个子系统，以此类推直至最后一个子系统。为方便对应，ID 编号采用 BCD 码方式。

当子系统完成自身 ID 编码和下发命令转发后，该子系统将对上位机上传应答命令。上传命令由命令头 0xBF、子系统自身 ID、保留字节 0x00 以及校验字节构成。当任何子系统收到上传命令后，不对该命令做任何处理，直接转发至上一子系统。所有子系统对该 ID 配置命令立即生效。上位机将按顺序收到所有子系统返回的上传命令，当 ID 号出现编号不连续、不完整时，需要排除硬件故障后，重新 ID 编码。

上位机下发命令：0xBB+0x00+0x01+校验字节。

下位机上传命令：0xBF+ID1+ID0+0x00+校验字节。

2）波特率配置命令

波特率配置命令是指各个子系统之间 232 传输速率的设定，所有子系统波特率配置相同。波特率配置命令由下发命令和上传命令两部分组成。上位机下发命令由命令头 0xAA、波特率选择（2 个字节）以及校验字节三部分构成。工业中常见的波特率有4800bps、9600bps、19200bps、38400bps、57600bps和11520bps等，为便于编程，待设置的波特率分别用0x0001、0x0002、0x0003、0x0004、0x0005和0x0006等对应起来。例如，当子系统收到波特率参数为0x0002，子系统将配置波特率为9600bps，接着子系统将波特率配置命令下发至下一子系统。新配置波特率将存入FLASH，系统重启后新波特率生效。

当子系统下发波特率配置命令后，将上传给上位机应答命令，该命令由命令头0xAF、子系统ID（2个字节）、配置成功标识0x01（或错误标识0x00）以及校验字节构成。其他子系统收到该命令后，直接上传该命令，直至传送到上位机。上位机收到该命令后，便可以判断命令从具体ID子系统返回，配置是否成功等。

下发命令：0xAA+BD1+BD0+校验字节。

上传命令：0xAF+ID1+ID0+0x00（或0x01）+校验字节。

3）寄存器配置参数

通过配置MEMS传感器的寄存器，使传感器满足特定要求的功能。在本系统中选取MEMS传感器中的20个寄存器，通过上位机发送配置命令，配送成功后，子系统继续下发该配置命令，同时上传子系统配置成功（或失败）命令。

下发命令由命令头0xCC、配置传感器数据（20字节）以及校验字节构成，子系统收到命令后，实施寄存器数据的更新，配置立即生效，同时将配置信息存储到FLASH中。随后将该命令向下转发，转发后，子系统将向上位机上传应答命令。上传命令由命令头0xCF、子系统ID（2个字节）、配置成功标识0x01（或错误标识0x00）以及校验字节构成。其他子系统收到上传命令直接上传，直至传送到上位机。

下发命令（21+1字节）：0xCC+Config_Data[20] +校验字节。

上传命令（4+1字节）：0xCF+0x00+0x00+0x00（或0x01）+校验字节。

4）状态查询命令

为避免通信拥塞，上位机和子系统之间的通信统一由上位机主动发起，所有子系统随时准备接受命令。状态查询命令为查询各个子系统检测到的振动次数（0xXXYY），子系统接到命令后，将自身记录的次数上传，然后下发查询命令。下发命令由命令头0xEE、子系统ID以及校验字节组成。若ID为具体编号（如0x0003）时，只有对应子系统（0x0003）需要上传应答命令；若ID为0x0000编号时，所有子系统都要上传应答命令。

下发命令：0xEE+ID1+ID0 +校验字节。

上传命令：0xEF+ ID1+ ID0+0xXX+0xYY+校验字节。

5）通信错误命令

当所有子系统接到命令后，要对所有数据进行校验，如果校验错误，子系统将上传通信错误命令。错误命令由命令头 0xFF、子系统 ID、原接收命令头以及校验字节组成，方便上位机判断错误发生的位置 ID 和何种命令引起的错误。

上传命令：0xFF+ID1+ID0+原命令头+校验字节。

3. 串口监控软件设计

1）串口监控软件的功能

各子系统硬件结构相同，在整个系统中功能都相同，因此子系统单片机的程序设计相同。在程序设计中，串口 0（或串口 1）的监控对于保证数据通信至关重要。串口监控软件主要实现下传命令的执行（或转发）和上传应答命令转发。

2）串口监控软件流程图

在子系统中，单片机串口 0 和串口 1 程序设计相同，因此下面以串口 0 监控软件设计为例说明其流程，图 5-145 所示为串口 0 监控软件流程图。当串口 0 根据命令头接收一帧数据后执行以下步骤。

（1）判断接收的数据是否为 ID 编码命令，若是，则执行命令对子系统进行编码，编码结束后通过串口 0 上传应答命令，通过串口 1 下传 ID 编码命令。

（2）判断是否为 ID 编码应答上传命令，若是，则直接通过串口 1 实现 ID 编码应答上传。

（3）判断接收数据是否是寄存器配置命令，若是，则依次执行命令实现寄存器配置，串口 0 上传应答命令，串口 1 下传配置命令。

（4）判断是否为寄存器配置应答转发命令，若是，则直接通过串口 1 上传该命令。

（5）单片机接到状态查询命令，首先判断是否需要查询本子系统状态，若需要，通过串口 0 上传应答命令，否则直接通过串口 1 下传查询命令。

（6）判断是否为状态查询应答上传，若是则通过串口 1 上传查询命令，这样串口 0 执行完一次监控任务。整个软件流程按照顺序循环执行。串口 1 监控软件流程图与串口 0 类似。

4. 串口接收中断程序设计

1）串口接收中断程序功能

为提高主程序执行效率，串口接收数据在中断中完成。该程序主要完成命令头识别、命令数据接收、帧数据校验、不同命令标志位置 1 以及 1 帧数据完成标志位置 1 等功能。

2）串口接收中断程序流程图

串口 0 和串口 1 接收中断程序相同，下面以串口 0 中断程序设计为例说明中断程序设计的流程，如图 5-146 所示。当串口 0 接收中断有效时，判断数据接收计数器的值，如果接收计数器大于零，则接收数据，计数器加 1；否则，接收计数器等于零，并且接收第一数据为命令头（如 0xAA、0xAF、0xBB、0xBF、0xCC、0xCF、0xEE、0xEF 以及 0xFF）时，存储命令头，设定帧数据字节数，计数器加 1，此时检测到的命令数据开始结束，直至 1 帧数据完成。当 1 帧数据接收完成后，程序要依次执行接收帧结束标志置 1、接收帧数据缓存、数据校验以及不同命令标志位置 1。主程序中通过 1 帧数据完成标志位以及不同命令标志位，执行不同的命令操作。

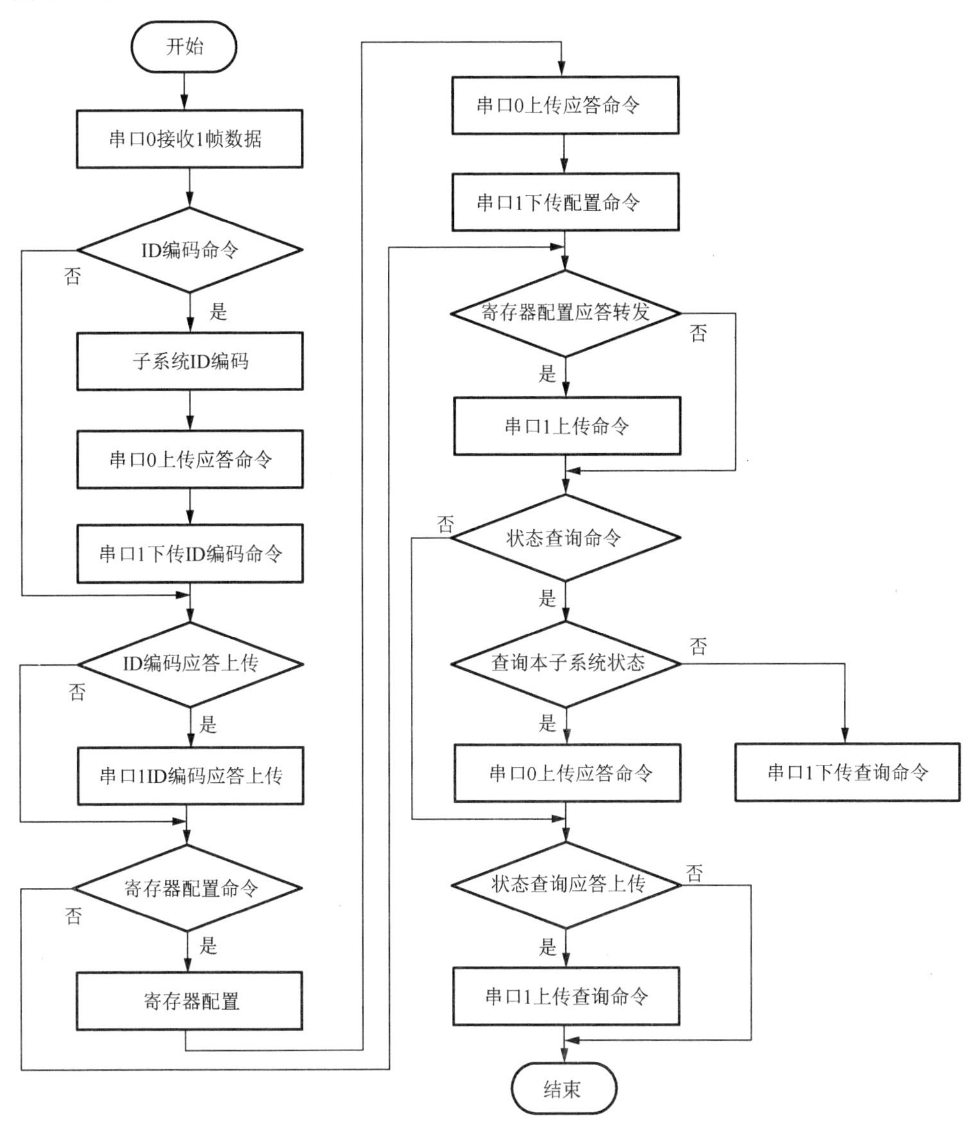

图 5-145　串口 0 监控软件流程图

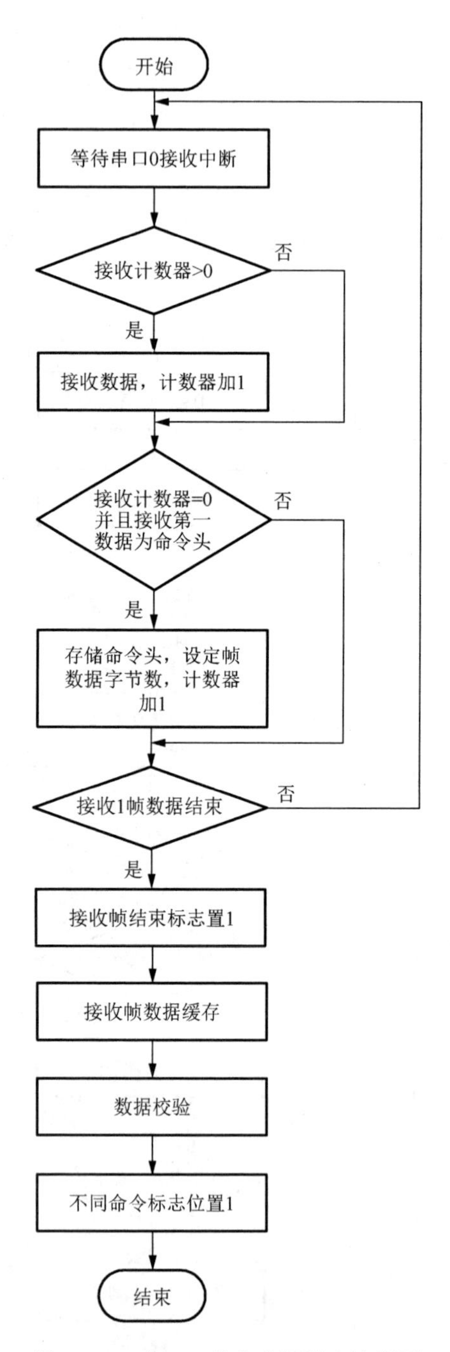

图 5-146　串口 0 接收中断程序流程图

基于MEMS传感器技术设计了微振动检测系统，编写了相关软件，实现了系统的在线参数配置和参数保存。通过栅栏实际测试验证，对人为造成的栅栏晃动、破坏等具有较高的灵敏度，整个系统工作稳定，达到设计的目的。

5.9 钻井泥浆自动流变仪研制

5.9.1 系统概述

在石油钻井工程中，钻井液（钻井泥浆）的性能和质量在钻井过程中起着重要的作用。流变性是钻井液体系中最重要的性能参数之一，钻井液悬浮和携带钻屑的能力，需要不断通过调节钻井液的流变性来实现。为防止钻屑堆积造成的起下钻阻卡、磨阻扭矩过大等故障，必须对钻井液体系的流变性进行实时测量，以指导钻井生产，从而达到安全、优质、快速钻井的目的。自动泥浆流变仪采用现代技术，利用计算机控制，实现了钻井液的24h动态监测，以便及时发现钻井液存在的问题，对钻井液参数进行调整，更好地指导现场的钻井作业。

该仪器能实时测量石油钻井液的表现黏度、牛顿黏度、塑性黏度、切力、动切力、稠度系数等参数，并可绘制出流变性曲线。为了得到其流变性曲线，测量机构从600r/min连续降至3r/min，每隔5r/min间隔采样切力一次，即$\phi 600$、$\phi 595$、$\phi 590$、…、$\phi 10$、$\phi 5$、$\phi 3$；再从3r/min连续上升至600r/min，每隔5r/min采样切力一次，即$\phi 3$、$\phi 6$、$\phi 10$、…、$\phi 500$、$\phi 595$、$\phi 600$。由此绘出流变性曲线，即切力与速度梯度之间的关系曲线。该技术在国内处于领先地位，为适应水平位移钻井液的更高性能提供了必要的监测手段，为大位移井的顺利钻井提供科学的指导。

5.9.2 系统整体方案与工作原理

1. 系统整体方案

（1）流变仪的工作井场管线连接示意图如图5-147所示。

（2）流变仪的工作流程如图5-148所示。

（3）流变仪控制器的硬件组成。①通过控制器控制抽泥浆泵启动，把新鲜的泥浆抽入变送器装置中，等待测量。②按照不同的测量命令，测量装置完成不同的测量任务，并采集测量结果。③数据返回主控机进行处理，主控机与控制器的通信采用RS232标准。④测量完成，把泥浆送回泥浆池。⑤采用89C51单片机控制器，由控制器管理流变仪变送器，并接收数据。⑥选用 89C51 CPU 内部

4KEEPROM，设计步进电机控制电路、抽泥浆泵的控制电路、排泥浆泵的控制电路、光码盘读数电路、显示控制电路和 89C51 与 PC 的通信电路接口。

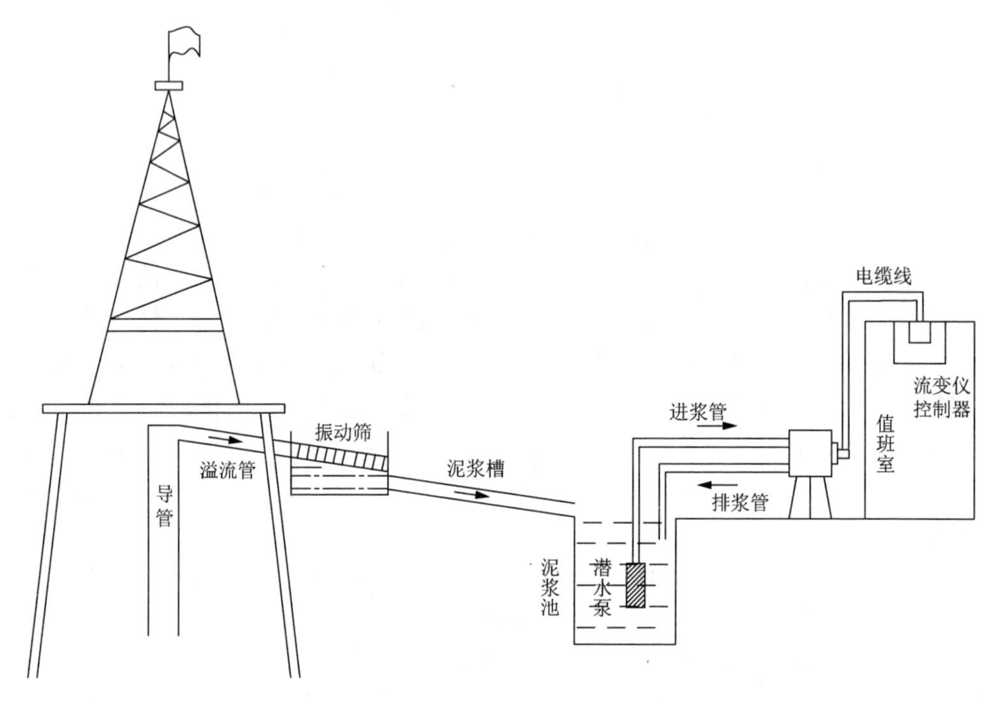

图 5-147　流变仪的工作井场管线连接示意图

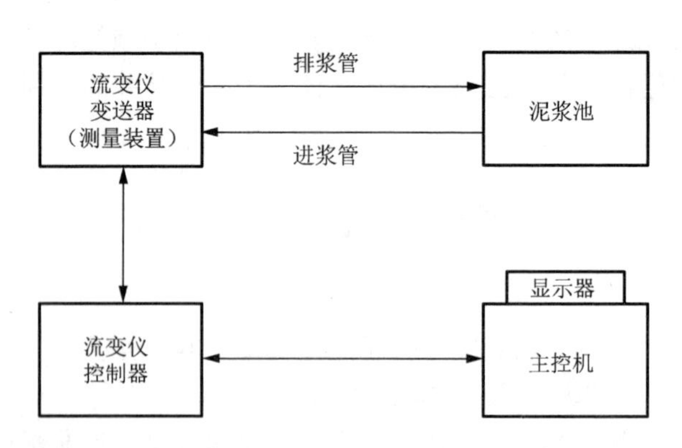

图 5-148　流变仪的工作流程

（4）系统软件设计方案。控制器采用 89C51 的汇编语言编程，模块化编程。主控机数据处理，使用 DLL 动态链接库，采用 VB5 开放环境编写，调试适用于 WIN3X 和 WIN9X 的两种不同版本。

2. 流变仪的工作原理

1）流变仪变送器的构成

流变仪变送器是整个仪器的测量系统，其构成原理框如图 5-149 所示。

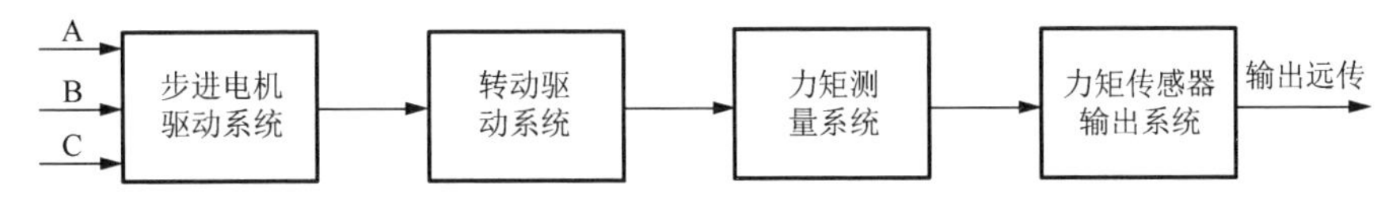

图 5-149 流变仪变送器构成原理框图

仪器的变送器由步进电机驱动系统、转动驱动系统、力矩测量系统、力矩传感器输出系统四部分构成。

（1）步进电机驱动系统采用步进电机，选型为三相六拍反应式 36BF003 型，步距角为 1.5°。由于在电机低转速下转动，有明显的跳跃性，为此对电机步距进行了 2、4、8 三种细分，使电机以 1.5°、1.5°/2、1.5°/4、1.5°/8 的四种步距在 1～600r/min 的转速下转动。

（2）转动驱动系统主要由机械转动系统构成，具体有内筒、外筒、转动轮、传送带、中轴等部件。

（3）力矩测量系统是由角度测量传感器和扭矩传递部件——弹簧组成。角度测量传感器是双位循环码光码盘，它是一种精度高，误差小的角度-数字转换器。码盘黑白相间共 180 格，每个循环码对应一个角度值，分辨率为 1°。采用了位移式双红外发光管，红外接收管机构，码盘正转时读数为正，反转为负，这样码盘前后晃动不会影响正确的读数。

2）流变仪控制器的工作原理

流变仪控制器的工作原理框图如图 5-150 所示。

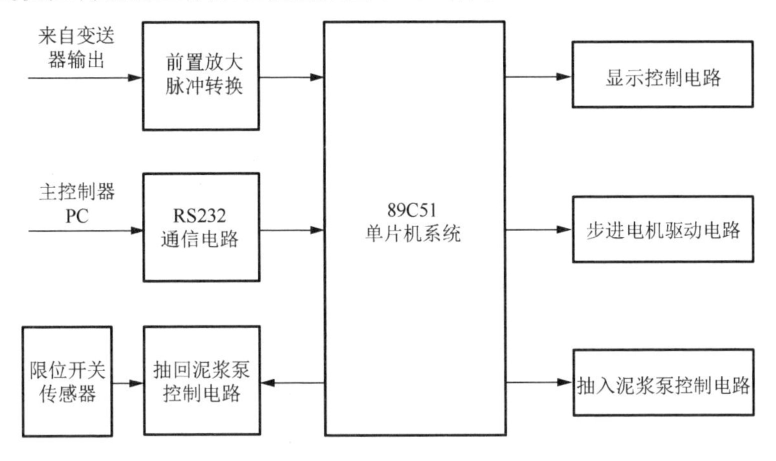

图 5-150 流变仪控制器的原理框图

由图 5-150 可知，流变仪控制器的组成包括 89C51 单片机系统、前置放大脉冲转换电路、RS232 通信电路、抽回泥浆泵控制电路、抽入泥浆泵控制电路、步进电机驱动电路、显示控制电路等几部分。

（1）前置放大脉冲转换电路。该部分电路的任务是把变送器输出远传（≥100m）来的信号进行转换放大、波形整形和信号调理，再传送给 CPU 进行处理。

（2）步进电机驱动电路和显示控制电路。由于选用的步进电机是三相六拍反应式的步进电机，控制时序电路必须具有如下功能：脉冲发生器、时序分配、功率驱动、电流控制电路。设计时，脉冲发生器、相序分配器均由 89C51 单片机系统软件编程产生，功率驱动由运算放大器和场效应管完成。

（3）其他电路。抽入泥浆泵控制电路、抽回泥浆泵控制电路、限位开关传感器等电路，控制变送器泥浆液面上升到一定高度，控制器进行测量及排回泥浆。

5.9.3 系统硬件电路设计

1. 系统的硬件电路设计

基于 89C51 单片机设计的流变仪控制器硬件电路如图 5-151 所示。

四运放 LM324 的 A1A、A1B 与 MC74F04 六反相器的 U4D、U4E 组成的电路对来自变送器电路输出的数码信号，经电缆线传输到脉冲转换电路，输入信号 V_{11}、V_{12} 经处理后送入 89C51 的 P_{10}、P_{11} 口。根据 P_{10}、P_{11} 两路脉冲到来的高低电平先后顺序，可利用软件判断出码盘的转动方向，实现计数的加减处理。

74HC373 锁存器 U2 的 Q_0、Q_1、Q_2 输出由 89C51 编程产生的三相脉冲 $MP_{0.1}$、$MP_{0.2}$、$MP_{0.3}$ 信号，经四运放 LM324 的 A1C、A1D、A2A 的电压放大及场效应管 IRF84 的电流放大，构成了步进电机驱动信号。

MC74F04 六反相器的 U3F 与 JDQ 固态继电器等组成控制泥浆泵电路。

SN74LS221 等组成排泥浆控制电路。

MC74F04 六反相器 U4B、U4C 等构成 89C51 复位电路，U4A 与 MC74F02 四 2 输入或非门构成 74HC373 八 D 锁存器工作控制允许高电平信号，保证三相脉冲正常输出。U7A、U7B、U7C、U7D、U7E 构成控制器面板各种测量状态发光管工作电路，信号来自单片机软件程序控制。

MAX232ACSE（16）串行口通信集成块构成 89C51 与 PC 主控机的通信电路。

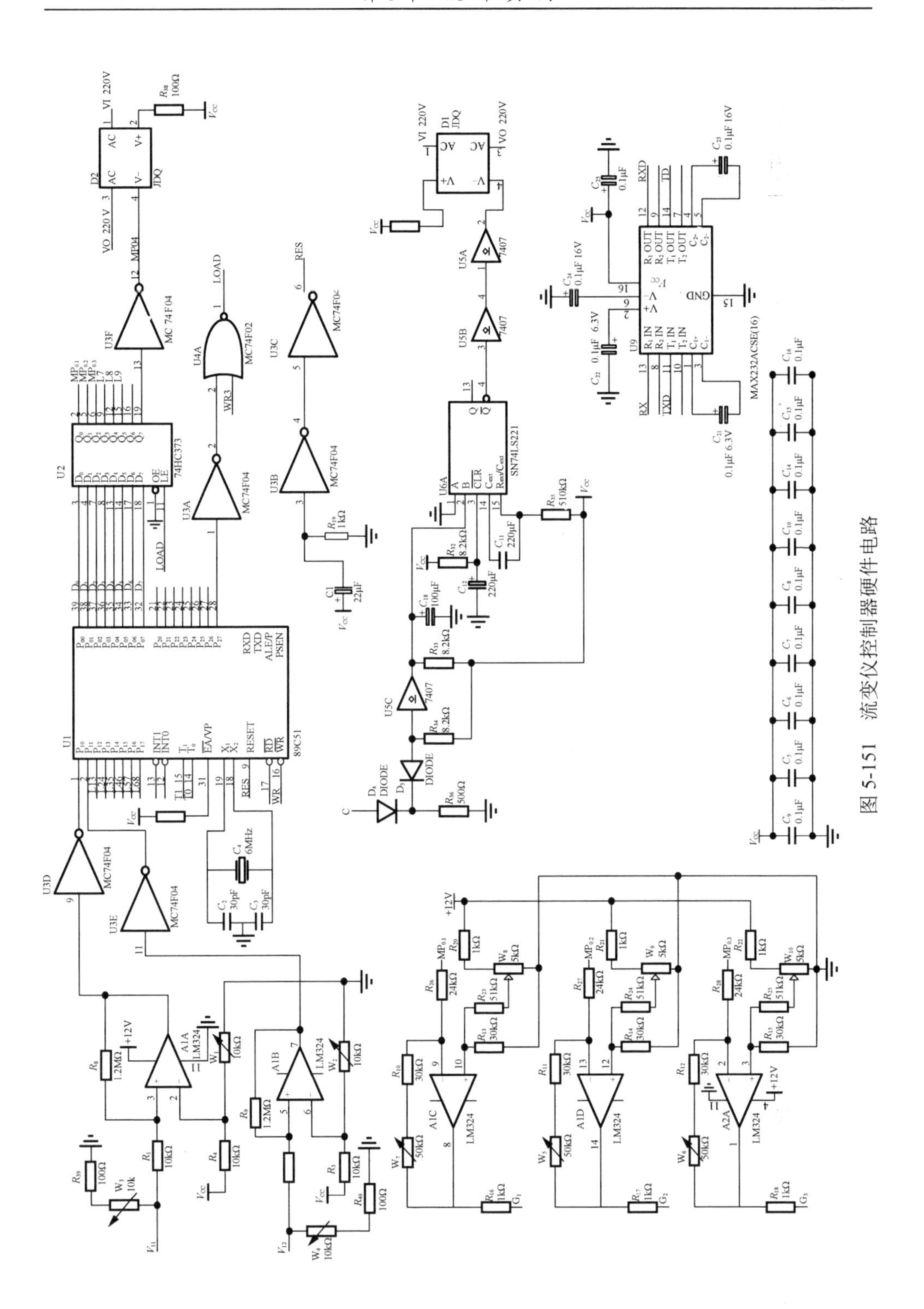

图 5-151　流变仪控制器硬件电路

2. 单片机实现的变频信号源与分配器

系统中所用的步进电机为 36BF003 型，步距角为 1.5°，脉冲电源为三相六拍，即电动机运行供电方式为 A-AB-B-BC-C-CA-A……，每一个循环换接六次，总共有六种通电状态。因此，步进电机的转速与步距角的关系为

$$n = \frac{f}{6^{\circ}} Q_{\mathrm{b}} \tag{5-35}$$

式中，f 为控制电脉冲的频率（即每秒的拍数或每秒的步数）；Q_{b} 为步距角。

在电路图 5-151 中 P_{00} 口的（$MP_{0.1}$）、（$MP_{0.2}$）、（$MP_{0.3}$）脚输出三相六拍脉冲，通电一个周期三相六拍运行时，各相控制电压脉冲信号见图 5-152。

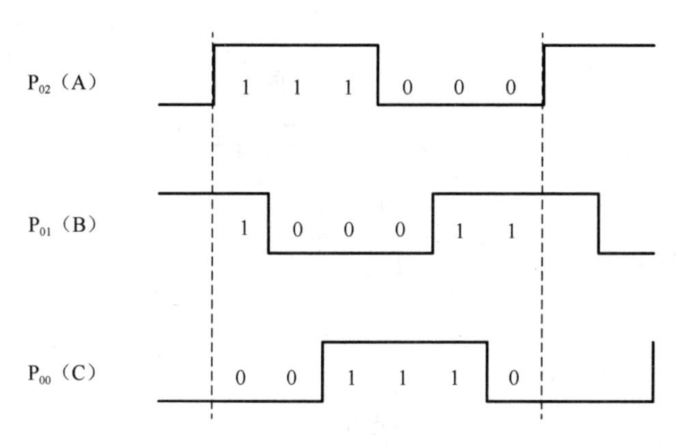

图 5-152　各相控制电压脉冲信号

从 P_{02} 口上升沿开始编码，三位十进制数依次为 6、4、5、1、3、2。通过给 P_0 口低三位定时送出不同的编码数字，即可产生控制电机电脉冲。每循环一次，控制电脉冲的个数等于拍数 N，而加在每一相绕组上的脉冲个数等于 1，因而控制电脉冲频率 f 是每相脉冲电压频率 f 相的 N 倍，即 f 等于 N 倍的 f 相。

若脉冲电机为 3r/min……600r/min，则

$$f_3=12(1/s) \quad T_3=83333(\mu s);\ f_{600}=2400(1/s) \quad T_{600}=416.7\ (\mu s)$$

若采用 6MHz 晶振，单片机做一次加计数需要 2μs，则计数次数为 $N_3 = 83333\mu s/2\mu s = 41666$，$N_{600} = 416\mu s/2\mu s = 208$。

16 位计数器溢出时为 65536，则需要加的计数器初值为 65536−41666=23870，十六进制为 5D3EH；600r/min 要加的计数器初值为 65536−208=65328，十六进制数为 FF30H。

系统中，T0 计数器工作于模式一，控制六拍脉冲连续不断的发出，在程序设计中，R0 存计数器 TH0 为高位重置数，R1 存计数器 TL0 为低位重置数，R0、R1 内数值不变，则电机定数转动，给 R0、R1 不同的数值，电机转速不同，将电

机不同转速数值在程序中依数据表格存储，利用定时器T2与R1控制调速，查表修改R0和R1的值，可改变电机转数。设计要求每0.5s，电机上升一个台阶，每个台阶转速增加5r，即15，20，25，…，595，600（在程序中因T1最大计数时间为65536×2μs，当需要长延时，利用R2内数值与T1形成0.5s延时）。

5.9.4 系统的软件设计

1. 流变仪控制器系统软件

控制器的系统软件由89C51汇编语言编制完成，系统软件应包括以下几个部分：89C51与PC RS232的通信的串口程序；控制器等待PC发送命令的监控程序；控制器控制功能的初始化程序；定速测量子程序；两速测量服务子程序；六速测量服务子程序；全速测量服务子程序；切力测量服务子程序。

2. 控制器系统程序流程

控制器系统程序流程如图5-153所示。

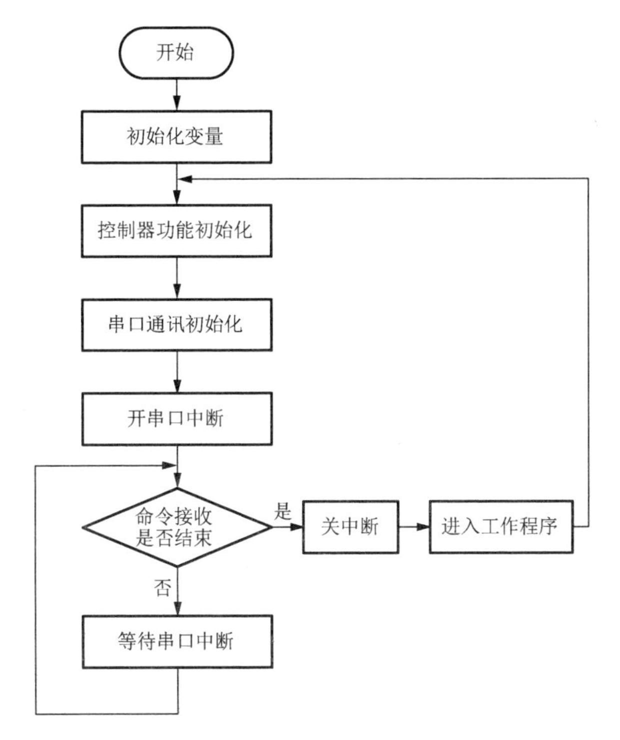

图5-153 控制器系统程序流程

控制器通电后即进入等待状态，当 PC 发出测量命令时，控制器工作；测量功能完成后控制器又进入初始化后的等待中。

在各种不同的测量工作子程序中，需要使步进电机达到不同的转速，在转速变化的过程中，光码盘输入单片机 P_{10}、P_{11} 的脉冲计数不能间断，即在程序设计中，单片机 P_{10}、P_{11} 口的脉冲计数测量程序一直工作，电机转速调整利用定时器 T_0 和 T_1 完成。

3. 部分程序及解析

1）串口通信程序及解析（程序流程可参考主程序框图）

```
          SETB EA              ; 中断寄存器 IE 总允许位打开
          SETB ES              ; 中断寄存器 ES 串行口中断位允许
          CLR ET1              ; 中断寄存器 IE 的 ET1 位,定时器 1 中断禁止
          SETB PS              ; 中断寄存器优先 PS 位,串行中断优先
          SETB TR1             ; 定时器控制寄存器 TR1 位置 1 启动定时器
          MOV SCON,#50H        ; 串行口状态寄存器 SCON 工作方式为方式 1,允许
串行接收数据
    LOOPP: NOP
          NOP
          NOP
          NOP
          CJNE A,#0H,LOOPP     ; 循环等待串行口中断
          AJMP  COMMAN         ; (测量转移命令)
```

2）中断子程序及解析

```
    SERILINT:JB RI,JIESHOU     ; 接收数据中断,则转移
          CLR TI               ; 发送中断清零
          AJMP ENDT            ; 结束串行发送中断返回
    JIESHOU:CLR RI             ; 接收数据中断清零
          MOV A,SBUF           ; 接收数据到寄存器 A
          MOV @R0,A            ; 接收数据存到定义的存储器内(初始值为#1BH)
          INC R0               ; 寄存器地址加 1
          DJNZ R7,ENDT         ; 接收四个字节,R7 开始数值为 4,R7 每接收一个
字节减 1,不为零则转移到串行中断等待,为零则顺序执行程序。
          NOP
          DEC R0
          DEC R0
          DEC R0
          DEC R0               ; R0 寄存器内容减 4
          MOV A,@R0            ; 接收到第一个字节送 A 寄存器
          MOV SBUF,A           ; 串行输出数据与上位机查询是否正确
```

```
        LCALL TIME1S              ; 延迟一秒
        CLR ES                    ; 关串行中断
        CLR TR1                   ; 关定时器 1
        MOV A,#00H
ENDT:   RETI                      ; 中断返回
```

3）三相六拍脉冲程序及解析

```
SIXSTEP:PUSH A                    ; 保存寄存器 A 数据
        MOV A,X4                  ; 正反转参数
        CJNE A,#1,SIXSTEP2        ; 电机反转
SIXSTEP1:SETB TR1                 ; 启动定时器 1
        INC X1                    ; 每次电机转速开始上升时 X0 清零
        MOV DPTR,#8000H
        MOV A,X1
        CJNE A,#1,Z11             ; 判送出到 P0 的低三位数值
        MOV A,#86H
        MOVX @DPTR,A              ; 电脉冲控制低三位得到 6
        MOV TH0,R0
        MOV TL0,R1                ; T0 定时器定时初值重新装入
        SETB TR0                  ; 启动 T0 定时器
        AJMP ZH1                  ; 中断返回
Z11:    MOV A,X1
        CJNE A,#2H,Z21            ; 判要送出到低三位的数值
        MOV A,#84H
        MOVX @DPTR,A              ; 电脉冲控制低三位得到 4
        MOV TH0,R0
        MOV TL0,R1
        SETB TR0
        AJMP ZH1
Z21:    MOV A,X1
        CJNE A,#3H,Z31
        MOV A,#85H
        MOVX @DPTR,A
        MOV TH0,R0
        MOV TL0,R1
        SETB TR0
        AJMP ZH1
Z31:    MOV A,X1
        CJNE A,#4H,Z41
        MOV A,#81H
        MOVX @DPTR,A
```

```
        MOV TH0,R0
        MOV TL0,R1
        SETB TR0
        AJMP ZH1
 Z41:   MOV A,X1
        CJNE A,#5H,Z51
        MOV A,#83H
        MOVX @DPTR,A
        MOV TH0,R0
        MOV TL0,R1
        SETB TR0
        AJMP ZH1
 Z51:   MOV A,X1
        MOV A,#82H
        MOVX @DPTR,A
        MOV X1,#0H
        MOV TH0,R0
        MOV TL0,R1
        SETB TR0
 ZH1:   POP A                      ; 恢复A寄存器中断前值
        RETI                       ; 中断返回
SIXSTEP2:SETB TR1                  ; 反转程序同上
        SETB P1.7
        INC X1
        MOV DPTR,#8000H
        MOV A,X1
        CJNE A,#1,Z1
        MOV A,#06H
        MOVX @DPTR,A
        MOV TH0,R0
        MOV TL0,R1
        SETB TR0
        AJMP ZH
Z1:     MOV A,X1
        CJNE A,#2H,Z2
        MOV A,#4H
        MOVX @DPTR,A
        MOV TH0,R0
        MOV TL0,R1
        SETB TR0
        AJMP ZH
```

```
Z2:     MOV A,X1
        CJNE A,#3H,Z3
        MOV A,#5H
        MOVX @DPTR,A
        MOV TH0,R0
        MOV TL0,R1
        SETB TR0
        AJMP ZH
Z3:     MOV A,X1
        CJNE A,#4H,Z4
        MOV A,#1H
        MOVX @DPTR,A
        MOV TH0,R0
        MOV TL0,R1
        SETB TR0
        AJMP ZH
Z4:     MOV A,X1
        CJNE A,#5H,Z5
        MOV A,#3H
        MOVX @DPTR,A
        MOV TH0,R0
        MOV TL0,R1
        SETB TR0
        AJMP ZH
Z5:     MOV A,X1
        MOV A,#2H
        MOVX @DPTR,A
        MOV X1,#0H
        MOV TH0,R0
        MOV TL0,R1
        SETB TR0
ZH:     POP A
        RETI
```

其中，三相六拍变频子程序及解析如下。

```
UP:     MOV X1,#00H
        NOP
        MOV R7,#1               ; 上升时查 TAB 表
        MOV R0,#63H             ; 上升开始
        MOV R1,#0c0H
        MOV R4,#01H
```

```
          MOV TMOD,#11H        ; 定时器 T1  T0 工作方式
          MOV TH1,#00H
          MOV TL1,#00H
          SETB ET1
          SETB EA
          SETB TR1
          MOV R2,XR2           ; 与 T1 一起形成 0.5s 延迟
          MOV R6,XR6
          MOV R5,XR5           ; 7s 延时
          SETB ET0             ; T0 开中断
          MOV TH0,R0
          MOV TL0,R1
          SETB TR0             ; 启动 T1
TT00:     LCALL TESTER2        ; 测量程序
          MOV A,X600           ; 上升到最高速参数
          MOV X2,R4            ; 上升台阶数值,每加速一次 R4 内容加 1
          CJNE A,X2,TT00       ; 循环在不断的测量中并等中断 T1 查 TAB 表,改变
速度参数
          CLR TR1
          CLR ET1
          CLR TR1
LP:       DJNZ R5,SS           ; STOP TRANSMIT 6 LOOP
          LCALL TESTER2
          NOP
          DJNZ R6,LP
          CLR CY               ; FILTER 8DOT
          MOV A,#202
          SUBB A,X
          JNC DOT
          MOV X,#00H           ; OVER C8 X=00H
DOT:      MOV A,R1
          MOV R1,X6
          MOV @R1,X
          INC X6
          MOV R1,A
          MOV R6,#1            ; LOOP DELAY
          DJNZ X5,LP
          JMP YY
SS:       LCALL TESTER2
          NOP
          NOP
```

```
        LCALL TESTER2
        NOP
        LCALL TESTER2
        JMP LP
;*******************
YY:     CLR TR0
        MOV A,REG5
        CJNE A,#1H,F93
        AJMP F94
F93:
        CLR TR0
        CLR ET0
        MOV 4BH,#7
        MOV 52H,R1
        MOV R1,#40H
        MOV A,@R1
        ANL A,#0FH
        MOV 4AH,A
AVER:   INC R1
        MOV A,@R1
        ANL A,#0FH
        ADD A,4AH
        MOV 4AH,A
        DEC 4BH
        MOV A,4BH
        CJNE A,#00H,AVER
        MOV A,4AH
        RR A
        RR A
        RR A
        ANL A,#0FH
        MOV 4AH,A
        MOV A,42H
        ANL A,#0F0H
        ADD A,4AH
        MOV 4AH,A
        MOV X,A
        MOV R1,52H
F94:    RET
```

5.10　油气管线防盗漏失动态检测系统

5.10.1　系统概述

油田输油管线原油漏失的原因大致有以下几种情况：①集输油管道输油线长期使用，产生自然老化；②由于设计和施工的不合理，随着自然环境和天气季节的变化，造成集输管道损坏；③违反现场施工规程，在集输管道附近进行重型机械施工，造成集输管道的人为破坏；④在集输管道上进行机械钻孔，直接盗窃原油。一旦原油漏失，不仅会影响生产效益，还会产生环境污染。因此，研制、开发一种用于油田集输管道的防盗漏失监测系统具有很高的经济效益和社会效益。此外，经参数设定修改系统还可推广于各种液体、气体管道输送系统的监测管理。

该防盗漏失监测系统由安装在管线两端的主从两台工控机组成，通过实时监测输油管线的水击波变化来判断输油管线有无漏失和被盗现象发生，并根据水击波在管线内的传播特性确定漏失的位置。系统采用了严格、精确的数学模型以及DMA（直接内存访问）技术，大大加快了数据采集和处理速度；利用 GPS 卫星授时系统技术提供时间同步基准，提高了时间精度，进而提高了报警准确率和报警位置准确度。

5.10.2　系统整体方案与工作原理

1. 系统整体方案

防盗漏失系统由始端检测系统和终端检测系统两个部分构成，两个部分的组成基本一致，如图 5-154 所示。

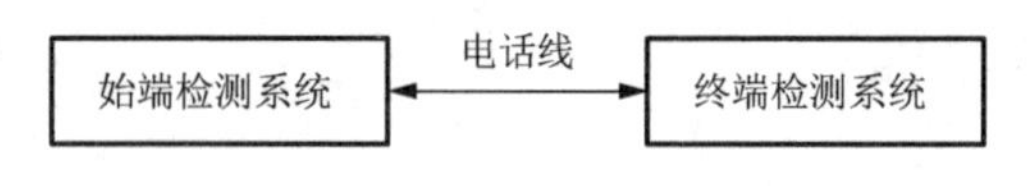

图 5-154　防盗漏失系统构成

其中，始/终端检测系统详细构成如图 5-155 所示。

系统组成包括硬件和软件两个部分。硬件部分包括定向水击波检测装置、GPS 接收装置、报警装置、流量计、专用电话线路、工业控制计算机（工控机）系统、数据采集系统以及相应的信号处理电路板等部分；软件部分包括系统软件和分析处理软件两部分。定向水击波检测装置不断检测通过管道的水击波，经信号调理电路处理后，由数据采集系统采集到工控机。GPS 接收装置接收来自 GPS 卫星的标准时间，校正两端工控机时钟，并用该校正信号控制毫秒信号发生电路起振，产生毫秒信号，该信号与流量参数等一起通过专用线路传输到始/终端工控机，最后由系统软件分析判断并计算漏失的具体位置和漏失量，发出报警信号报警。

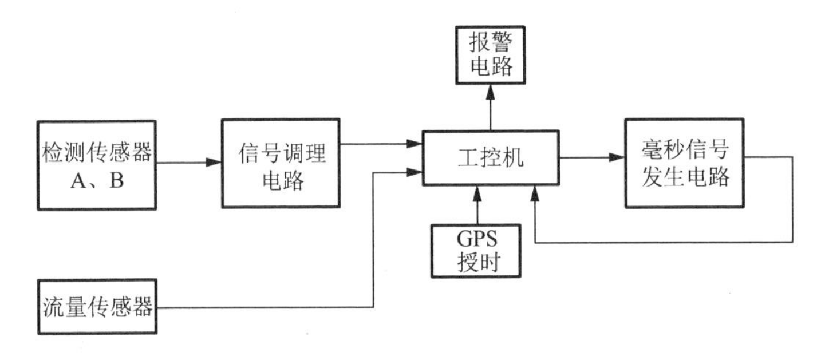

图 5-155 始/终端检测系统构成

2. 系统测量原理

输油管线一旦出现原油漏失，不管何种原因，在漏失发生的时间段，其结果都会导致管线漏失点输油的稳定状态、压力发生瞬变（通常称为发生水击），同时流速和压强发生急剧变化，这种变化以水击波的形式向上、下游传播。因此，可以根据水击波到达上、下游的时间差来判别发生漏失的具体位置。漏失发生一段时间后，由于输油管线衰减、磨阻限制、自动调节等因素的相互作用，输油管线将重新建立在泄漏情况下的稳定状态，此时通过比较输入、输出流量计差值即可确定输油管线上的漏失流量。

泵站阀门的开、关等动作都可能产生水击波，因此必须设法将其与由于泄漏产生的水击波加以区别。在各站的管道出/入距离泵站 60m 外，各设置两个检漏变送器 A 和 B，两个检漏变送器相距 60～100m。由于泵站阀门的开、关及切换等动作产生的水击波和管线泄漏产生的水击波到达 A、B 两点的时间先后次序是不一样的，只有当两端变送器组水击波到达次序为 B-A 时，系统才认为有泄漏发生，并进行有效报警，否则不报警。检漏变送器的安装如图 5-156 所示。

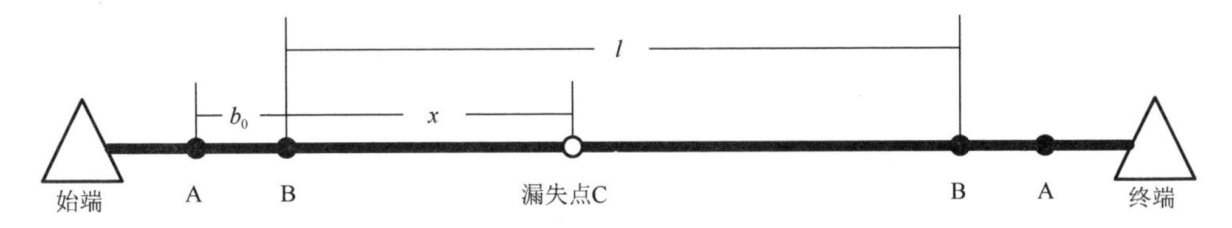

图 5-156 检漏变送器的安装

假定水击波从 C 点传到上端 B、A 的时间分别为 t_1、t_2，从 C 点传到下端 B、A 的时间分别 t_3、t_4。

先不考虑流体流速的影响因素，水击波速度设为 y，l 为两站监控距离，x 为假设漏失点，b_0 为 A、B 两个检漏变送器之间的距离，则 t_1、t_2、t_3、t_4 分别为

$$t_1 = \frac{x}{y} \tag{5-36}$$

$$t_2 = \frac{x + b_0}{y} \tag{5-37}$$

$$t_3 = \frac{l - x}{y} \tag{5-38}$$

$$t_4 = \frac{l - x + b_0}{y} \tag{5-39}$$

由于漏失时间的初始时刻未知，通过 GPS 授时系统只能求出 t_1、t_2、t_3、t_4 的相应值。那么，令 $\Delta t_1 = t_1 - t_3$，$\Delta t_2 = t_1 - t_4$，可得

$$\frac{x}{y} - \frac{l - x}{y} = \Delta t_1 \tag{5-40}$$

$$\frac{x}{y} - \frac{l - x + b_0}{y} = \Delta t_2 \tag{5-41}$$

解式（5-40）和式（5-41）方程组，得

$$x = \frac{l(\Delta t_2 - \Delta t_1) - b_0 \Delta t_1}{2(\Delta t_2 - \Delta t_1)} = \frac{l}{2} - \frac{b_0 \Delta t_1}{2(\Delta t_2 - \Delta t_1)} \tag{5-42}$$

可见，在该模型中没有水击波速度的影响。

设定流体流速为 y_0，l 为两站监控距离，x 为假设漏失点，b_0 为 A、B 两个检漏变送器之间的距离，则 t_1、t_2、t_3、t_4 分别为

$$t_1 = \frac{x}{y - y_0} \tag{5-43}$$

$$t_2 = \frac{x + b_0}{y - y_0} \tag{5-44}$$

$$t_3 = \frac{l - x}{y + y_0} \tag{5-45}$$

$$t_4 = \frac{l - x + b_0}{y + y_0} \tag{5-46}$$

令 $\Delta t_1 = t_1 - t_3$，$\Delta t_2 = t_1 - t_4$，$\Delta t_3 = t_2 - t_3$，可得

$$\frac{x}{y - y_0} - \frac{l - x}{y + y_0} = \Delta t_1 \tag{5-47}$$

$$\frac{x}{y - y_0} - \frac{l - x + b_0}{y + y_0} = \Delta t_2 \tag{5-48}$$

$$\frac{x + b_0}{y - y_0} - \frac{l - x}{y + y_0} = \Delta t_3 \tag{5-49}$$

联立式（5-47）～式（5-49）三个方程，可以求解出未知数 x 的值。

显然，上述方法只能监测正在发生的泄漏，而不能监测已经存在的稳态泄漏。

影响漏失位置测量精度的因素包括水击波波速的测量精度和时间差的测量精度。由于水击波的波速通常在 1000m/s 左右，对漏失位置测量精度的影响较小，因而时间差的测量精度决定了漏失位置的测量精度。

系统需要测量时间差，因此要求始端检测系统和终端检测系统两部分工控机的时间同步。如果通过一般的方式同步，其误差一般要超过 1s，将影响漏失位置测量误差在 1000m 左右，无法满足要求。

GPS 全球卫星定位系统通过距离地面约 2000km 的近地轨道上运行的 GPS 导航卫星上的精密原子钟向全球各地提供精准的授时服务，其精度可达 1μs。地面接收来自 GPS 导航卫星发送的时间信息，其同步信号间隔为 1ms。因此，本系统采用分数器产生 1ms 信号控制始、终端工控机时间同步，减少时间的测量误差。

5.10.3　系统硬件电路设计

1. 信号调理电路的工作原理与调试

信号调理电路需要将传感器送来的水击波电信号处理并放大，由工控机判断压力传输方向，输油管线漏油时管内压力发生突变，传感器输出的电信号发生变化，调理电路有交流电压输出，当管内压力再次稳定平衡，调理电路无信号输出。电路原理如图 5-157 所示。

图 5-157 中，U_1、U_2、U_3、U_4 为跟随器；W_1、W_3、W_5、W_8、W_{10}、W_{12} 为放大器调零；W_2、W_9 低频信号成分提取；U_5、U_6 为电压信号放大器，W_4、W_6、W_{11}、W_{13} 为放大倍数调整；D_1、D_4 为输入级保护电路；R_1 为传感器取样电阻。

电路调试要求两路放大器放大倍数一样，相位移相同。

将双路输入信号接线端子同时对地短路，调试各级运放直流工作输出电压都为零（调零电位器分别为 W_1、W_3、W_5、W_8、W_{10}、W_{12}）。

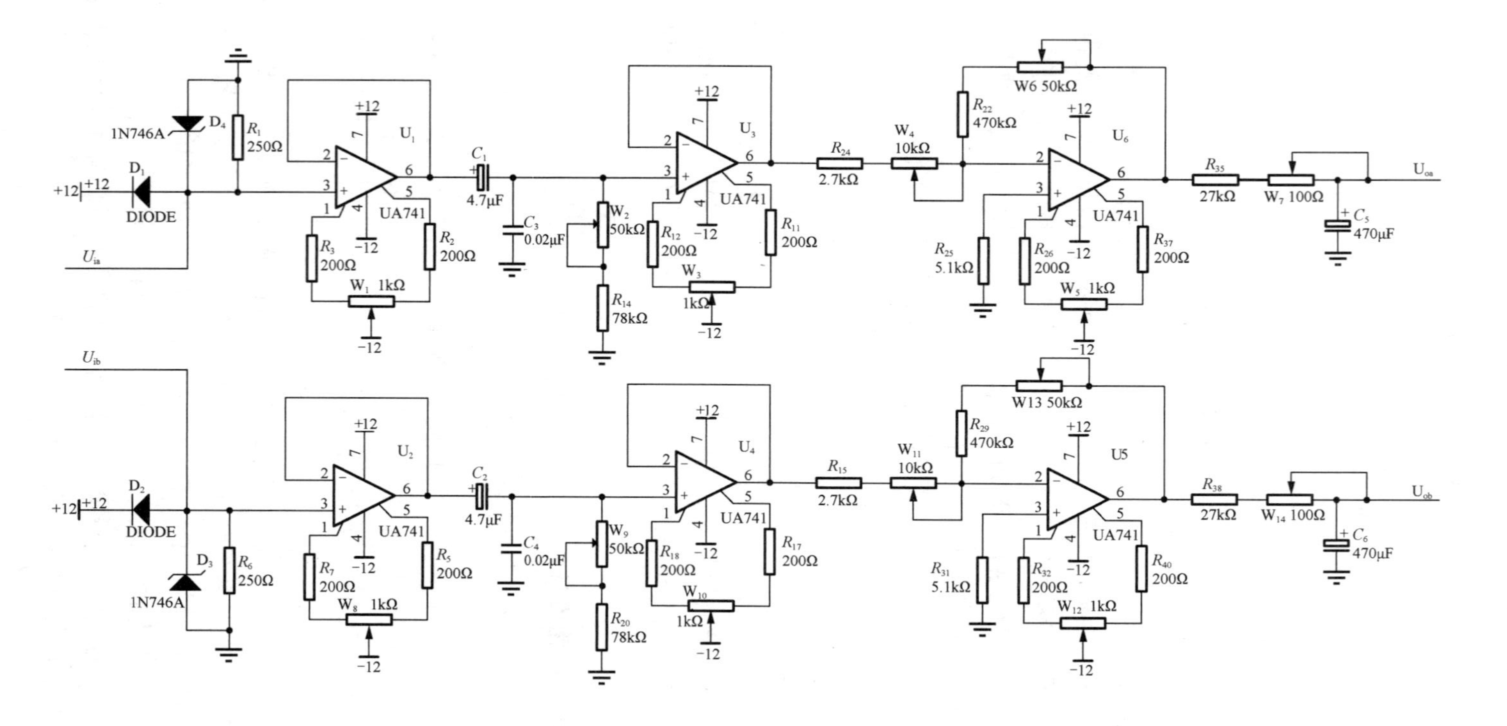

图 5-157　信号调理电路原理

放大倍数的调节依据现场信号大小的要求确定（与管线内工作压力大小有关）。室内调节时可给双路同时加入10μv、50Hz；10μv、100Hz；10μv、400Hz等正弦交流信号，双路输出电压幅度均为1V（放大倍数为100），相位相同（有误差将影响测量精度）。

保护电路测试实验时，给电路输入端子接入15V、20V直流电压，此时放大器的电压将箝位在12.5V左右，运放输出饱和（12V），反复多次实验运放无损坏（现场安装调试期间，曾遭受雷电，然后发现两站点调理板第一级运算损坏现象，随后加入D1、D2，再未出现闪电故障）。

2. 毫秒信号发生电路的工作原理与调试

毫秒信号发生电路为工控机提供精准的时间信号，在GPS校正两端工控机时间的同时，工控机将GPS的秒信号提供给毫秒信号发生电路，对毫秒信号清零重新开始工作。毫秒信号发生电路工作原理如图5-158所示。

在图5-158中，74LS00四2输入与非门U_1的U1B、U1C、Y_1晶振等器件组成了振荡频率为16.38MHz的脉冲信号，经过74LS93四位二进制计数器从QC脚输出，输入输出实现了8分频，信号再进入4040十二位二进制计数器U_7从Q_{12}脚输出，输入输出实现了2040分频，U_8计数器的CLK得到1ms的脉冲信号，从Q_1、Q_2、Q_3、Q_4、Q_5、Q_6、Q_7、Q_8、Q_9、Q_{10}输出的将是毫秒信号计数值，最大可达1024ms。4043为四或非R-S锁存器构成的单稳态电路，在秒信号到来时，U_9的Q_1脚输出脉冲到U_8的RST脚，对U_8毫秒计数器清零，随后单稳态恢复原状态。U1A、U3、U4A、U5A组成60s计数电路，秒计数清零由工控机发出PC清零信号，该电路给工控机提供毫秒信号输出（U_8的Q_1、Q_2、Q_3、Q_4、Q_5、Q_6、Q_7、Q_8、Q_9、Q_{10}）和秒信号输出（U_3的Q_{13}、Q_{14}、Q_{15}、Q_{16}、Q_{17}、Q_{18}）。

3. 报警及电话线切换

当始端、终端工控机得到调理电路处理后的水击波信号后，进行分析判断（站内、管线），若是管线内部发生变化，向对方工控机要求发出数据交换，此时工控机先发出电话线请求使用信号。这时，对方工控机判断也是管内信号，也请求接通电话线，双方可交换数据，判断出漏油点并报警。

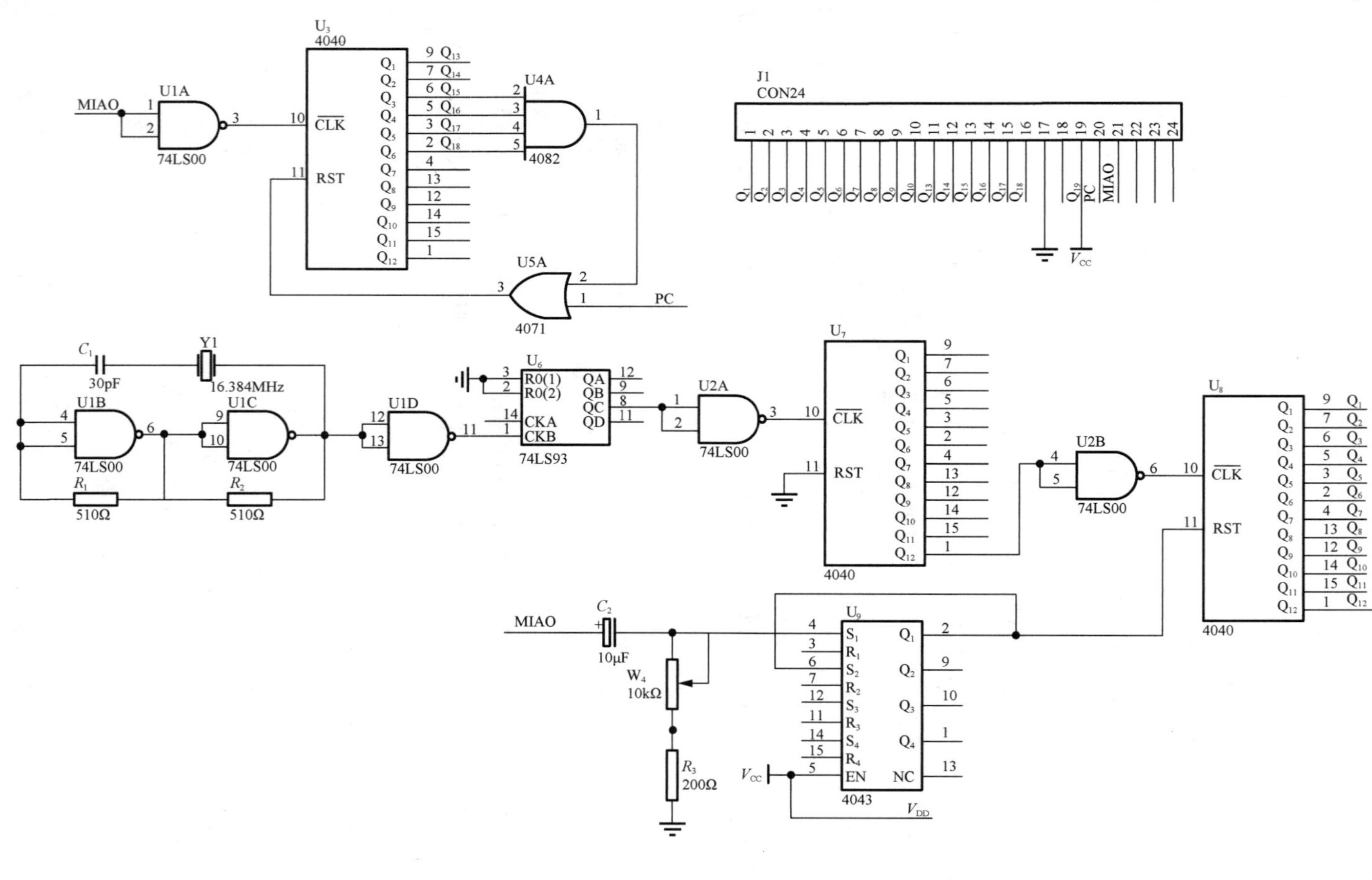

图 5-158　毫秒信号发生电路工作原理

参考文献

[1] 程德福，林君．智能仪器[M]．北京：机械工业出版社，2007．

[2] 赵茂泰．智能仪器原理及应用[M]．北京：电子工业出版社，2011．

[3] 中大科仪[EB/OL]．[2016-08-09]．www.ssi-instrument.com.

[4] 沈亚钧．基于单片机的数字频率计设计[J]．山西电子技术，2012，(5)：14-16．

[5] 卢飞跃．基于单片机的高精度频率计设计[J]．电子测量技术，2006，(5)：96 97，150．

[6] 毛文宇，吴剑文，李伟斌．等精度频率计的设计[J]．科技咨询导报，2007，(29)：34．

[7] 张志成．基于 STM32 单片机的频率计的设计[J]．电子制作，2013，(20)：1，9．

[8] 蔡展标，许生鸿，廖健林，等．多通道测量的等精度频率计[J]．嘉应学院学报，2016，34(8)：54-59．

[9] 黄春平．用 STM32 触发捕捉实现高速高精度测频[J]．单片机与嵌入式系统应用，2013，13(3)：32-34，38．

[10] 梅倩雯．数字频率计的设计与实现[J]．数字通信世界，2017，(4)：239，242．

[11] 陈晓荣，蔡萍，周红全．基于单片机的频率测量的几种实用方法[J]．工业仪表与自动化装置，2003，(1)：40-42．

[12] 殷勤奋，汤宇．浅析几种基于单片机的数字频率测量仪的设计[J]．教育教学论坛，2011，(14)：229-230．

[13] 林建英，高苗苗，牛英俊．等精度数字频率计几种设计方案的实验研究[J]．实验科学与技术，2010，8(5)：8-10，75．

[14] 徐立强．郑贵林超声波风速风向仪的研制[J]．微计算机信息 2009，25(32)：92-93．

[15] 周康，辛晓帅．采用直接时差法的无线超声波风向风速仪设计[J]．应用天地，2011，(12)：54-56．

[16] CAO W J，PEI Y G．Analyzes to doppler ultrasonic wave flow meter[J]．Automation and instrumentation，1997，(3)：126-128．

[17] 欧冰洁，段发阶．超声波隧道风速测量技术研究[J]．传感技术学报，2008，(10)：1804-1807．

[18] 皇甫凯林，徐璋，张雪梅，等．热线风速仪在测量电站风量中的实验研究[J]．电站系统工程，2009，25(03)：17-19．

[19] 王华英，张德中，陈福兴，等．超声波风速风向测试仪的设计[J]．科协论坛(下半月)，2013，(7)：104-106．

[20] 牛跃华，彭黎辉，张宝芬，等．基于数字仪器的超声波流量计研究平台设计及实现[J]．仪器仪表学报，2008，(10)：2024-2028．

[21] 李广峰，刘旷，高勇．时差法超声流量计的研究[J]．电测与仪表，2000，(9)：3．

[22] 肖丹，张勇，刘君华．基于 LabVIEW 的相关信号提取仪的设计[J]．仪器仪表学报，2006，27(12)：220-222．

[23] 兰纯纯．时差法超声波风速流量计的研究[D]．重庆：重庆大学，2006：23-25．

[24] 吴银川，张家田，严正国．过套管地层电阻率测井技术综述[J]．石油仪器，2006，(5)：1-5，97．

[25] 吴银川，张家田，严正国．过套管电阻率测井信号源设计研究[J]．石油天然气学报，2009，31(1)：68-70，391-392．

[26] 吴银川，张家田，严正国．过套管电阻率测井大功率超低频信号源设计研究[J]．测井技术，2009，33(4)：394-397．

[27] 吴银川，张家田，严正国．过套管电阻率测井信号频率对检测的影响分析[J]．测井技术，2010，34(3)：262-265．

[28] 吴银川，张家田，严正国，等．多频测井信号相敏检测技术研究[J]．测井技术，2012，36(6)：616-619．

[29] 吴银川，张家田，严正国．超低频高分辨率信号源的设计[J]．微计算机信息，2009，25(13)：152-153，207．

[30] 吴银川，张家田，严正国，等．无线同步数据采集系统设计[J]．电子设计工程，2014，22(11)：32-34．